一目了然全图解系列

一目了然学电子元器件

张彤　郑全法　编著

電子工業出版社
Publishing House of Electronics Industry
北京·BEIJING

内容简介

元器件是组成电子电路的基础，了解元器件的特点和特性，就能够很好地认识电子电路。通过了解元器件在不同电路中的应用，可以将如何选用元器件了解得更为透彻。

本书以图解的方式、形象直观的表现手法，将复杂的内容通俗化，将难懂的理论图示化，使读者一看就懂，一学就会。

本书适合对电子技术感兴趣的初学者阅读使用，也可作为职业技能学校和培训机构的教学用书。

图书在版编目（CIP）数据

一目了然学电子元器件/张彤，郑全法编著．—北京：电子工业出版社，2019.6
（一目了然全图解系列）
ISBN 978-7-121-36856-1

Ⅰ．①一…　Ⅱ．①张…　②郑…　Ⅲ．①电子元器件－图解　Ⅳ．①TN6-64

中国版本图书馆CIP数据核字(2019)第118173号

策划编辑：张　剑
责任编辑：赵　娜
印　　刷：三河市华成印务有限公司
装　　订：三河市华成印务有限公司
出版发行：电子工业出版社
北京市海淀区万寿路 173 信箱　　邮编　100036
开　　本：787×1092　1/16　印张：14　字数：353.6 千字
版　　次：2019 年 6 月第 1 版
印　　次：2019 年 6 月第 1 次印刷
定　　价：59.00 元

凡所购买电子工业出版社图书有缺损问题，请向购买书店调换。若书店售缺，请与本社发行部联系，联系及邮购电话：（010）88254888，88258888。

质量投诉请发邮件至 zlts@phei.com.cn，盗版侵权举报请发邮件至 dbqq@phei.com.cn。

本书咨询联系方式：zhang@phei.com.cn

前言

现如今的电子设备和电子产品，都由相当一大批电子元器件组成，它们出现在不同的电路中，承担着不同的工作职责，因此也决定着电子设备和电子产品的质量与可靠性。

无论是电子专业的工作人员，还是电子爱好者或电子专业的初学者，对于电子元器件应用的掌握和了解都非常重要。能够对这些基本知识了如指掌或达到一个较深层次的理解水平，才能提高自身电子电路的识图能力、使用技巧和设计电子电路的水平。

对于最常用的电阻、电容、电感、二极管、晶体管、晶闸管和集成电路等内容，本书由浅入深、系统详细地介绍了它们的外观、型号、性能和应用电路，采用图示化的编排方式，从理论到实际，从基础到复杂，详细地分析了元器件的基本特点及应用特点。对于一些最为典型的应用电路，电子元器件的工作过程、电路关键点的电路变化、电压变化及工作波形的变化，本书中均有详细的解析，可使读者一目了然地学会常用电子元器件的应用。

全书主要由张彤、郑全法编著，参加本书编写的还有郑亭亭、赵海风、武寅、武鹏程。

由于时间仓促，加之编者水平有限，书中难免有错误疏漏之处，欢迎广大读者提出宝贵意见。

编著者

目录

第1章 电阻类元器件及典型应用电路

1.1 电阻类元器件基础

1.2 电阻器典型应用电路

1.3 敏感电阻器典型应用电路

1.4 可变电阻器典型应用电路

1.5 电位器典型应用电路

1.1 电阻类元器件基础

1.1.1 电阻类元器件的特点

电阻是最基本的电子元件之一，其符号为 R。在电路中，电阻是不可缺少且使用最多的电子元件。

小小电阻，在电路板上，处处皆是，电路板下，到处可见。

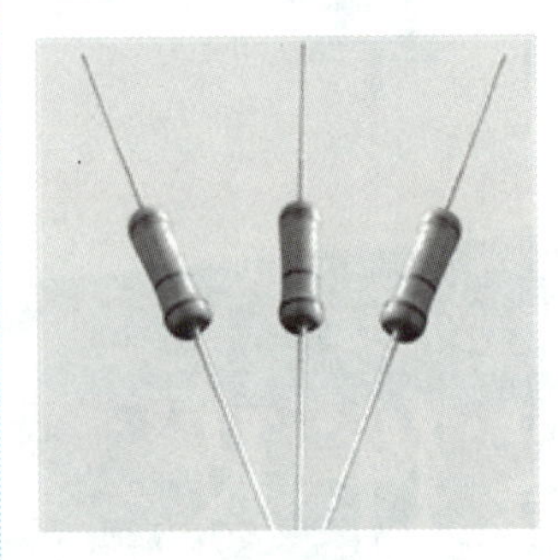

碳膜电阻

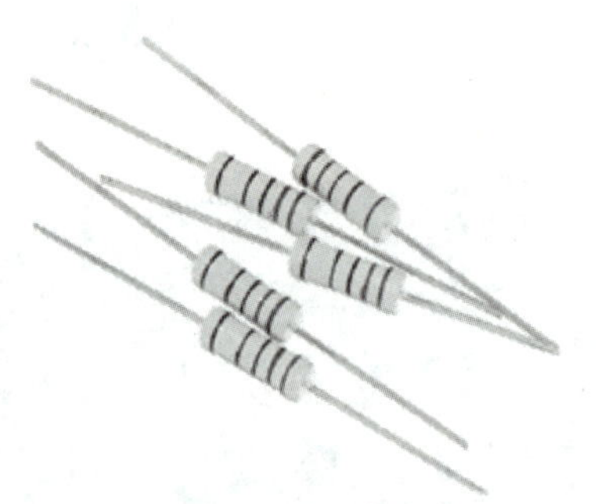

金属膜电阻

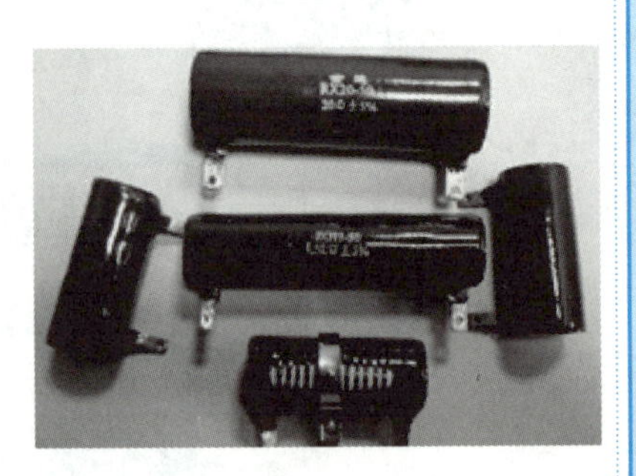

被釉电阻

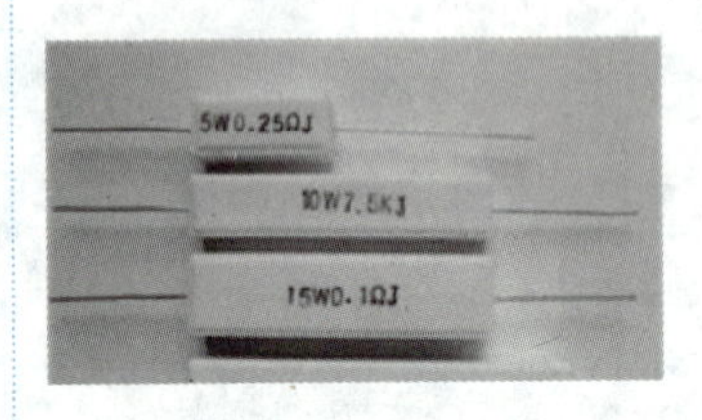

水泥电阻

大功率铝壳电阻

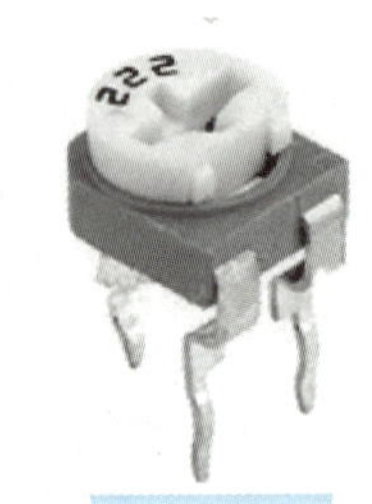

可变电阻

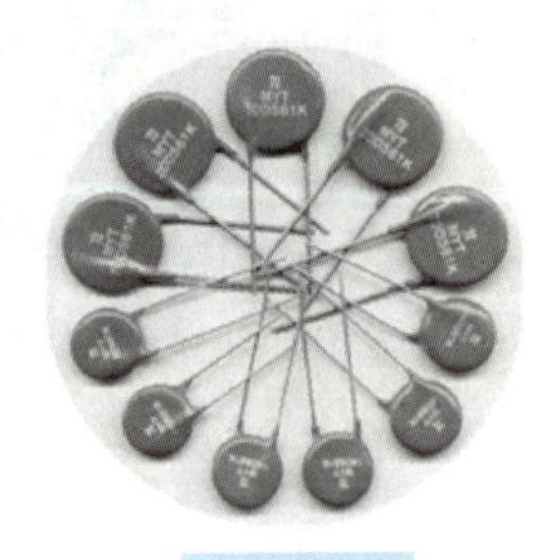

压敏电阻

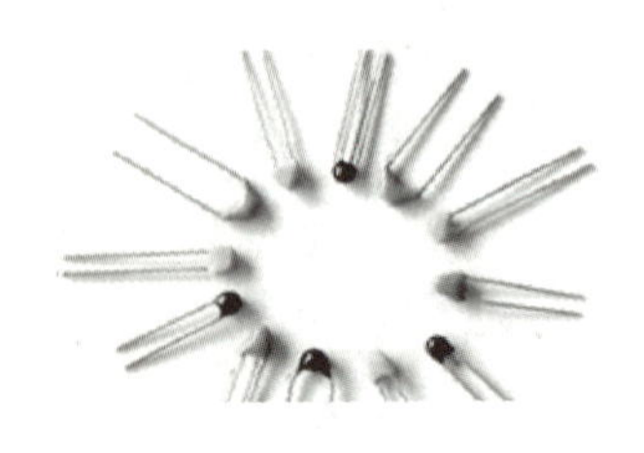

热敏电阻

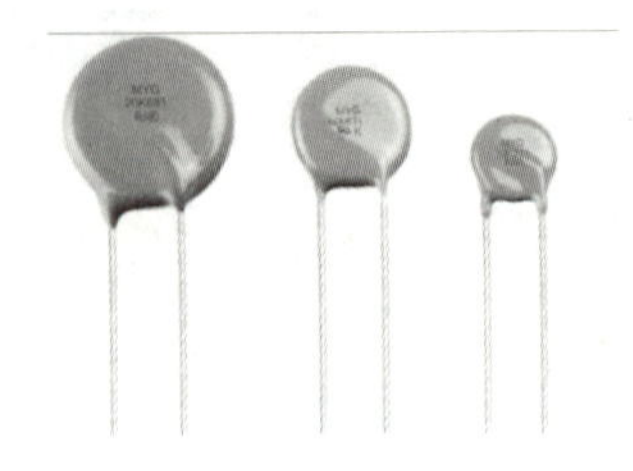

光敏电阻

电阻在电路中常用 R+ 代号和以下图形标识。电阻的单位为欧姆（Ω），常用的单位还有 kΩ、MΩ、GΩ 和 TΩ。

国家标准符号

国外常用符号

1.1.2 电阻类元器件的特性

电阻作为构成电路的重要电子元件之一，常用的普通线绕电阻、线绕电位器、碳膜电阻、碳膜电位器、金属膜电阻、金属膜电位器等的标称值是有规范的（标准电阻、精密线绕电阻、无感线绕电阻、指定值专用电阻、应变片电阻、各种特种电阻等不包括在规范之内）。

被标准化、规范化的电阻元件的电阻值称为电阻的标称值。

$1k\Omega=10^3\Omega$　　$1M\Omega=10^6\Omega$　　$1G\Omega=10^9\Omega$　　$1T\Omega=10^{12}\Omega$

以数字直接标注在电阻上的电阻值为该电阻的标称电阻值，简称标称值。下表为E24系列电阻的基础值，将此值乘以$10^{1\sim6}$，便可得到整个系列化电阻的标称值。例如，$2.7\times10^{1\sim6}$就可以得到27Ω、270Ω、2.7kΩ、27kΩ、270kΩ、2.7MΩ。

标称值序列
1.0 1.1 1.2 1.3 1.4 1.5 1.6 1.8 2.0 2.2 2.4 2.7 3.0 3.3 3.6 3.9 4.3 4.7 5.1 5.6 6.2 6.8 7.5 8.2 9.1

电阻的精度

绝对误差与计算方法

实际值（即显示读数值）X与标称值A之差称为绝对误差Δ。其计算表达式为$\Delta=X-A$

基本误差与计算方法

绝对误差Δ与满度标称值A_m的百分比数称为基本误差。对固定电阻来说，由于其标称值只有一个，即$A_m=A$，故其相对误差就等于基本误差。其计算表达式为$\delta=(\Delta/A)\times100\%$

【例】某直流稳压电源的标称输出电压（A）为12V，而实测显示读数值（X）为11.6V。那么，绝对误差为

$$\Delta=X-A=11.6V-12V=-0.4V$$

基本误差δ为　$\delta=(\Delta/A)\times100\%=(-0.4V/12V)\times100\%=-3\%$

标称值（A）为330kΩ的金属膜电阻，标注精度为2%。实测显示读数值（X）为339kΩ，那么，绝对误差为

$$\Delta=X-A=339k\Omega-330k\Omega=9k\Omega$$

基本误差δ为　$\delta=(\Delta/A)\times100\%=(9k\Omega/330k\Omega)\times100\%=2.7\%$(超差)

电阻的精度等级

随着电路对电子元器件精度的高要求和电阻制造工艺水平的提高，电阻的精度等级也在提高。原来规定的10级（10%）、20级（20%）精度的电阻产品已趋于淘汰，并对电阻的精度等级进行了规范化

精度等级	0.01级	0.02~0.05级	0.1~2级	5级	>5级
基本误差	±0.01%	±0.02%~0.05%	±0.1%~2%	±5%	>±5%
电阻类别	标准电阻	Pt（铂）电阻 无感线绕电阻 精密线绕电阻 应变片电阻	金属膜电阻 特种电阻 步进电位器 数字电位器	碳膜电阻 陶瓷类电阻 电位器类 普通线绕电阻	碳质电阻 水泥电阻 发热、发光电阻 熔断电阻

精度等级	允许偏差（%）	代号	精度等级	允许偏差（%）	代号
0.001 级	±0.001	E	0.5 级	±0.5	D
0.002 级	±0.002	X	1 级	±1	F
0.005 级	±0.005	Y	2 级	±2	G
0.01 级	±0.01	H	5 级	±5	J
0.02 级	±0.02	U	10 级	±10	K
0.05 级	±0.05	W	20 级	±20	M
0.1 级	±0.1	B	30 级	±30	N
0.2 级	±0.2	C			

电阻的额定功率

在标准大气压和常规的环境温度下，电阻元件能够长期连续负荷而不改变其性能的允许消耗功率称为电阻的额定功率，单位为瓦特（W）。

电 阻 类 别	电阻的额定功率范围(W)
普通、陶瓷、水泥类线绕电阻	0.05，0.25，0.5，1，2，3，5，10，15，20，25，30，40，50，75，100，150，250，500
发热类线绕电阻	20，30，45，75，100，300，500，800，1k，2k，3k，4k，6k，9k，12k，18k，20k
线绕电位器	0.25，0.5，1，1.6，2，3，5，10，16，25，40，63，100
碳膜、金属膜电阻	0.01，0.025，0.05，0.1，0.25，0.5，1，2，3，5，10，16，25，40，63，100
碳膜、金属膜电位器	0.05，0.1，0.25，0.5，1，2，3，5，10，16，25，40，63，100

电阻的电阻温度系数

电阻在正常工作条件下，当温度每变化 1℃时其阻值的相对变化量称为该电阻的电阻温度系数（α_{tR}）。

电阻温度系数（α_{tR}）

电阻温度系数是电阻一个较重要的技术参数，一般在电子元器件手册中都有介绍。通常给出的电阻温度系数，均指在正常使用条件下的某一温度范围内的平均值，即

$$\alpha_{tR}=(R_1-R_2)/R_1(t_1-t_2)$$

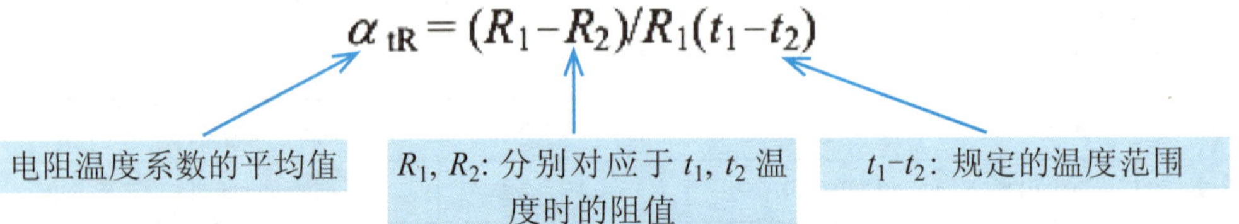

从上式可见，电阻温度系数 α_{tR} 与电阻阻值的大小有直接关系，当然就与电阻的材料有关了。例如，碳膜电阻的电阻温度系数较大，并且是负值；而金属膜电阻的电阻温度系数较小，为正值。其他类型电阻的电阻温度系数各异，有的是正温度系数，有的是负温度系数。

常用电阻的电阻温度系数

电阻类别	电阻温度系数（α_{tR}）
标准电阻	进口$\pm(0\sim15)\times10^{-6}$；国产$\pm(0\sim20)\times10^{-6}$
线绕电阻、线绕电位器	$\pm(8\sim20)\times10^{-4}$
碳膜电阻、碳膜电位器	$-(6\sim20)\times10^{-4}$
金属膜电阻、金属膜电位器	$+(6\sim20)\times10^{-4}$
特种电阻	因电阻材料而异

电阻的噪声

噪声泛指除真实信息以外的所有有害信号。电阻噪声是由电阻元件产生和造成的噪声。

热噪声（U_t）

当温度升高时，电阻中的电传导载流子必然会做无规则的热运动，使电流的定向流动产生微量的起伏变化，就形成热噪声。电阻的热噪声 U_t 与阻值温度和电阻的工作频率有关，其表达式为

$$U_t = 2\sqrt{KT\Delta fR}$$

热噪声的电压有效值 (V)

电阻值

玻尔兹曼常数 (K=1.37×10^{-23}J/℃)

温度

工作电压频带（Hz）

过剩噪声（U_n）

过剩噪声 U_n 实质上属于一种电阻的电流噪声，它与电阻阻值、流过电阻的电流强度和电路的工作频率有关。其表达式为

$$U_n = 2\sqrt{KIR\Delta f / f} = 2\sqrt{KV\Delta f}$$

过剩噪声的电压有效值 (V)

工作电压频带 (Hz)

玻尔兹曼常数 (K=1.37×10^{-23}J/℃)

流过电阻的电流强度 (A)

工作频率 (Hz)

电阻上的工作电压 (V)

电阻的噪声通常用“噪声电势”来衡量，单位为 μV/V。常用电阻的噪声电势见下表。

电阻类别	噪声电势/（μV/V）
线绕电阻、线绕电位器	1～3
碳膜电阻	1～5
碳膜电位器	5～10
金属膜电阻	1～4
金属膜电位器	2～6
特种电阻	因电阻材料而异

1.1.3 电阻类元器件的计算

电阻的基本定义计算

依据电阻的物理定义，一个电阻阻值 R 的大小，与其制造电阻材料的电阻率（ρ）成正比，与电阻导体的长度（L）成正比，与电阻导体的横截面积（S）成反比。其计算表达式为

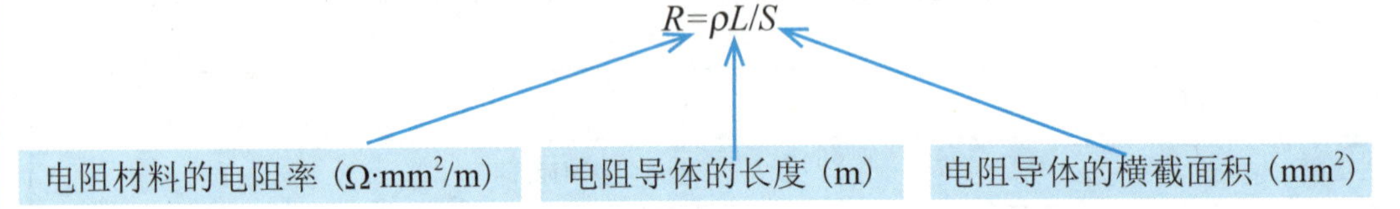

上式为在标准室温（20℃）时的电阻值计算式，如果环境温度低于或高于20℃，电阻值（R_t）与电阻温度系数有关。其计算表达式为

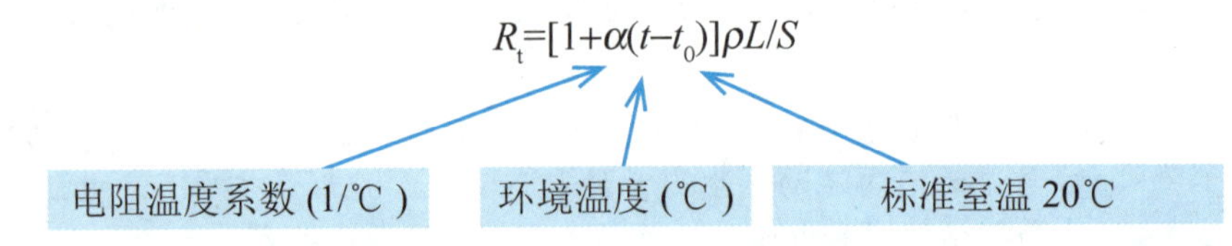

电阻的基本定律计算

欧姆定律是交、直流电路计算的基本定律，也适合电阻计算。在直流或交流电路回路中，流过电阻或阻抗的电流 I 等于此电阻或阻抗两端的电压降 U 除以此电阻或阻抗的阻值 R 或 Z。

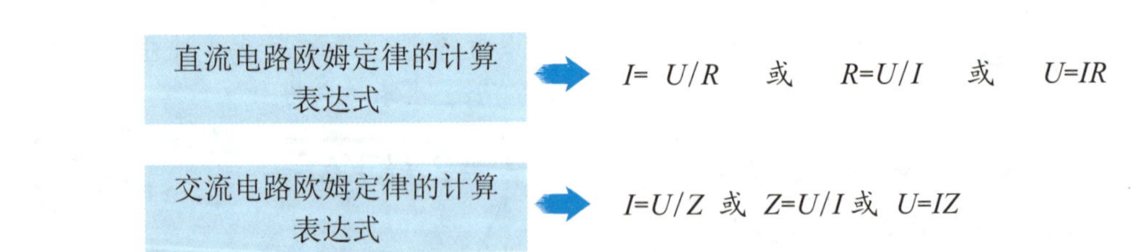

Z: 阻抗（Ω）　I: 流经R或Z的电流强度（A）　U: 电流I在电阻R或阻抗Z上形成的电压（V）

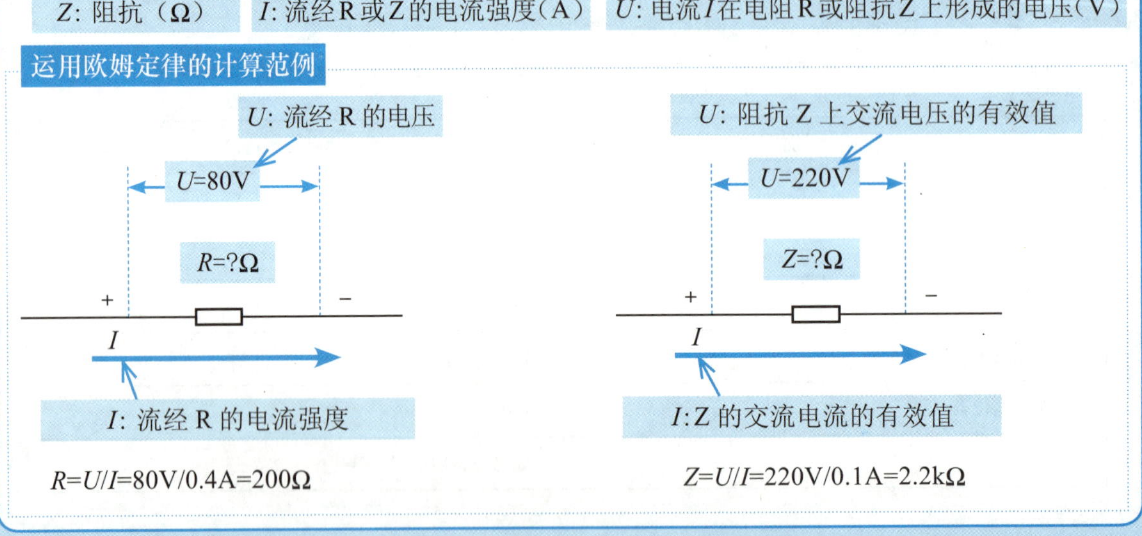

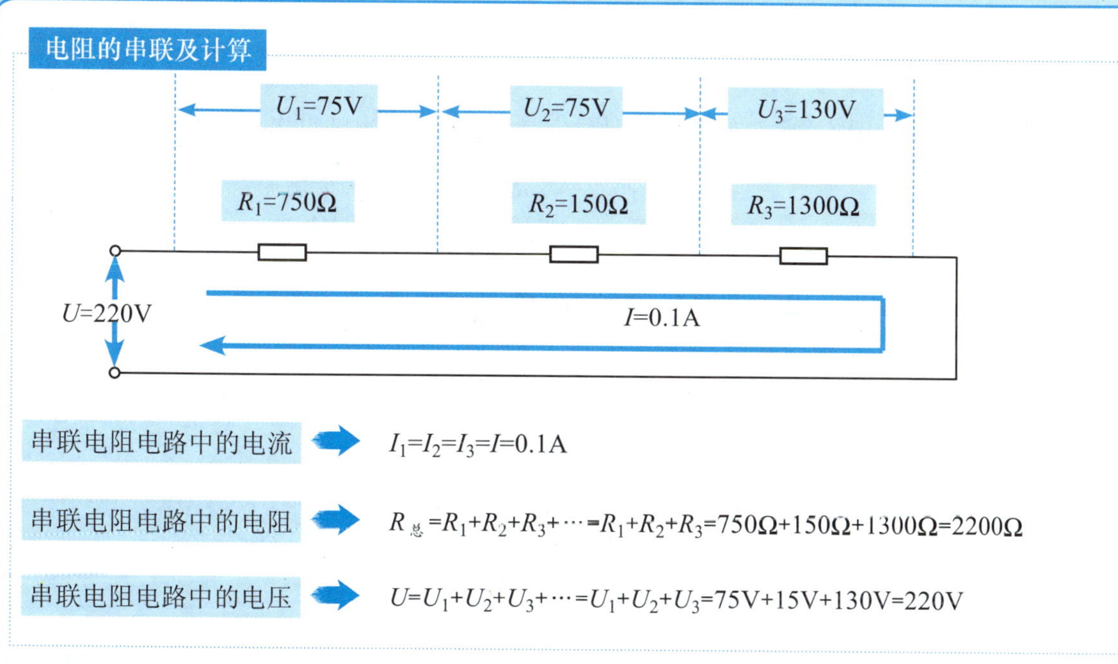
电阻的串联及计算
U_1=75V
U_2=75V
U_3=130V
R_1=750Ω
R_2=150Ω
R_3=1300Ω
U=220V
I=0.1A
串联电阻电路中的电流
$I_1=I_2=I_3=I=0.1A$
串联电阻电路中的电阻
$R_{总}=R_1+R_2+R_3+\cdots=R_1+R_2+R_3=750Ω+150Ω+1300Ω=2200Ω$
串联电阻电路中的电压
$U=U_1+U_2+U_3+\cdots=U_1+U_2+U_3=75V+15V+130V=220V$

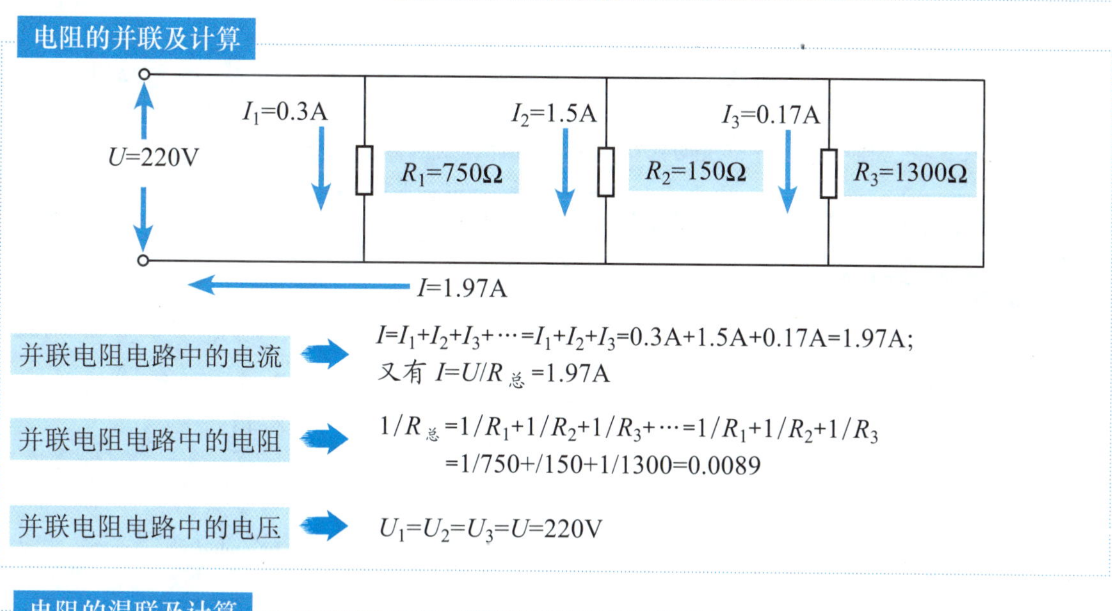
电阻的并联及计算
U=220V
I_1=0.3A
I_2=1.5A
I_3=0.17A
R_1=750Ω
R_2=150Ω
R_3=1300Ω
I=1.97A
并联电阻电路中的电流
$I=I_1+I_2+I_3+\cdots=I_1+I_2+I_3=0.3A+1.5A+0.17A=1.97A$;
又有 $I=U/R_{总}=1.97A$
并联电阻电路中的电阻
$1/R_{总}=1/R_1+1/R_2+1/R_3+\cdots=1/R_1+1/R_2+1/R_3$
$=1/750+/150+1/1300=0.0089$
并联电阻电路中的电压
$U_1=U_2=U_3=U=220V$

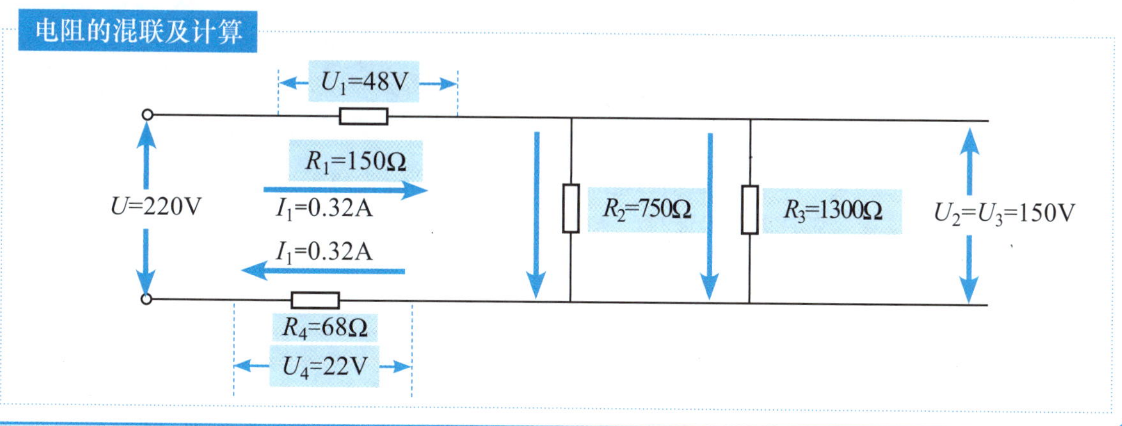
电阻的混联及计算
U_1=48V
R_1=150Ω
I_1=0.32A
I_1=0.32A
U=220V
R_2=750Ω
R_3=1300Ω
$U_2=U_3$=150V
R_4=68Ω
U_4=22V

电阻混联电路具备电阻串联电路与电阻并联电路的特点。

混联电阻电路中的电阻

$R_{并}=R_2R_3/(R_2+R_3)=750\times1300/(750+1300)\Omega=476\Omega$

接着按 R_1、$R_{并}$与 R_4 串联电路计算方法计算总电阻 $R_{总}$，则

$R_{总}=R_1+R_{并}+R_4=(150+476+68)\Omega=694\Omega$

混联电阻电路中的电流

$I=U/R_{总}=220V/694\Omega=0.32A$

按并联电路计算方法计算每个并联支路的电流 I_2 与 I_3，则

$I_2=U_{并}/R_2=150V/750\Omega=0.2A$

$I_3=U_{并}/R_3=150V/1300\Omega=0.12A$

混联电阻电路中的电压

按 R_1、$R_{并}$与 R_4 串联电路计算方法计算 U_1、U_4、$U_{并}$（注：$U_{并}=U_2=U_3$），则

$U_1=IR_1=0.32A\times150\Omega=48V$

$U_{并}=U_2=U_3=IR_{并}=0.32A\times476\Omega=150V$

$U_4=IR_4=0.32A\times68\Omega=22V$

上述电路比较简单，在实践中遇到的往往是较复杂且形式多样化的电路，有时电阻之间复杂的连接关系一下子弄不清楚，就需要采取逐步化简电路的方法去分析，但在简化电路的过程中必须等效变换。总之，对有难度的电阻混联电路计算前必须正确识别电路，再进行计算。

电阻（或阻抗）三角形－星形（△-Y）的网络变换与计算

三角形与星形典型电路

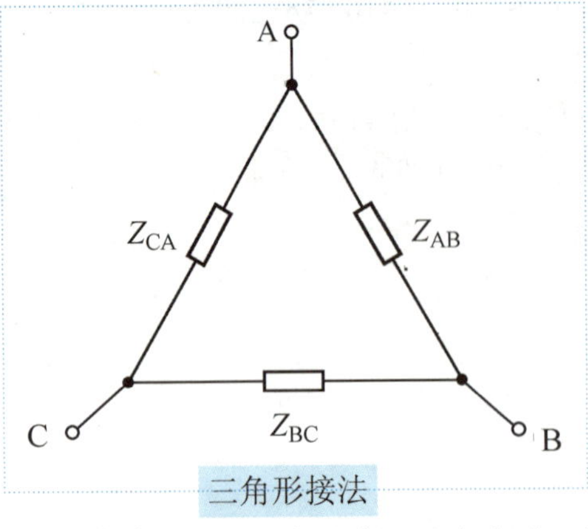

三角形接法

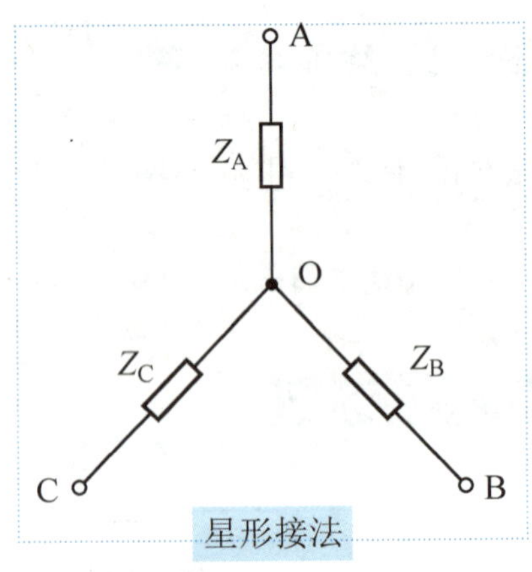

星形接法

由于复杂电阻混联电路中往往会出现三角形连接现象，要求得电路的总电阻或总阻抗，就必须将三角形连接等效变换为星形连接，从而简化其计算过程。

阻抗网络△→Y的阻抗变换量值关系计算公式如下

$$Z_A=\frac{Z_{AB}Z_{CA}}{Z_{AB}+Z_{BC}+Z_{CA}}\qquad Z_B=\frac{Z_{BC}Z_{AB}}{Z_{AB}+Z_{BC}+Z_{CA}}\qquad Z_C=\frac{Z_{CA}Z_{BC}}{Z_{AB}+Z_{BC}+Z_{CA}}$$

阻抗网络Y→△的阻抗变换量值关系计算公式如下

$$Y_{AB}=\frac{Y_A Y_B}{Y_A+Y_B+Y_C} \qquad Y_{BC}=\frac{Y_B Y_C}{Y_A+Y_B+Y_C} \qquad Y_{CA}=\frac{Y_C Y_A}{Y_A+Y_B+Y_C}$$

上述公式中 Y 为导纳，即 $Y_{AB}=1/Z_{AB}$；$Y_A=1/Z_A$。

以上变换运算应用于纯电阻和不存在互感的阻抗变换。

交、直流电路计算方法相同。

当用于直流电阻网络相互变换与计算时，为方便起见，公式中的 Z 与 Y 分别用 R 与电导 g 替换。

含有△-Y网络变换的电阻混联电路范例

在较复杂的电阻混联电路中，电路简化后还会出现既不是串联也不是并联的电阻网络，而是三角形网络，这会对分析电流的流向造成困难。可以使用以下方法化简：

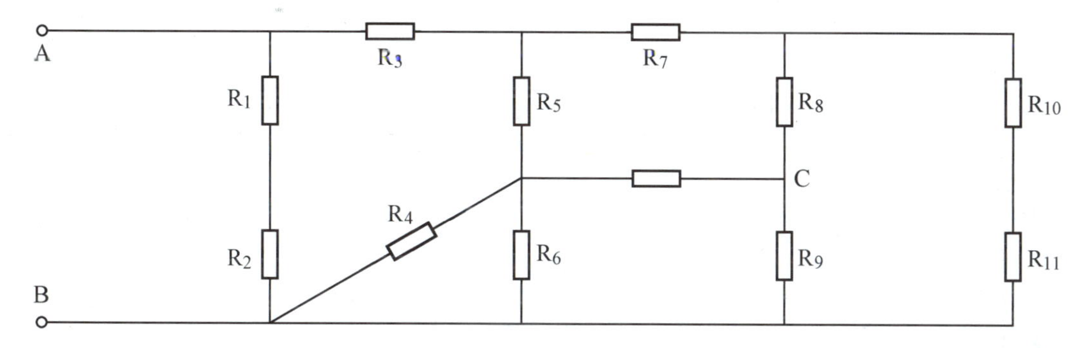

下图所示电路为上图的等效电路。

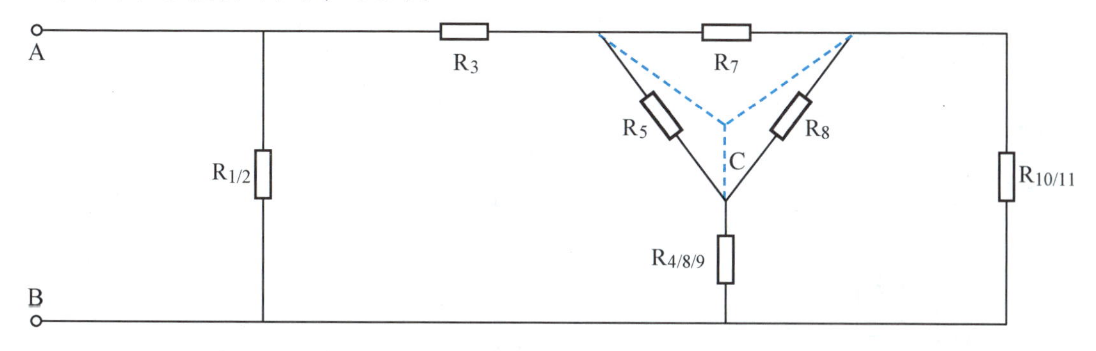

上图所示电路中，利用串、并联的计算方法无解。只有经过△→Y等效变换成下图所示的等效电路后问题才可迎刃而解。

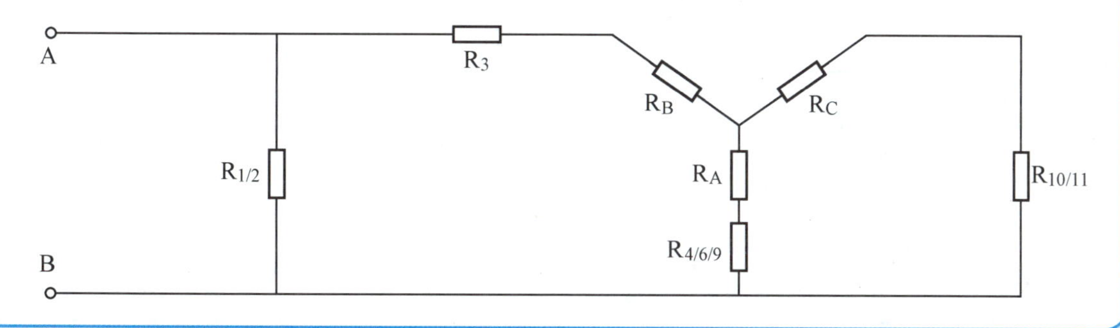

1 由 R_5、R_7 与 R_8 构成的三角形网络等效变换为星形网络的 R_A、R_B 与 R_C

2 使最终电路各个等效电阻的串、并联关系清晰可辨

3 即 R_C 与 $R_{10/11}$ 串联后的支路再和 R_A 与 $R_{4/6/9}$ 串联后的支路并联

4 其等效电阻再与 R_3 串联后与 $R_{1/2}$ 并联

5 从而计算出总电阻 R_{AB} 的值

1.1.4 电阻类元器件的分类

电阻器的种类众多，而且分类方法也多种多样，在本书中分为固定电阻、可变电阻和敏感电阻三类。

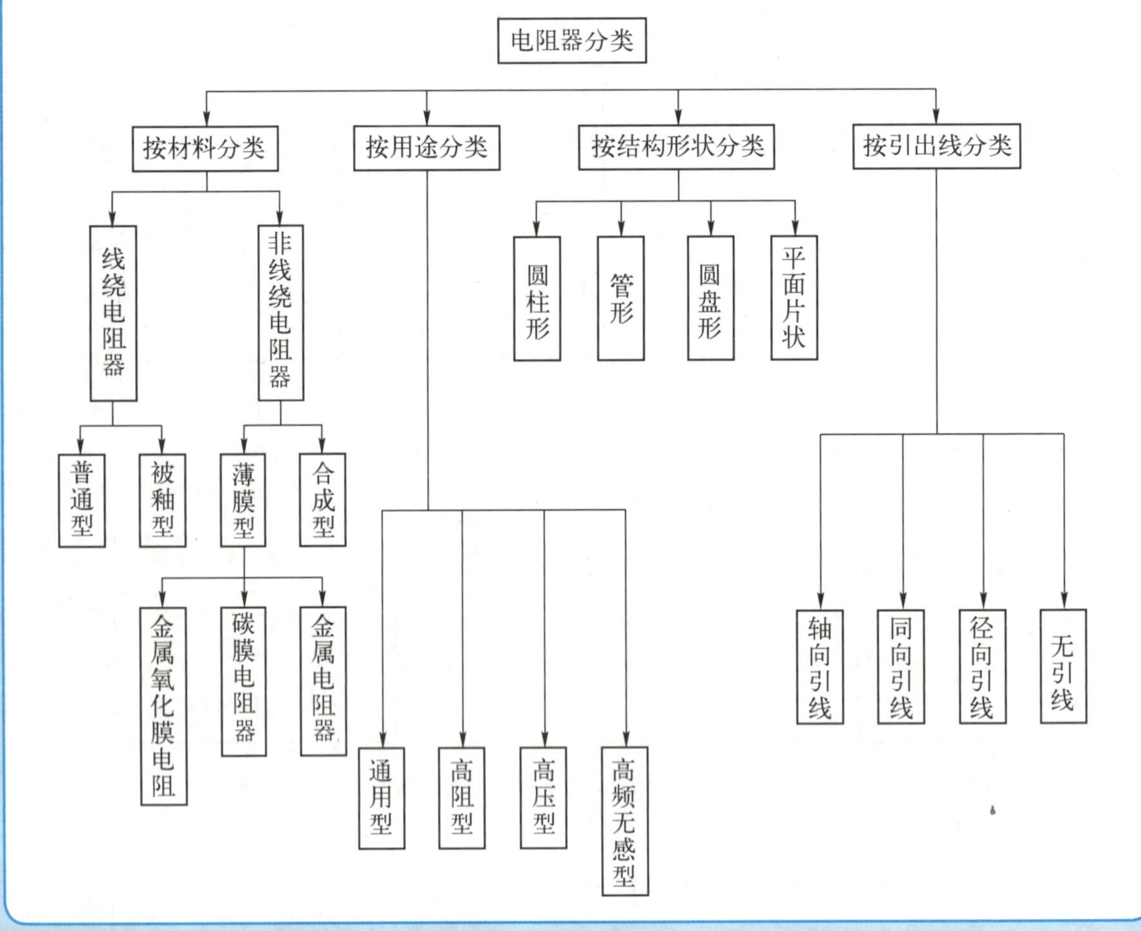

普通电阻器

通过前面的介绍，我们学习了普通电阻的电路图形符号，其在电路中还有其他形式出现，如下所示。

电路图形符号	名　称	解　释
R	线绕电阻器电路图形符号	它的额定功率很大、体积大，用于一些电流很大的场合，如在电子管放大器电路中常用

续表

电路图形符号	名　称	解　释	
—[///]—	标注额定功率的电路图形符号	1/8W	符号中同时标出了该电阻器的额定功率，通常电子电路中使用的普通电阻器的额定功率都比较小，常用的是1/8W或1/16W，电路图形符号中不标出它的额定功率；一般当额定功率比较大时需要在电路图中标注额定功率
—[/]—		1/4W	
—[—]—		1/2W	
—[I]—		1W	
—[II]—		2W	
—[III]—		3W	
—[IV]—		4W	
—[V]—		5W	
—[X]—		10W	
R（锯齿形）	另一种电路图形符号	这种电路图形符号有时在进口电子设备的电路图中出现	

国产电阻器的识别

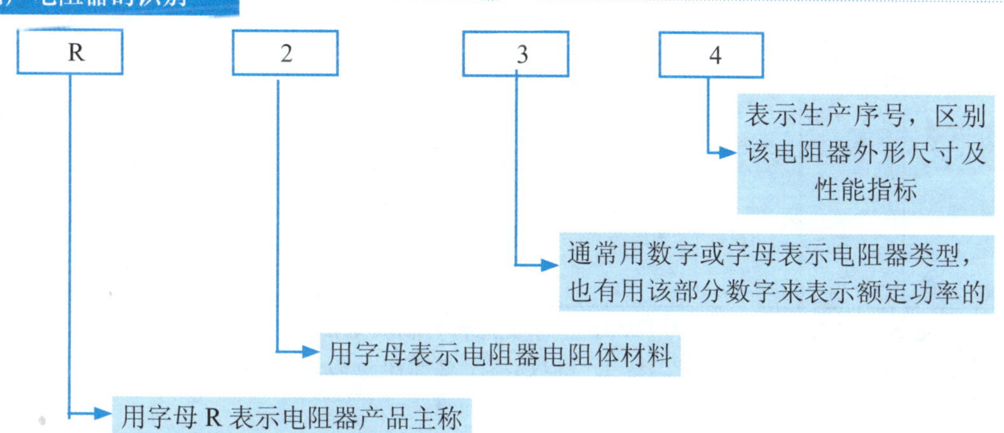

第一部分 主称		第二部分 电阻体材料		第三部分 类别或额定功率				第四部分 序号
字母	含义	字母	含义	数字或字母	含义	数字	额定功率	
R	电阻器	C	沉积膜或高频瓷	1	普通	0. 125	1/8W	用个位数或无数字表示
				2	普通或阻燃			
		F	复合膜	3或C	超高频	0. 25	1/4W	
		H	合成碳膜	4	高阻			
		I	玻璃釉膜	5	高温	0. 5	1/2W	
		J	金属膜	7或J	精密			

续表

第一部分 主称		第二部分 电阻体材料		第三部分 类别或额定功率				第四部分 序号
字母	含义	字母	含义	数字或字母	含义	数字	额定功率	
R	电阻器	N	无机实心	8	高压	1	1W	用个位数或无数字表示
		S	有机实心	9	特殊（如熔断型等）			
		T	碳膜	G	高功率	2	2W	
		U	硅碳膜	L	测量			
		X	线绕	T	可调	3	2W	
		Y	氧化膜	X	小型			
				C	防潮	5	5W	
		O	玻璃膜	Y	被釉			
				B	不燃性	10	10W	

小功率电阻器（特别是0.5W以下的碳膜和金属膜电阻）多用表面色环表示标称阻值，每一种颜色代表一个数字，这在工程上叫作色环。电阻阻值的常用色环表示有3色环、4色环和5色环3种。

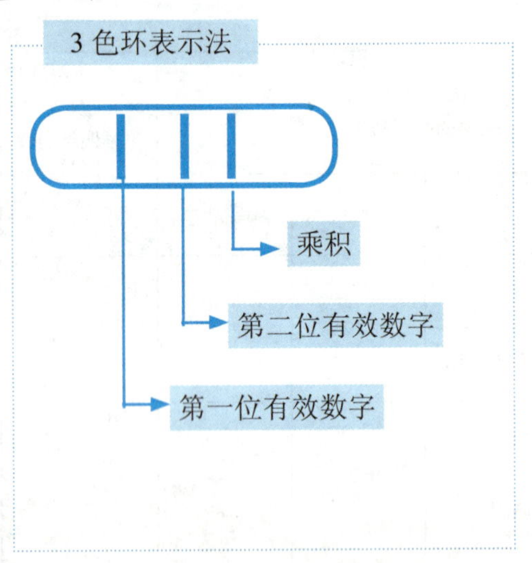

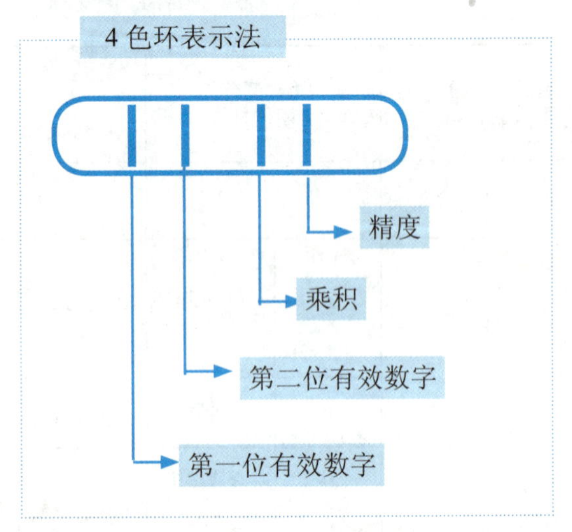

相比3色环表示法，4色环电阻用3个色环来表示阻值（前两环代表有效值，第三环代表乘上的幂数），用1个色环来表示误差。详情参见下表。

4 色环表示法

色环颜色	第一色环	第二色环	第三色环	第四色环
	第一位数值	第二位数值	第三位数值	第四位数值
黑	—	0	$\times10^{0}$	—
棕	1	1	$\times10^{1}$	—
红	2	2	$\times10^{2}$	—
橙	3	3	$\times10^{3}$	—
黄	4	4	$\times10^{4}$	—
绿	5	5	$\times10^{5}$	—
蓝	6	6	$\times10^{6}$	—
紫	7	7	$\times10^{7}$	—
灰	8	8	$\times10^{8}$	—
白	9	9	$\times10^{9}$	—
金	—	—	$\times10^{-1}$	±5%
银	—	—	$\times10^{-2}$	±10%
无色	—	—	—	±20%

5 色环表示法

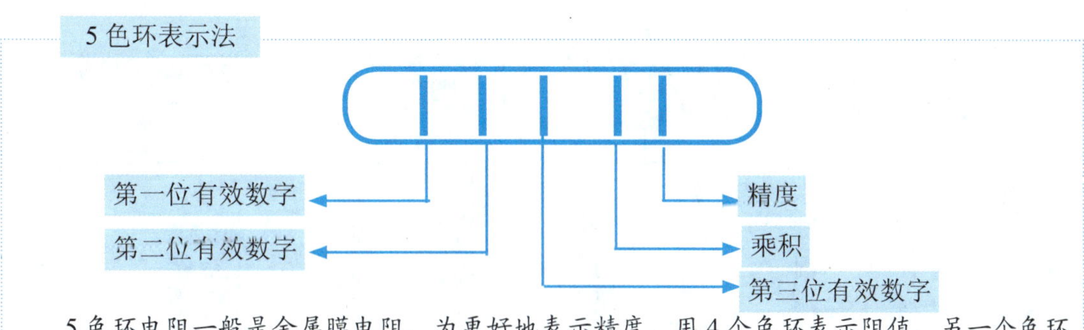

5 色环电阻一般是金属膜电阻，为更好地表示精度，用 4 个色环表示阻值，另一个色环表示误差（参见 4 色环表示法）。

直接标注法

用数字和单位符号在电阻器表面上直接标出，如 3.3kΩ ± 5%

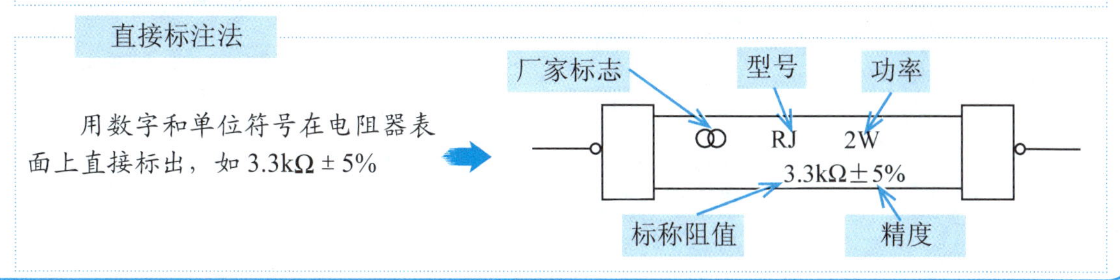

三位数字法

用三位阿拉伯数字表示电阻器的阻值，前两位数字表示电阻器阻值的有效数字，第三位数字表示有效数字后面零的个数（或10的幂数）。

200 表示 20Ω　　331 表示 330Ω　　472 表示 4.7kΩ

敏感电阻器

敏感电阻器是指其阻值对某些物理量（如温度、电压等）表现敏感的电阻器，如压敏电阻器、热敏电阻器、光敏电阻器等。常见的敏感电阻有如下几种。

热敏电阻器

热敏电阻器在电路中用文字符号“RT”或“R”表示，其电路图形符号如下所示：

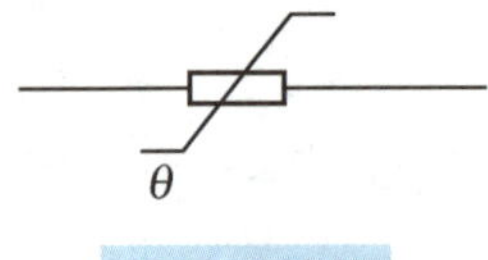

新图形符号

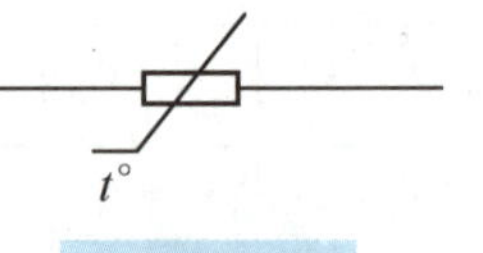

旧图形符号

热敏电阻器根据其结构、形状、灵敏度、受热方式及温度特性的不同可以分为多种类型：

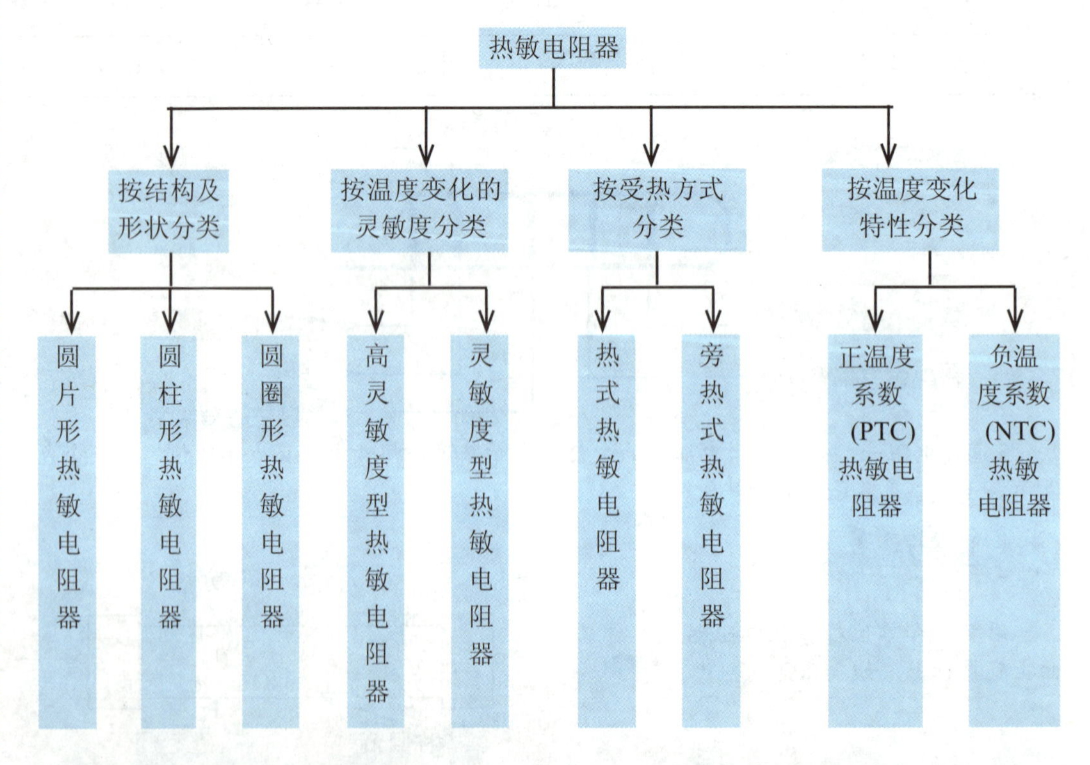

热敏电阻器的主要参数除额定功率、标称阻值和允许偏差等外，还有测量功率、材料常数、最高工作温度、开关温度、标称电压、工作电流、稳压范围、绝缘电阻等。

测量功率 ➡ 测量功率是指在规定的环境温度下，电阻受测量电源加热而引起阻值变化不超过0.1%时所消耗的功率

热时间常数 ➡ 热时间常数是指热敏电阻器的热惰性，即在无功功率状态下，当环境温度突变时，电阻体温度由初值变化到最终温度之差的63.2%所需的时间

耗散系数 ➡ 耗散系数是指热敏电阻器温度每增加1℃所耗散的功率

标称电压 ➡ 标称电压是指稳压用热敏电阻器在规定温度下，与标称工作电流所对应的电压值

工作电流 ➡ 工作电流是指稳压用热敏电阻器在正常工作状态范围内稳定电流的范围值

光敏电阻

光敏电阻器是对光线非常敏感的一种电阻元件，无光线照射时，光敏电阻呈高阻状态；当有光线照射时，其电阻值迅速减小。光敏电阻器在电路中用字母 “R” 或 “RL” 表示，其电路图形符号如下图所示。

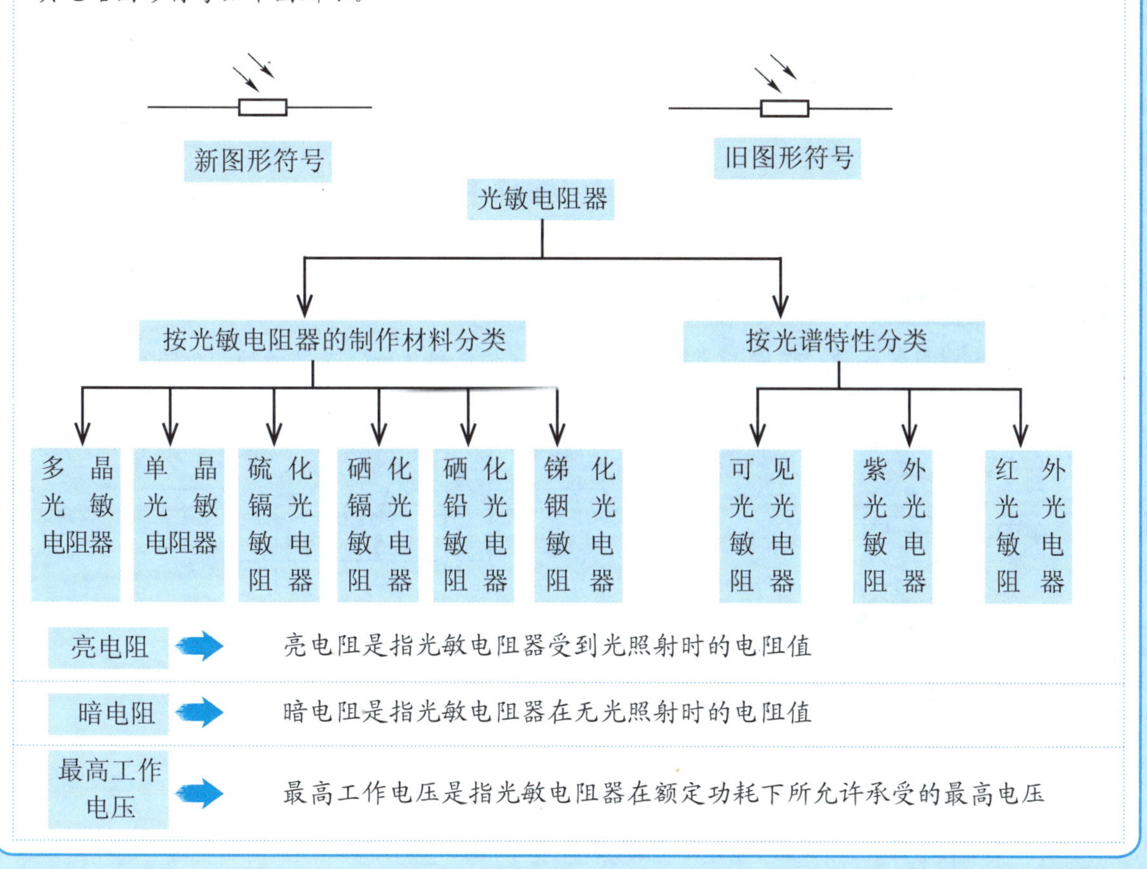

亮电阻 ➡ 亮电阻是指光敏电阻器受到光照射时的电阻值

暗电阻 ➡ 暗电阻是指光敏电阻器在无光照射时的电阻值

最高工作电压 ➡ 最高工作电压是指光敏电阻器在额定功耗下所允许承受的最高电压

亮电流	亮电流是指光敏电阻器在规定的外加电压下受到光照时通过的电流
暗电流	暗电流是指在无光照时，光敏电阻器在规定的外加电压下通过的电流
时间常数	时间常数是指光敏电阻器从光照跃变开始到稳定亮电流的 63% 时所需要的时间
电阻温度系数	电阻温度系数是指光敏电阻器在环境温度改变 1℃时，其电阻值的相对变化
灵敏度	灵敏度是指有光照射和无光照射时电阻值的相对变化

磁敏电阻器

磁敏电阻器是一种对磁场敏感的半导体元件，它可以将磁感应信号转变为电信号。磁敏电阻器在电路中用字母“RM”或“R”表示，其电路图形符号如下所示。

电路符号	
磁阻比	磁阻比是指在某一规定的磁感应强度下，磁敏电阻器的阻值与零磁感应强度下的阻值之比
磁阻系数	磁阻系数是指在某一规定的磁感应强度下，磁敏电阻器的阻值与其标称电阻值之比
磁阻灵敏度	磁阻灵敏度是指在某一规定的磁感应强度下，磁敏电阻器的电阻值随磁感应的相对变化率

湿敏电阻器

湿敏电阻器是一种对环境湿度敏感的元件，它的电阻值能随着环境的相对湿度变化而变化。湿敏电阻器在电路中的文字符号用字母“R”或“RS”表示，其电路图形符号如下所示。

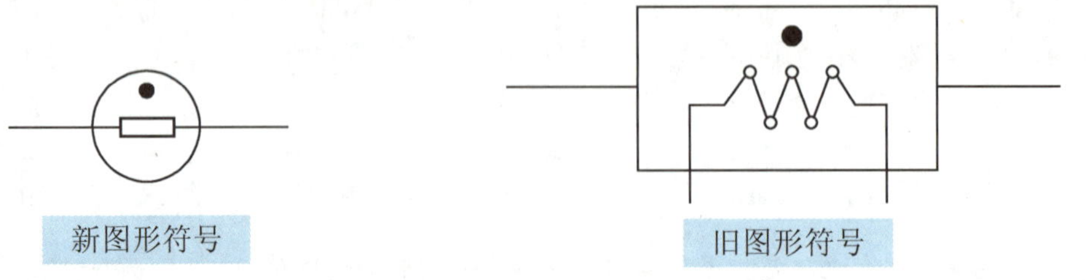

新图形符号　　旧图形符号

湿度温度系数	湿度温度系数是指当环境湿度恒定时，湿敏电阻器在温度变化 1℃时，其湿度指示的变化量
灵敏度	灵敏度是指湿敏电阻器检测湿度时的分辨率

测湿范围 ➡ 测湿范围是指湿敏电阻器的湿度测量范围

湿滞效应 ➡ 湿滞效应是指湿敏电阻器在吸湿和脱湿过程中参数表现的滞后现象

响应时间 ➡ 响应时间是指湿敏电阻器在湿度检测环境快速变化时，其电阻值的变化情况（反应速度）

压敏电阻器

压敏电阻器 (VSR) 是一种对电压敏感的非线性过电压保护半导体元件。压敏电阻器在电路中用文字符号“ RV ”或“ R ”表示，其电路图形符号如下所示。

电路符号 ➡

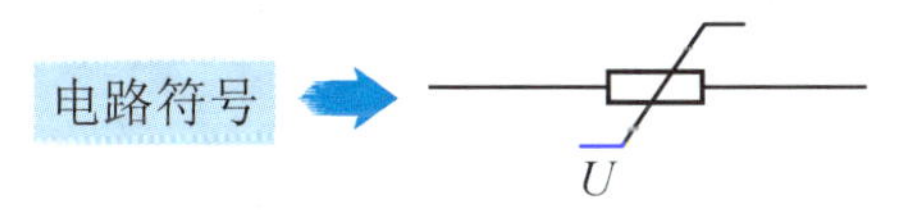

标称电压 ➡ 标称电压是指通过 1mA 直流电流时，压敏电阻器两端的电压值

电压比 ➡ 电压比是指压敏电阻器的电流为 1mA 时产生的电压值与压敏电阻器的电流为 0.1mA 时产生的电压值之比

最大限制电压 ➡ 最大限制电压是指压敏电阻器两端所能承受的最高电压值

残压比 ➡ 流过压敏电阻器的电流为某一值时，在它两端所产生的电压称为这一电流值的残压。残压比则是残压与标称电压之比

电位器

电位器在电路中的使用十分广泛。在电路中，电位器用作分压电路，对信号进行分压输出。

旋转式单联电位器

这种电位器通常有 3 或 4 根引线，第 4 根一般用于接地，以消除调整电位器时带来的人体干扰。

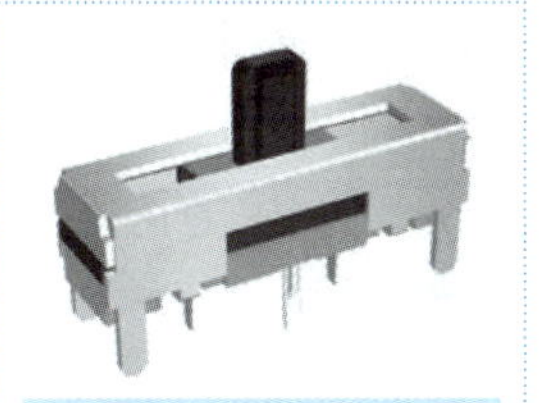

直滑式单联电位器

这种电位器由滑动杆进行操作，引脚在其下部。

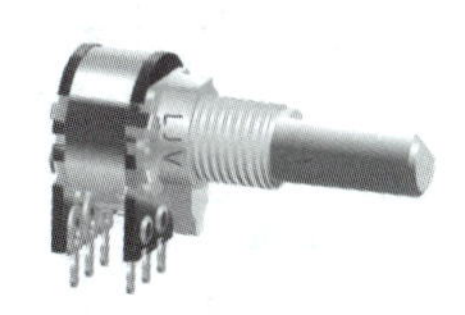

旋转式双联电位器

这种电位器与单联电位器相似，但有两个电位器相连，用一根控制柄调整两个电阻，其中，各个电阻各有 3 个引脚。

旋转式多联电位器

这种电位器用一个转柄控制所有多联的电位器。

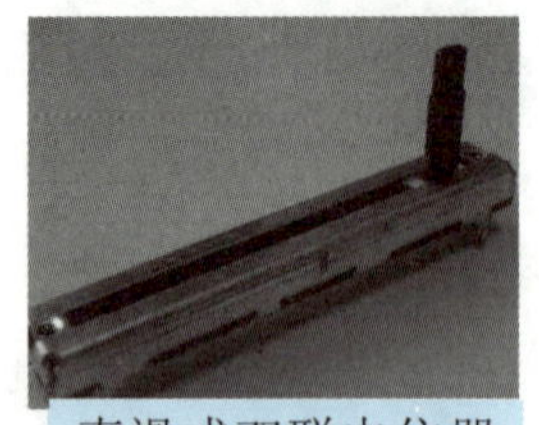

直滑式双联电位器

这种电位器由两个电位器构成，用一根操纵杆控制两个单联电位器，每个电位器有3根引线。

步进电位器

这种电位器由高精度特殊电阻组成，在专业功放中作为音量控制电位器。

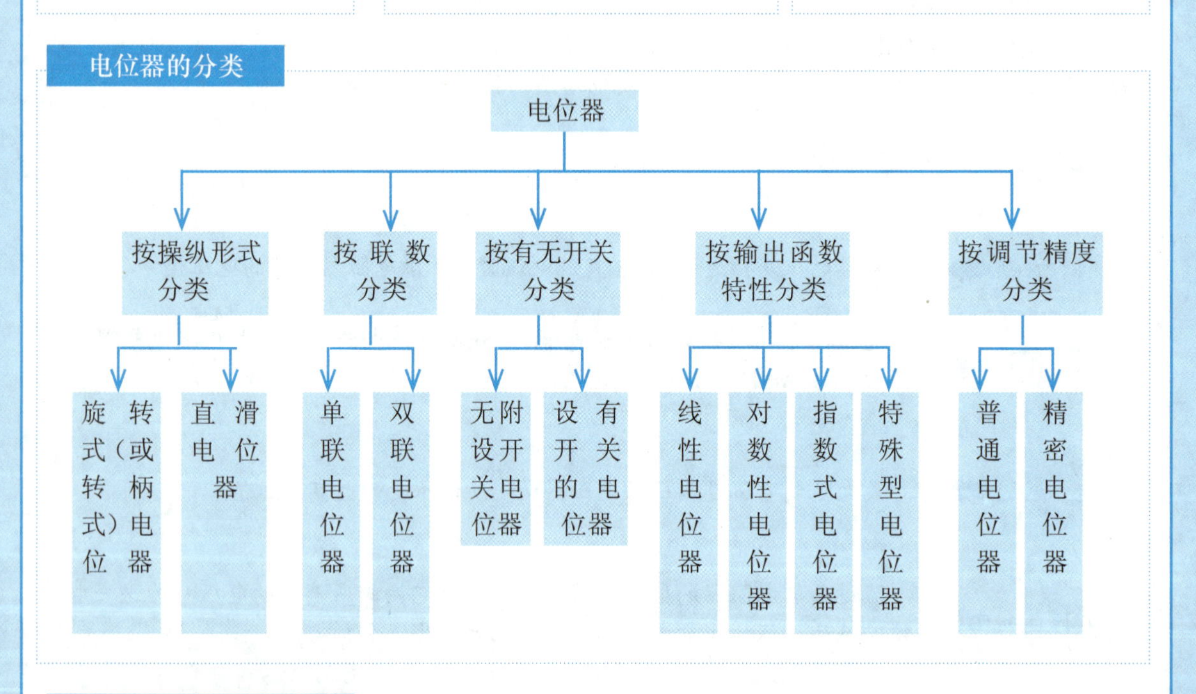

电位器的电路图形符号

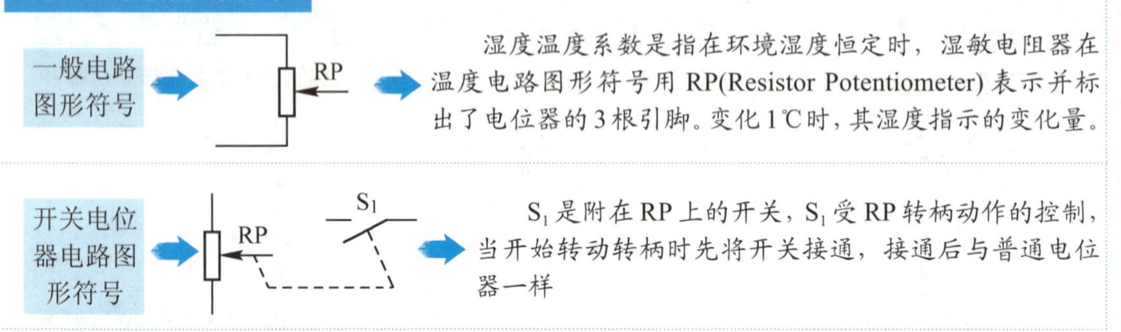

湿度温度系数是指在环境湿度恒定时，湿敏电阻器在温度电路图形符号用 RP(Resistor Potentiometer) 表示并标出了电位器的3根引脚。变化1℃时，其湿度指示的变化量。

S_1是附在RP上的开关，S_1受RP转柄动作的控制，当开始转动转柄时先将开关接通，接通后与普通电位器一样

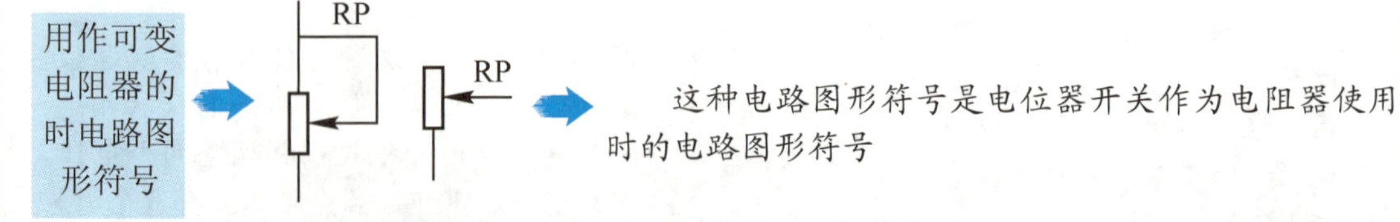

这种电路图形符号是电位器开关作为电阻器使用时的电路图形符号

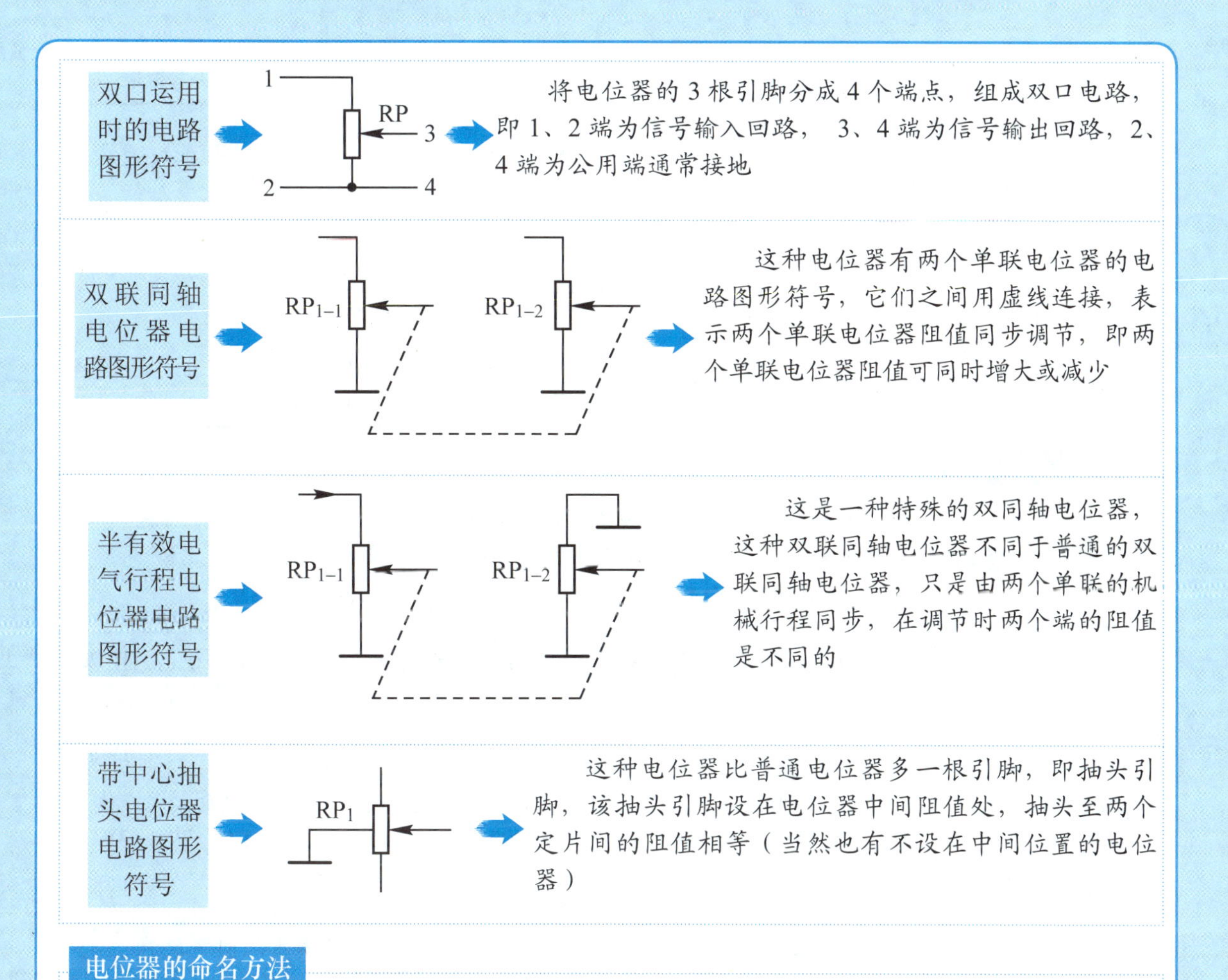

将电位器的3根引脚分成4个端点，组成双口电路，即1、2端为信号输入回路，3、4端为信号输出回路，2、4端为公用端通常接地

这种电位器有两个单联电位器的电路图形符号，它们之间用虚线连接，表示两个单联电位器阻值同步调节，即两个单联电位器阻值可同时增大或减少

这是一种特殊的双同轴电位器，这种双联同轴电位器不同于普通的双联同轴电位器，只是由两个单联的机械行程同步，在调节时两个端的阻值是不同的

这种电位器比普通电位器多一根引脚，即抽头引脚，该抽头引脚设在电位器中间阻值处，抽头至两个定片间的阻值相等（当然也有不设在中间位置的电位器）

电位器的命名方法

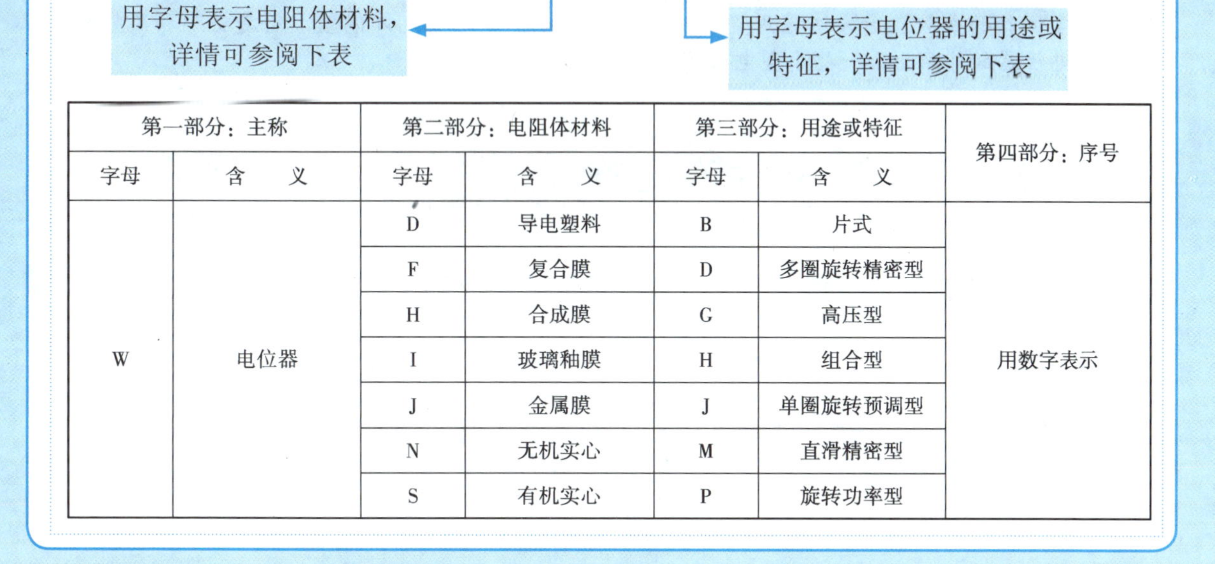

第一部分：主称		第二部分：电阻体材料		第三部分：用途或特征		第四部分：序号
字母	含　义	字母	含　义	字母	含　义	
W	电位器	D	导电塑料	B	片式	用数字表示
		F	复合膜	D	多圈旋转精密型	
		H	合成膜	G	高压型	
		I	玻璃釉膜	H	组合型	
		J	金属膜	J	单圈旋转预调型	
		N	无机实心	M	直滑精密型	
		S	有机实心	P	旋转功率型	

续表

第一部分：主称		第二部分：电阻体材料		第三部分：用途或特征		第四部分：序号
字母	含　义	字母	含　义	字母	含　义	
W	电位器	X	线绕	T	特殊型	
		Y	氧化膜	W	螺杆驱动预调型	
				X	旋转低功率型	
				Y	旋转预调型	
				Z	直滑式低功率型	

电位器主要参数

标称阻值　标称阻值指两个定片引脚之间的阻值，电位器按标称系列分为线绕和非线绕电位器两种。常用的非线绕电位器标称系列是 1.0、1.5、2.2、3.2、4.7、6.8，再乘上 10 的 n 次方（n 为正整数或负整数），其单位为 Ω

允许偏差　非线绕电位器允许偏差分为 3 个等级，I 级为 ±5%，II 级为 ±10%，III 级为 ±20%

额定功率　额定功率是指电位器在交流或直流电路中，当大气压力为 650 ~ 800mmHg($1mmHg=1.3332\times10^2Pa$)，在规定环境温度下所能承受的最大允许功耗。非线绕电位器的额定功率系列为 0.05W、0.1W、0.25W、0.5W、1W、2W、3W

噪　声　静噪声是电位器的固定噪声，很小

动噪声是电位器的特有噪声，是主要噪声。产生动噪声的因素很多，主要原因是电阻体的结构不均匀及动片触点与电阻体的接触噪声，后者随着电位器使用时间的延长而变得越来越大

电位器参数识别方法

电位器的参数表示方法采用直标法，通常将标称阻值及允许偏差、额定功率和类型标注在电位器的外壳上，一些小型电位器上只标出标称阻值。

电位器外壳上标出 51k-0.25/X　其中“51k”表示标称阻值为 51kΩ，“0.25”表示辅定功率为 0.25W，“X”表示是 X 型电位置。

特别提示：

近几年来，各种小型、超小型精密旋转式电位器不断用在工程控制设备中。这些精密旋转式电位器大多是由美国、日本、中国台湾等出品的，其线性度、重复性、可靠性、噪声及可操作性均十分理想。

1.2 电阻器典型应用电路

1.2.1 直流电压供给电路

通过电阻器可以将直流电压或交流信号电压加到电路中的任何一点，这是电路中最为常见的电路形式之一。

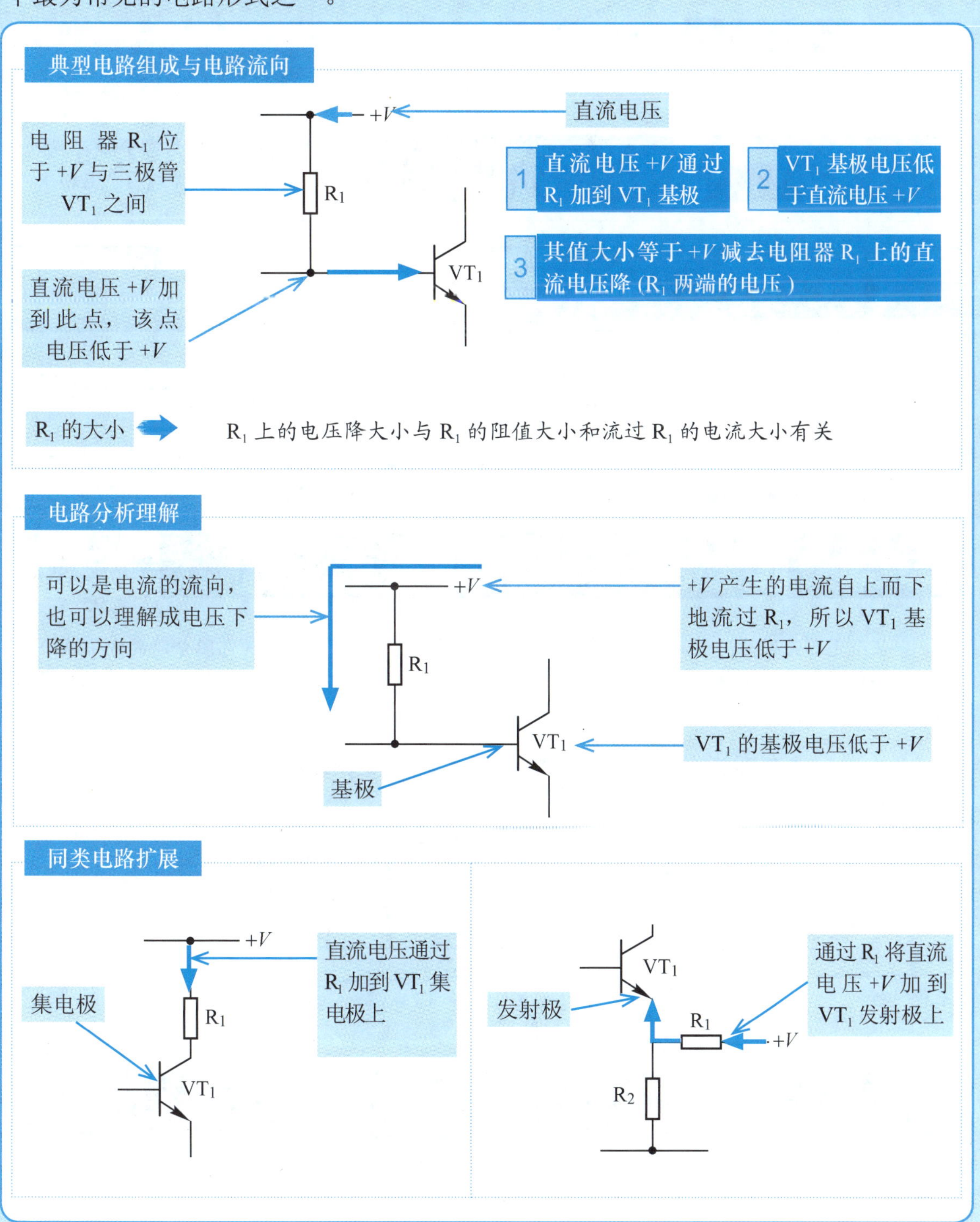

1.2.2 电阻器交流信号电压供给电路

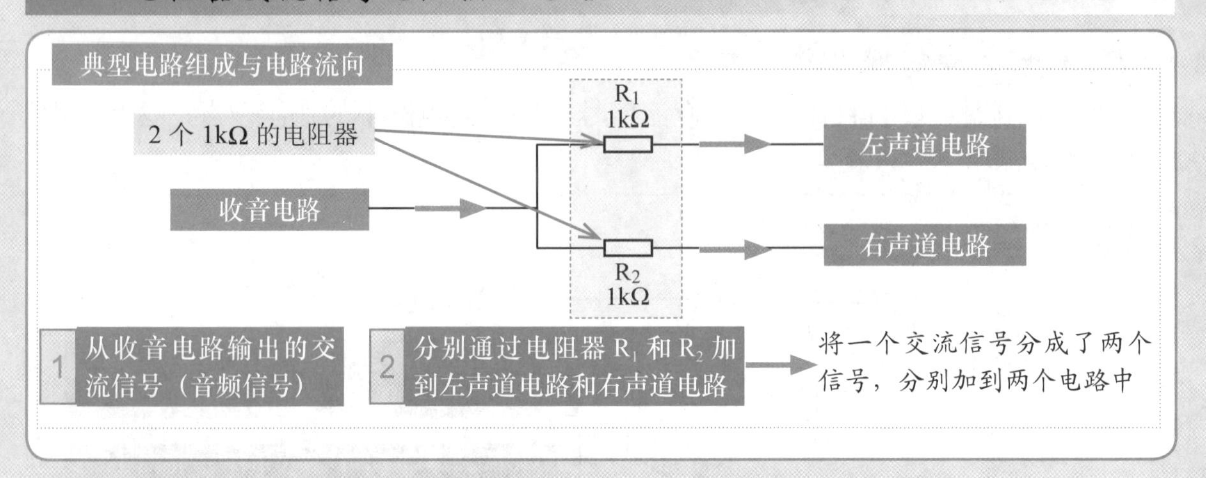

1.2.3 电阻器分流电路

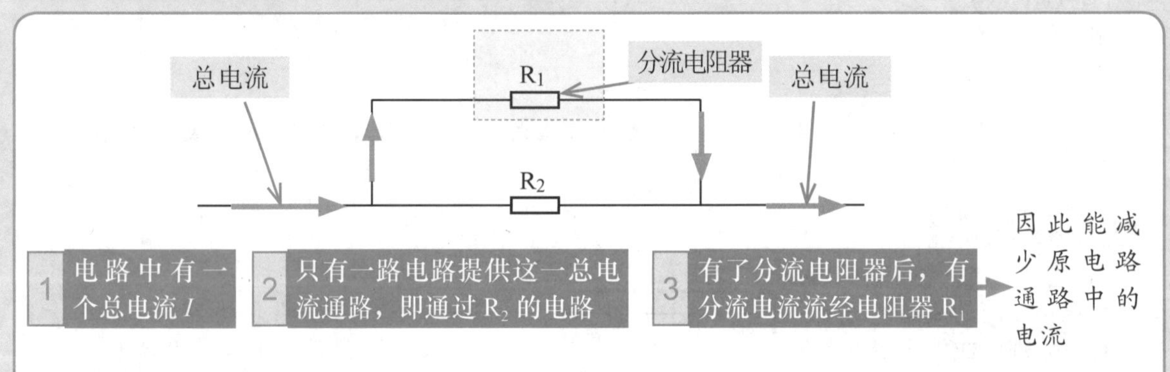

当某个元器件因为通过的电流太大而不能安全工作时，可以采用这种电阻分流的方法减小流过该元器件的电流。当然，这样做会影响电路的性能，所分流的电流越大，对电路原性能的影响就越大。

电阻分流电路根据参与并联的元器件不同，有许多种，这里讲解三极管 VT_1 集电极、发射极电流的分流电路。

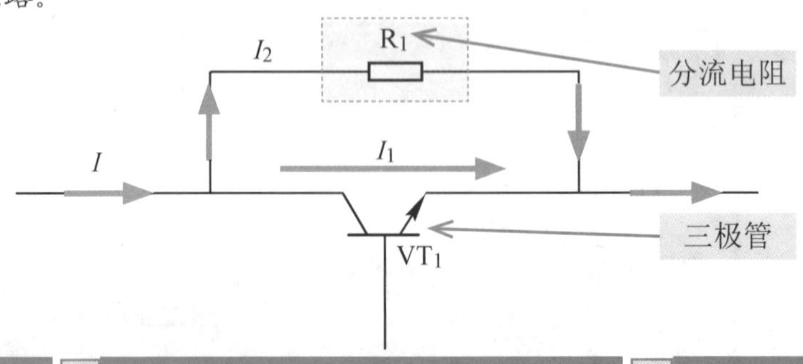

1 分流电阻 R_1 加入电路后

2 电流 I 中的一部分 I_2 流过电阻器 R_1，这样流过三极管 VT_1 的电流 I_1 有所减小

3 而输出端的总电流 I 并没有减少，为流过 VT_1 和 R_1 电流之和

接入分流电阻器 R_1 后，可以起到保护三极管的作用，这样的电阻 R_1 称为分流电阻器。又因为分流电阻器具有保护另一个元器件的作用，所以又称为分流保护电阻器。

1.2.4 电阻器限流保护电路

电阻器限流保护电路在电子电路中应用广泛，它用来限制电路中的电流，从而保证其他元器件的工作安全。

发光二极管电阻器限流保护电路

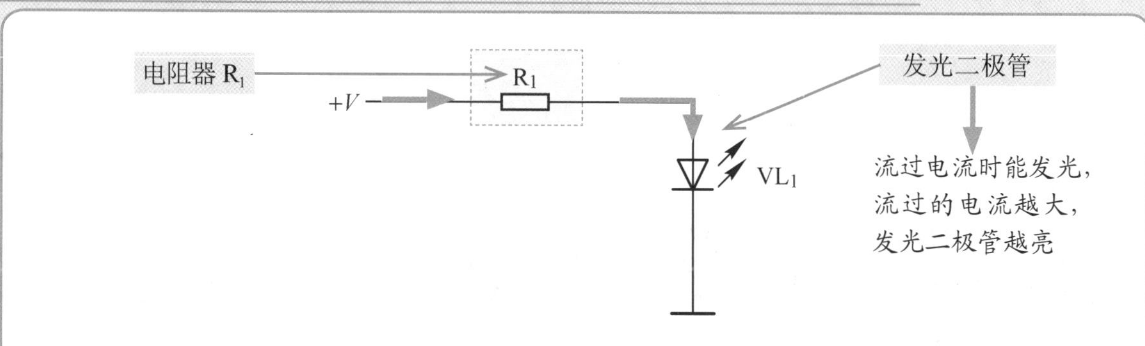

电阻器 R_1 阻值越大，流过 VL_1 的电流越小。电阻器 R_1 与 VL_1 串联起来，流过 R_1 的电流等于流过 VL_1 的电流，R_1 使电路中的电流减小，所以可以起到保护 VL_1 的作用。

晶体管基极电流限制电阻器电路

下图为晶体管基极电流限制电阻器电路。与上一电路相比，此电路中增加了电位器分流电路。

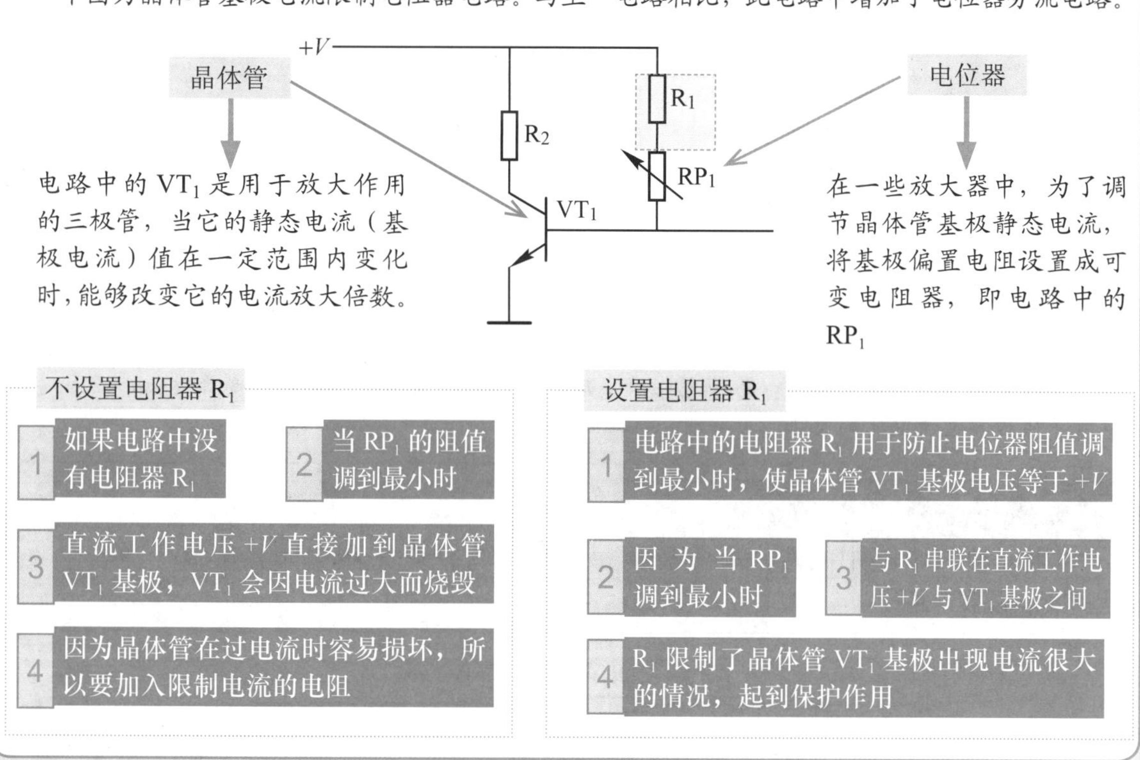

1.2.5 直流电阻器降压电路

下图所示为典型的直流电阻器降压电路。

典型直流电阻器降压电路

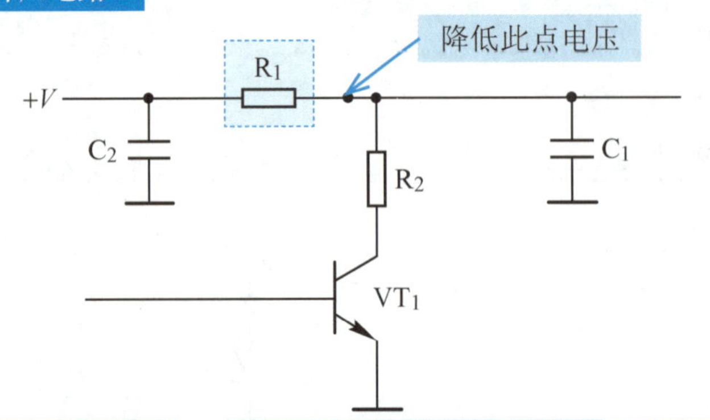

1 直流工作电压 $+V$ 通过 R_1 和 R_2 后加到晶体管 VT_1 的集电极

2 通过 R_1 后的直流电压作为 VT_1 放大级的直流工作电压

3 由于直流电流流过 R_1，所以 R_1 左端的直流电压比 $+V$ 低

电流流过电阻时要产生电压降，使得电阻两端的电压不等，一端高一端低，这样电阻就能降低电路中某点的电压。这种电阻降压电路不只是将直流电压降低，通过与滤波电容 C_1 的配合，还可以进一步对直流工作电压 $+V$ 进行滤波，使直流电压中的交流成分更小。

多节直流电阻降压电路

如下所示电路是多节直流电阻降压电路。电路中，直流电压 $+V$ 通过 R_2 降压后，加到 R_1 电路中进行再次降压。

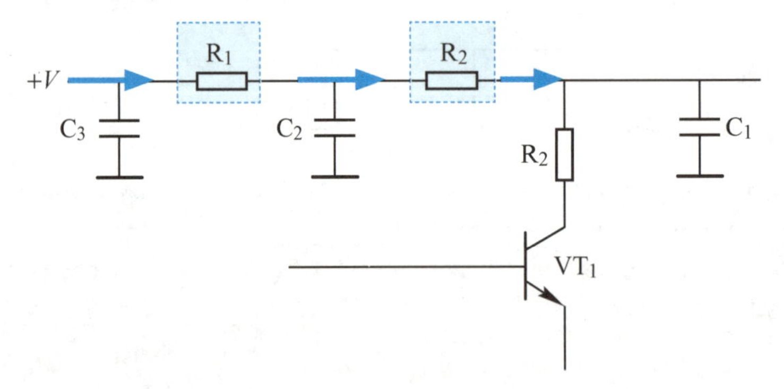

多节直流电阻降压电路中，各节电阻降压后的直流电压大小是不同的，越降越低，而且通过多节降压后的直流电压的交流成分更少。

1.2.6 电阻器隔离电路

如果需要将电路中的两点隔离开，最简单的方法是采用电阻器隔离电路。

典型电阻器隔离电路

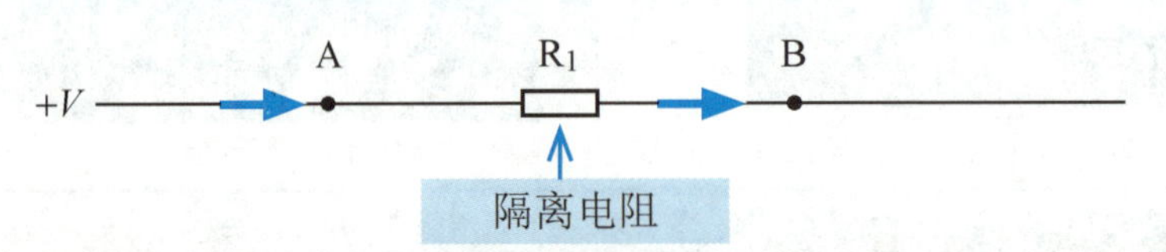

电阻器 R_1 将电路中的 A、B 两点隔离，使两点的电压大小不等。

虽然 A 和 B 两点被电阻器 R_1 分开，但是 A 和 B 点之间的电路仍然是通路，只是有了电阻器 R_1，电路中的这种情况便称为隔离。

实用电阻器隔离电路

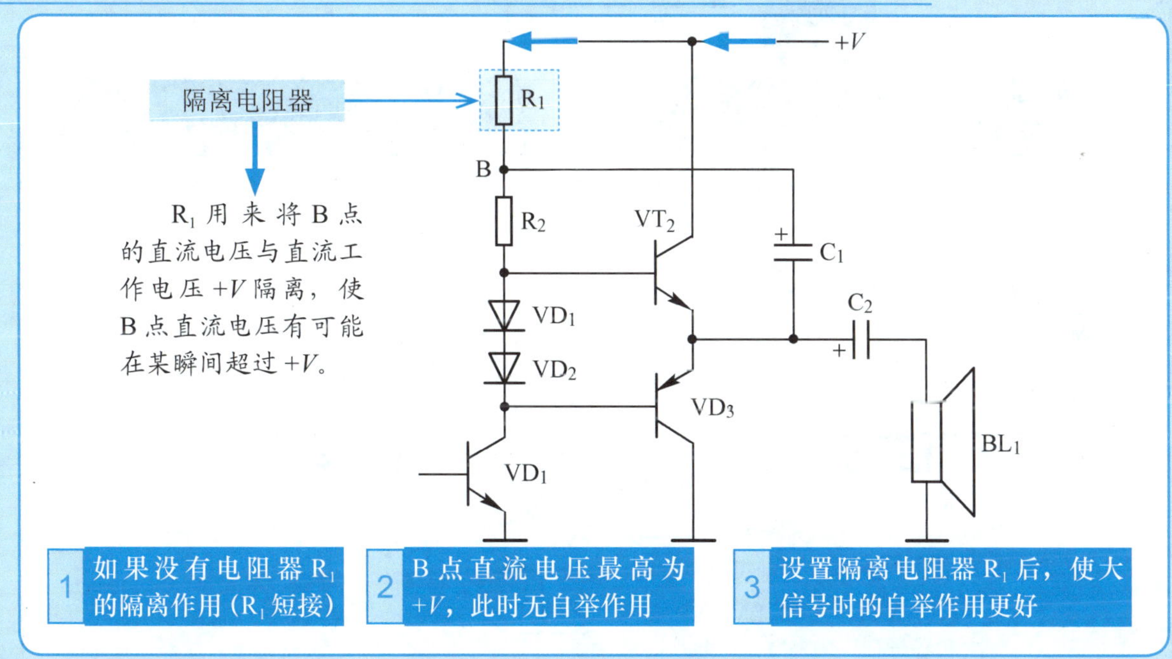

1 如果没有电阻器 R_1 的隔离作用（R_1 短接）

2 B 点直流电压最高为 +V，此时无自举作用

3 设置隔离电阻器 R_1 后，使大信号时的自举作用更好

信号源电阻隔离电路

如下图所示是信号源电阻隔离电路。电路中的信号源 1 放大器通过 R_1 接到后级放大器输入端，信号源 2 放大器通过 R_2 接到后级放大器输入端。显然这两路信号源放大器输出端通过 R_1 和 R_2 合并成一路。

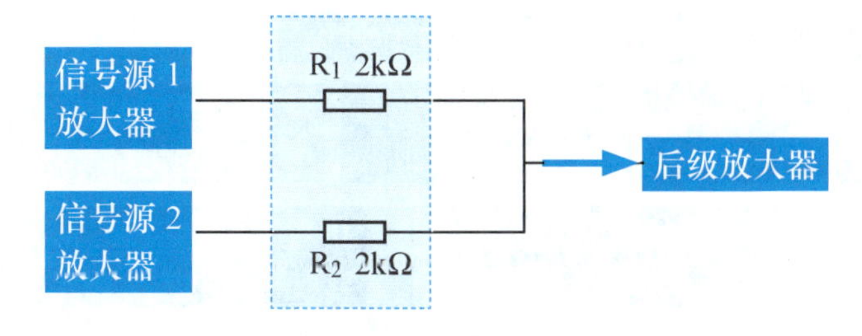

若没有电阻器 R_1、R_2：

- 信号源 1 放大器的输出电阻成了信号源 2 放大器负载的一部分
- 或
- 信号源 2 放大器的输出电阻成了信号源 1 放大器负载的一部分

加了隔离电阻器 R_1 和 R_2 后，两个信号源放大器的输出端之间被隔离，这样可使有害影响大大降低，实现电路的隔离作用。

1 电路中加入隔离电阻器 R_1 和 R_2 后

2 两个信号源放大器输出的信号电流可以不流入对方的放大器输出端

3 反而更好地流到后级放大器输入端

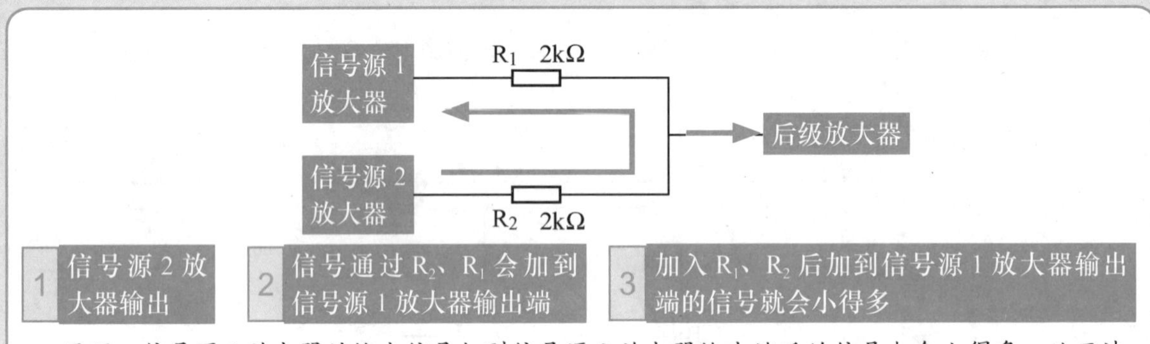

1 信号源2放大器输出

2 信号通过 R_2、R_1 会加到信号源1放大器输出端

3 加入 R_1、R_2 后加到信号源1放大器输出端的信号就会小得多

同理，信号源1放大器的输出信号加到信号源2放大器输出端后的信号也会小得多，从而达到隔离目的。

静噪电路中的隔离电阻器电路

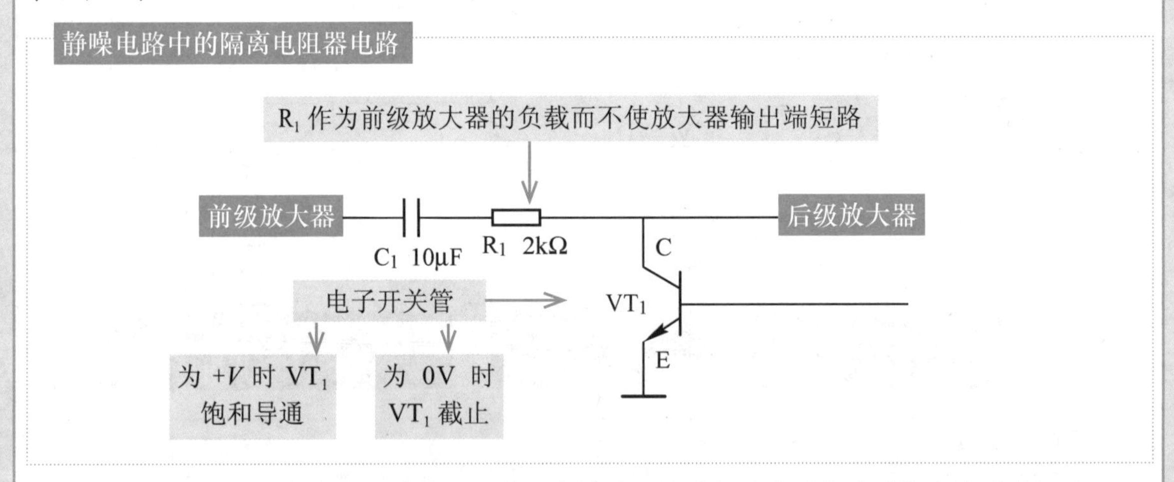

R_1 的作用：防止在电子开关管 VT_1 饱和导通时，将前级放大器电路的输出端对地短路，而造成前级放大器电路的损坏。在加隔离电阻 R_1 后，前级放大器输出端与地线之间接有电阻 R_1，这时 R_1 是前级放大器的负载电阻，防止了前级放大器输出端的短路

静噪电路中的隔离电阻器电路（开关管 VT_1 工作过程）

1 当 VT_1 基极电压为0V时

2 VT_1 处于截止状态，VT_1 集电极与发射极之间内阻很大

3 相当于C、E极之间开路，此时对电路没有影响

4 VT_1 基极有正电压+V时

5 VT_1 处于饱和导通状态

6 VT_1 集电极与发射极之间内阻很小

7 相当于C、E极之间接通，此时将电阻 R_1 右端接地

静噪电路中的隔离电阻器电路工作过程

分析开关管工作过程可知 → 假设电子开关管 VT_1 在饱和导通、截止两种状态下 → 输出的信号通过电容 C_1 和电阻 R_1 加到后级放大器电路的输入端，完成信号传输过程

1 VT_1 处于饱和导通状态

2 前级放大器输出的信号（实际上此时已不是有用信号而是电路中的噪声）通过 R_1 被处于饱和导通状态下的 VT_1 短路到地，无法加到后级放大器输入端

这样可将前级电路的噪声抑制，达到静噪的目的。在音响电路和视频电路中都有这种静噪电路的运用。

1.3 敏感电阻器典型应用电路

1.3.1 光敏电阻器应用电路

典型光敏电阻器应用电路

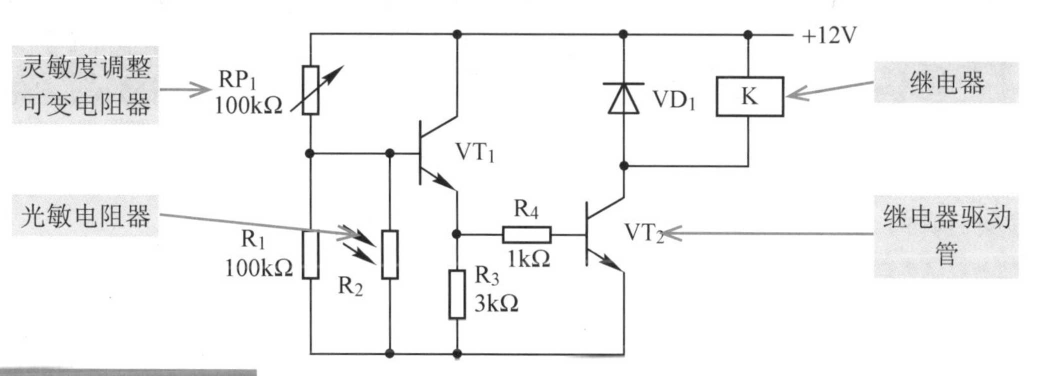

光线亮时电路工作过程

1. 当光线亮时，光敏电阻器 R_2 阻值比较小
2. 这时 RP_1、R_1、R_2 构成的分压电路输出电压比较小
3. 加到 VT_1 基极的直流电压比较低，VT_1 处于截止状态
4. VT_2 也处于截止状态
5. 继电器 K 中没有电流，继电器不会动作，常闭触点处于闭合状态，常开触点处于断开状态

光线暗时电路工作过程

1. 当光线暗时，光敏电阻器 R_2 阻值比较大
2. 这时 RP_1、R_1、R_2 构成的分压电路输出电压比较大
3. 加到 VT_1 基极的直流电压比较高，使 VT_1 处于导通状态
4. VT_1 发射极电压通过 R_4 加到 VT_2 基极
5. VT_2 处于导通状态
6. 继电器 K 中有电流，继电器动作，常闭触点处于断开状态，常开触点处于闭合状态

改变 RP_1 的阻值可以调节灵敏度，即光线暗到何等程度都能使继电器动作。

当 RP_1 阻值减小时  VT_1 基极直流电压升高，即光线稍暗些  R_2 阻值稍增大些就能使继电器 K 动作，所以是灵敏度提高了，反之则是灵敏度降低了

光控开关电路

右图所示是一种光控开关电路，这一光控开关电路可以用在一些楼道、路灯等公共场所。

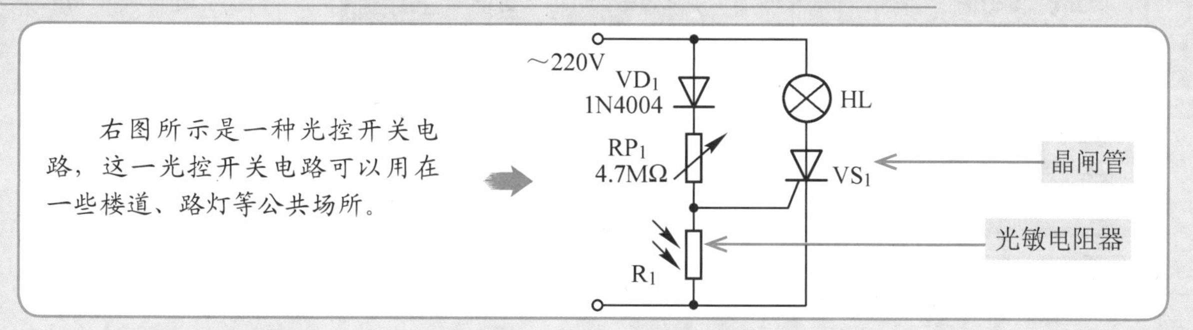

1 当光线亮时 → 2 光敏电阻器 R_1 阻值小 → 3 220V 交流电压经 VD_1 整流后的单向脉冲直流电压流经 RP_1 和 R_1 分压后的电压流出

4 到晶闸管 VS_1 控制极的电压小，此时晶闸管 VS_1 不能导通 → 5 所以灯 HL 回路无电流，灯不亮 → 6 当光线暗时光敏电阻器 R_1 阻值大

7 RP_1 和 R_1 分压后的电压也大 → 8 加到晶闸管 VS_1 控制极的电压大，这时晶闸管 VS_1 进入导通状态 → 9 所以灯 HL 回路有电流流过，灯点亮

调节可变电阻器 RP_1 的阻值，可以改变 RP_1 与 R_1 的分压输出电压大小，从而可以改变晶闸管 VS_1 触发电压的大小，这样可以调整光线变暗到什么程度时晶闸管 VS_1 导通，即可实现暗时点亮灯的调节。

灯光亮度自动调节电路

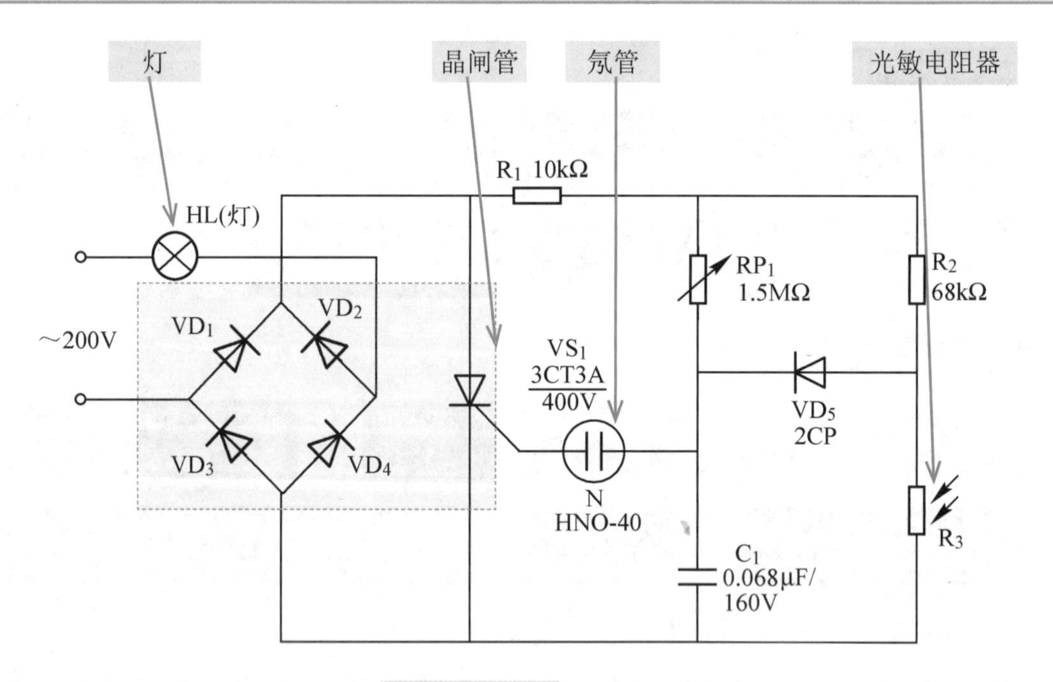

用氖管 N 作为 VS_1 的触发管 ← 全波相控电路 → 晶闸管 VS_1 和二极管 VD_1 ~ VD_4 组成。

全波相控电路工作过程

1 220V 交流电通过负载 HL 加到 VD_1 ~ VD_4 桥式整流电路中 → 2 整流后的单向脉冲直流电压加到晶闸管 VS_1 阳极和阴极之间 → VS_1 导通与截止由控制极上的电压控制

灯光亮度电路工作过程

1 经过全波相控电路整流的直流电压流出 → 2 直流电压通过 R_1 和 RP_1 对电容 C_1 进行充电 → 3 C_1 上充到的电压通过氖管 N 加到晶闸管 VS_1 控制极上

4 当 C_1 上电压上升到一定程度时 → 5 氖管 N 启辉，电压加到 VS_1 控制极上，VS_1 导通，HL 点亮

电路分析

从以上电路工作的过程可以看出：

电容 C_1 → C_1 的充电电路除 R_1、RP_1 外还有 R_2、R_3、VD_5，R_2 和 R_3 分压后的电压使 VD_5 导通，也对 C_1 进行充电

所以 R_3 的阻值大小就能决定 C_1 上充电电压的走向 → 也就能决定交流电一个周期内 VT_1 平均导通时间的长短，从而可以自动控制灯的亮度

当外界亮度高时 → 光敏电阻器 R_3 阻值小，C_1 的充电电压低，晶闸管 VT_1 平均导通时间短，HL 就暗

当外界亮度低时 → 光敏电阻器 R_3 阻值大，C_1 的充电电压高，晶闸管 VT_1 平均导通时间长，HL 就亮

电阻 R_3 → 由于 R_3 的阻值是随外界光线强弱自动变化的，所以灯 HL 的亮度也是受外界光线强弱自动控制的

调节可变电阻器 RP_1 的阻值可以改变对电容 C_1 的充电时间常数 → 即改变 VT_1 的导通角可以调节 HL 灯光的亮度

停电自动报警电路

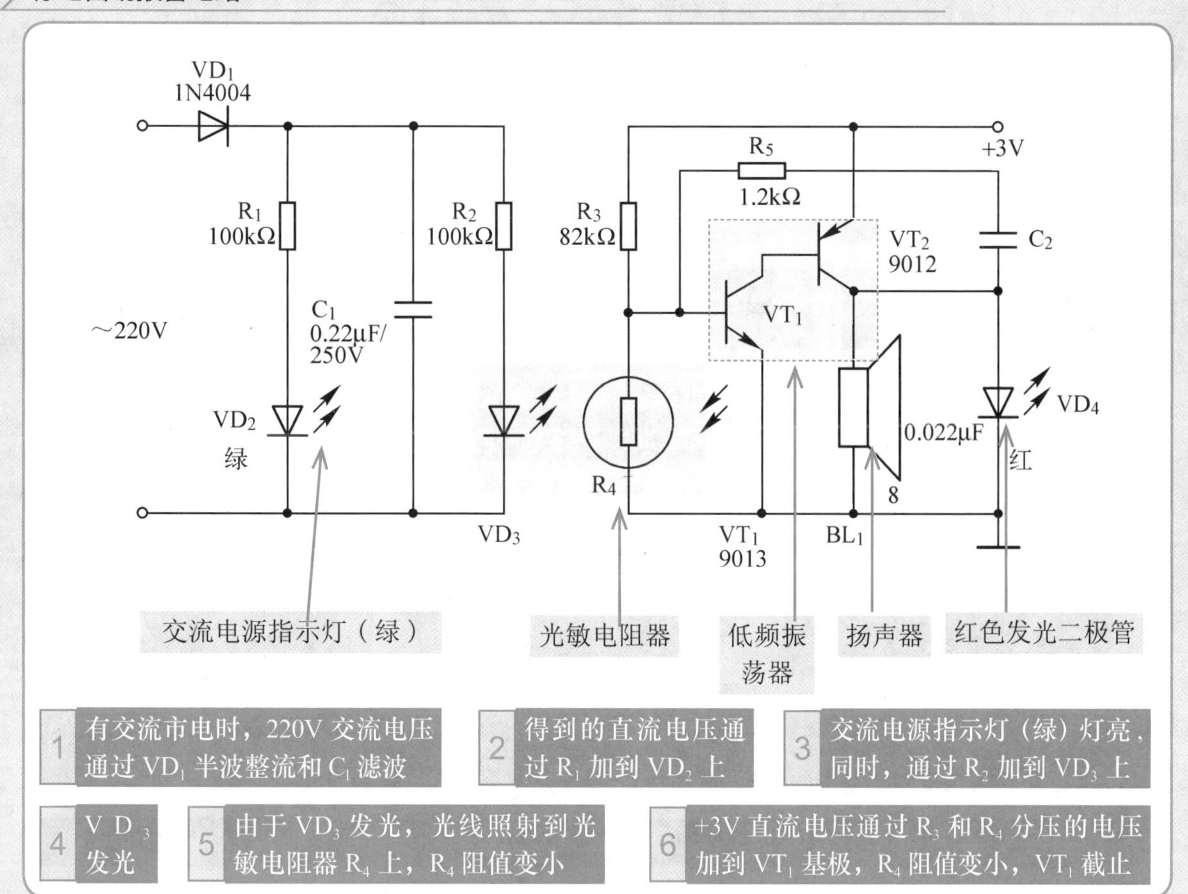

7 这时报警电路不工作

8 当交流电断电时

9 VD_3不发光，R_4阻值明显增大，使VT_1进入放大状态

10 低频振荡器电路工作

11 扬声器RL_1发出响声报警：同时VD_4发光显示断电 → 电路中，R_5和C_2构成低频振荡器中的正反馈电路

1.3.2 湿敏电阻器应用电路

典型湿度传感电路

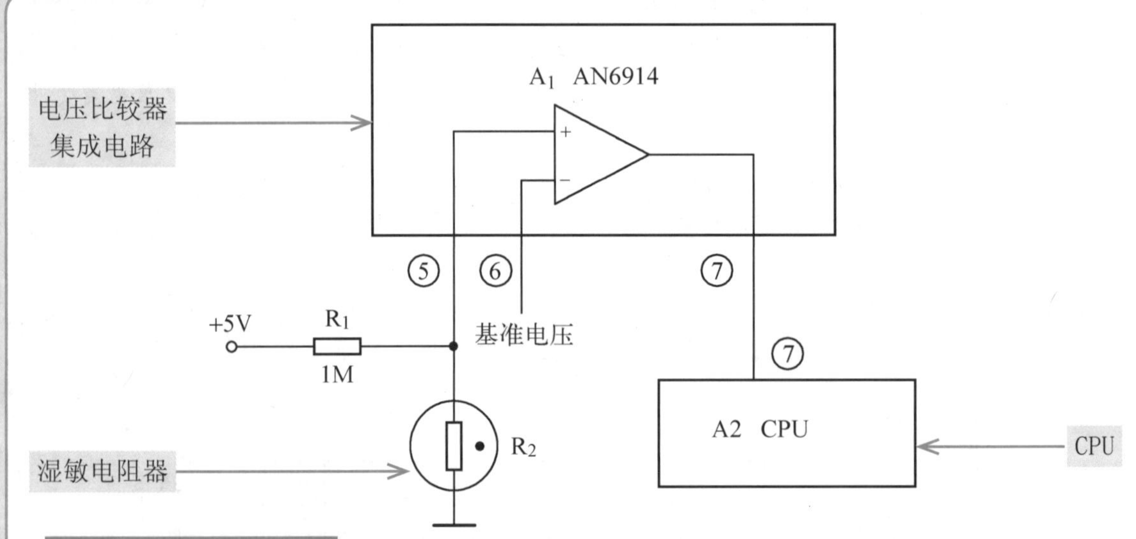

电压比较器A_1工作过程

1 当A_1的⑤脚直流电压大于⑥脚直流电压时

2 ⑦脚输出高电平给集成电路A_2的⑦脚

3 当A_1的⑤脚直流电压低于⑥脚直流电压时

4 ⑦脚输出低电平给集成电路A_2的⑦脚

5 集成电路A_1的⑦脚输出状态由⑤脚和⑥脚之间的相对电压高低决定，集成电路A_1的⑥脚上接有基准电压

基准电压 → 所谓基准电压就是一个电压大小恒定的直流电压，即集成电路A_1的⑥脚直流电压大小是不变的

1 电阻器R_1和R_2构成对+5V直流电压的分压电路

2 分压输出的直流电压加到集成电路A_1的⑤脚上

3 当相对湿度不大时，湿敏电阻器R_2阻值比较大

4 这时集成电路A_1的⑤脚直流电压大于⑥脚直流电压

5 ⑦脚输出高电平给集成电路A_2的⑦脚

6 当相对湿度较大时，湿敏电阻器R_2阻值比较小

7 这时集成电路A_1的⑤脚直流电压小于⑥脚直流电压，⑦脚输出低电平给集成电路A_2的⑦脚

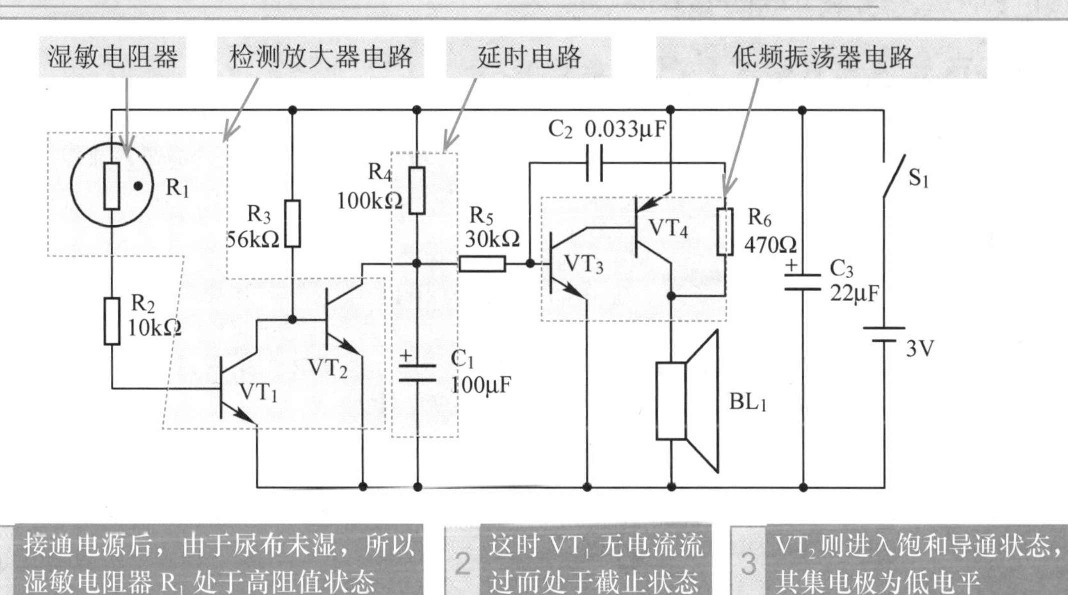

1 接通电源后，由于尿布未湿，所以湿敏电阻器 R_1 处于高阻值状态

2 这时 VT_1 无电流流过而处于截止状态

3 VT_2 则进入饱和导通状态，其集电极为低电平

4 通过 R_5 加到 VT_3 基极，使 VT_3 截止

5 低频振荡器在尿布湿了之后，湿敏电阻器 R_1 的阻值下降了许多

6 这样 VT_1 基极有较大的电流，VT_1 饱和导通

7 VT_1 集电极为低电平，使 VT_2 截止

8 3V 直流电压通过电阻 R_4 对电容 C_1 充电

9 这一充电电路就是一个延时电路，当 C_1 充电的电压达到一定程度后

10 电压加到 VT_3 基极

11 使 VT_3 和 VT_4 获得正常直流偏置电压而进入振荡工作状态

12 这时扬声器 BL_1 发出声响，进行提示

1.3.3 磁敏电阻器应用电路

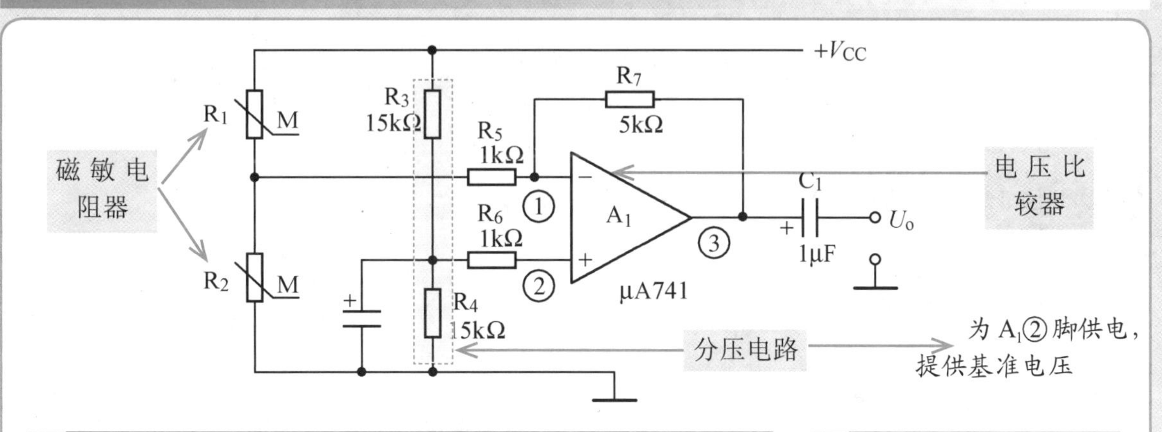

1 当磁场发生改变时，磁敏电阻器 R_1、R_2 分压电路输出电压大小变化，这一变化的电压通过电阻 R_5 加到集成电路 A_1 的①脚

2 这样集成电路 A_1 的输出端③脚电压大小也随之发生相应的变化

3 这一变化信号经 C_1 耦合得到输出信号 U_o

1.4 可变电阻器典型应用电路

1.4.1 晶体管偏置电路中的可变电阻电路

了解静态电流大小对晶体管 VT_1 工作状态的影响，有利于理解 RP_1 电路的工作原理，可参照下图中箭头所指示的电流方向进行学习。

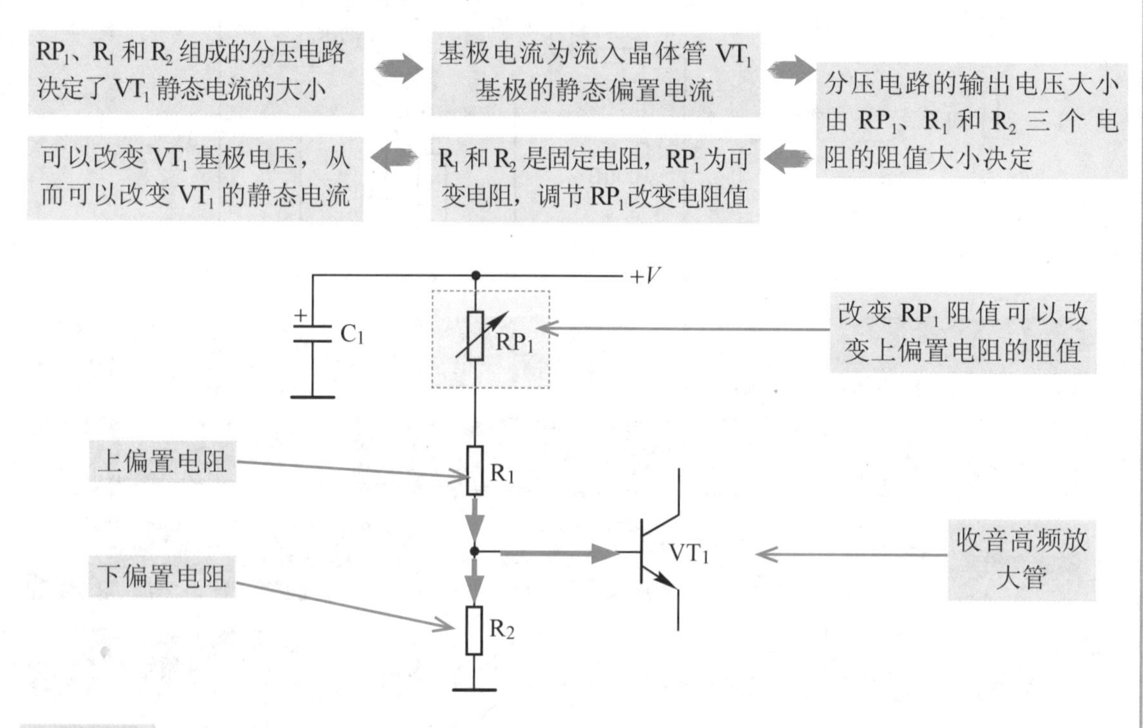

分压式偏置电路

RP_1、R_1 和 R_2 构成分压式偏置电路，其中，RP_1 和 R_1 构成上偏置电阻，R_2 构成下偏置电阻

分压式偏置电路为 VT_1 提供静态工作电流 → 没有这一电流，晶体管 VT_1 将无法工作在放大状态 → 若电流的大小不合适，VT_1 也不能工作在最佳状态

1.4.2 立体声平衡控制中的可变电阻电路

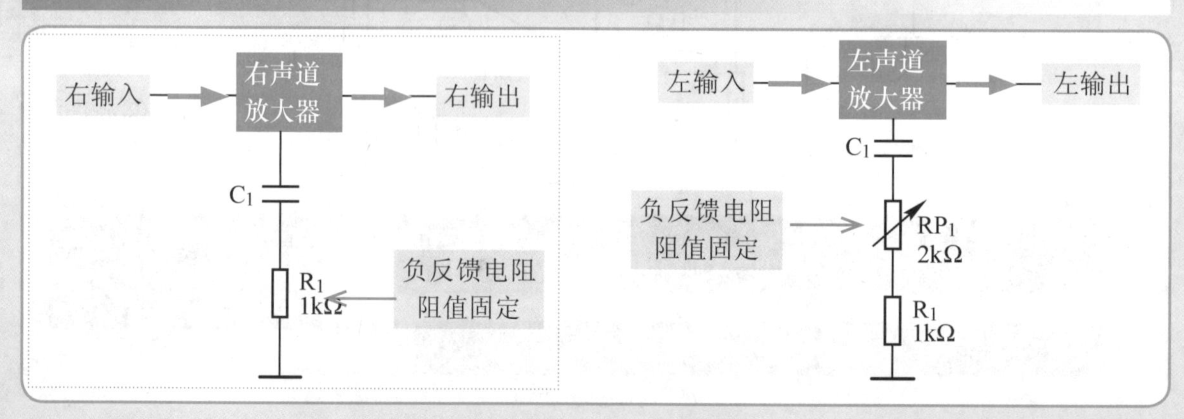

在电路分析之前，应了解关于左 / 右声道的增益平衡调整电路的相关基础知识。

关于立体声平衡

立体声平衡电路 ➡ 音响电路中，严格要求左、右声道放大器增益相等，但电路元器件的离散性导致左、右声道放大器增益不可能相等，为此在电路中固定一个声道的增益，如将右声道电路增益固定，将另一个声道的增益设置成可调整的，如在左声道放大器中用 RP_1 和 R_1 构成增益可调整电路

关于立体声平衡调整电路

将右声道电路增益固定，将另一个声道的增益设置成可调整的，如在左声道放大器中用 RP_1 和 R_1 构成增益可调整电路。

关于负反馈电路

电路中的 R_2 和 C_2 构成交流负反馈电路 ➡

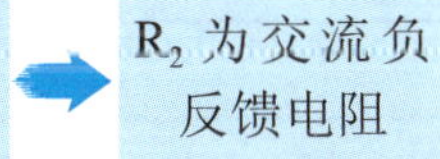

➡ 电阻的大小决定了放大器的放大倍数，R_2 阻值越大，放大器放大倍数越小

电路中的 C_2 只让交流信号电流流过 R_2，不让直流电流流过 R_2，这样 R_2 只使交流信号存在负反馈作用。

了解上述电路之后，再来看下面的电路，在该电路中一旦 RP_1 阻值更改，便可以改变左声道放大器的增益。

1 在左、右声道输出端分别接上毫伏表 2 调节平衡可变电阻器 RP_1 3 使两个声道输出信号幅度大小相等 ➡ 由于可变电阻器 RP_1 的阻值调整相当方便，所以这种增益平衡调整非常简便

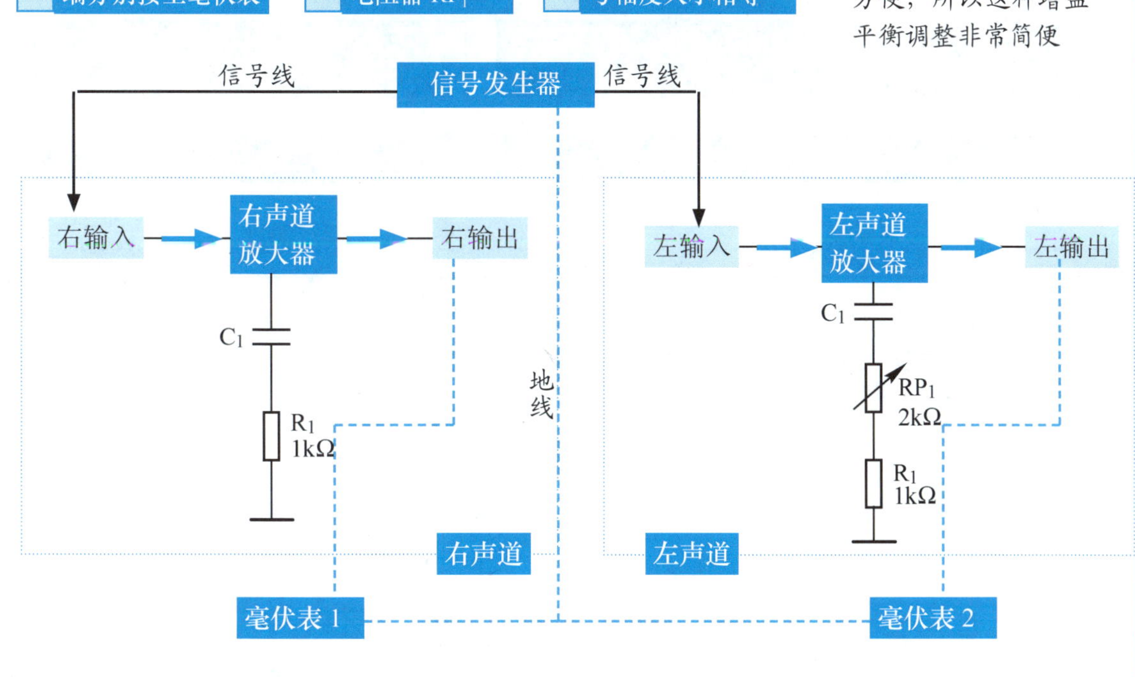

1.4.3 直流电动机转速调整中的可变电阻电路

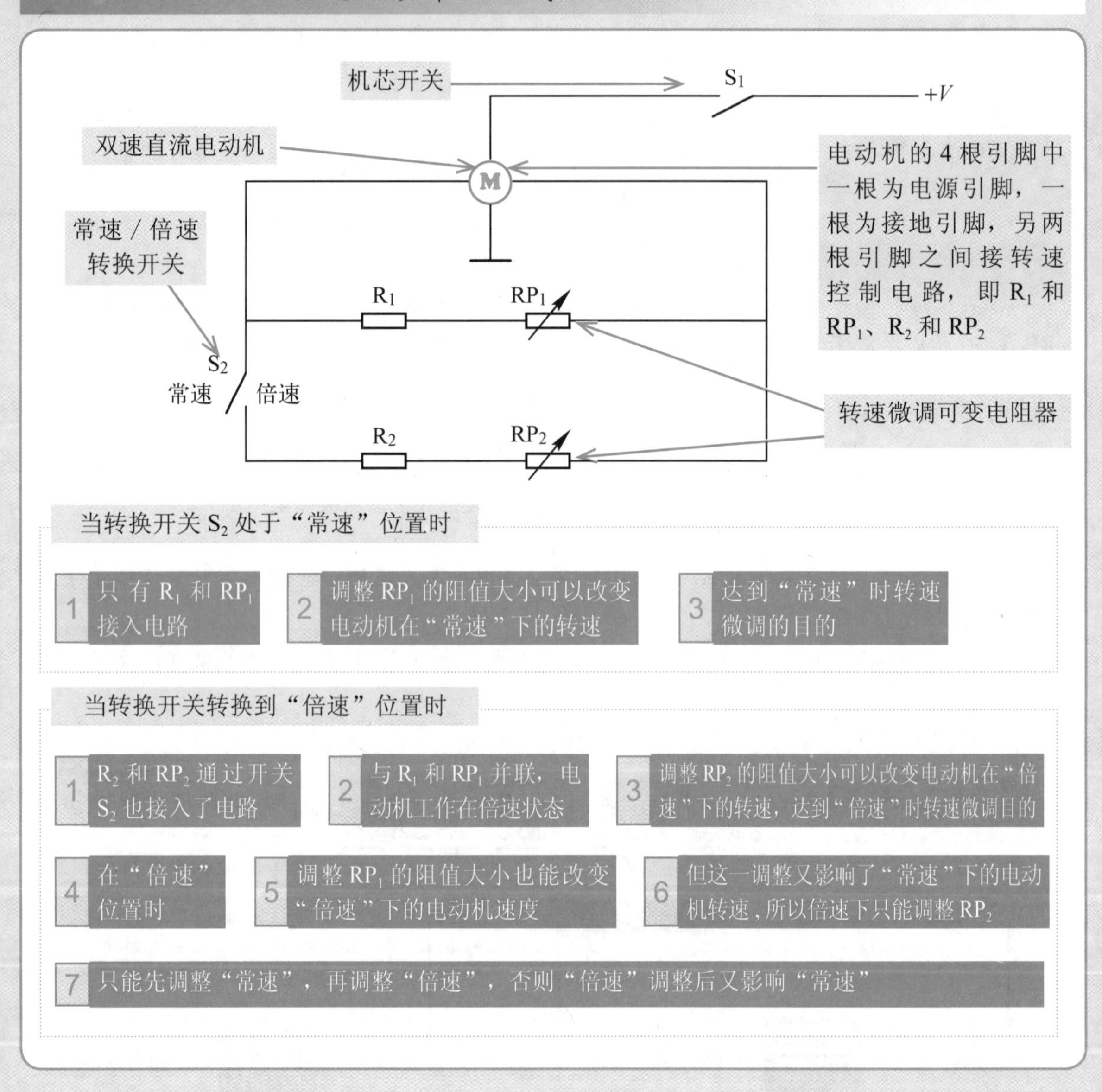

>> 特殊提醒

可变电阻器的结构如下图所示。可变电阻器由动片触点、碳膜体、调节D和3根引脚组成，引脚分别用来确定固定引脚和可调引脚。

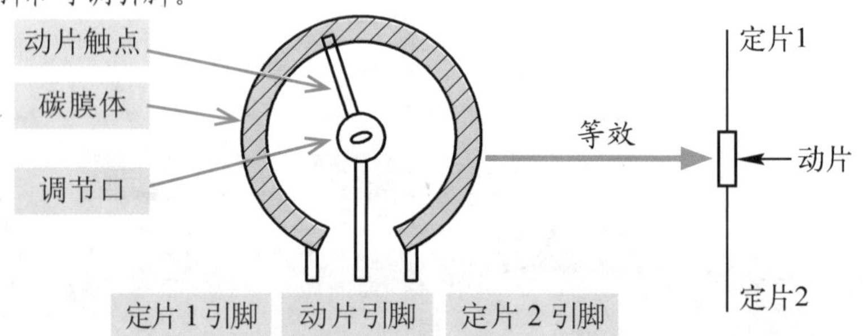

1.5 电位器典型应用电路

1.5.1 单声道音量控制器

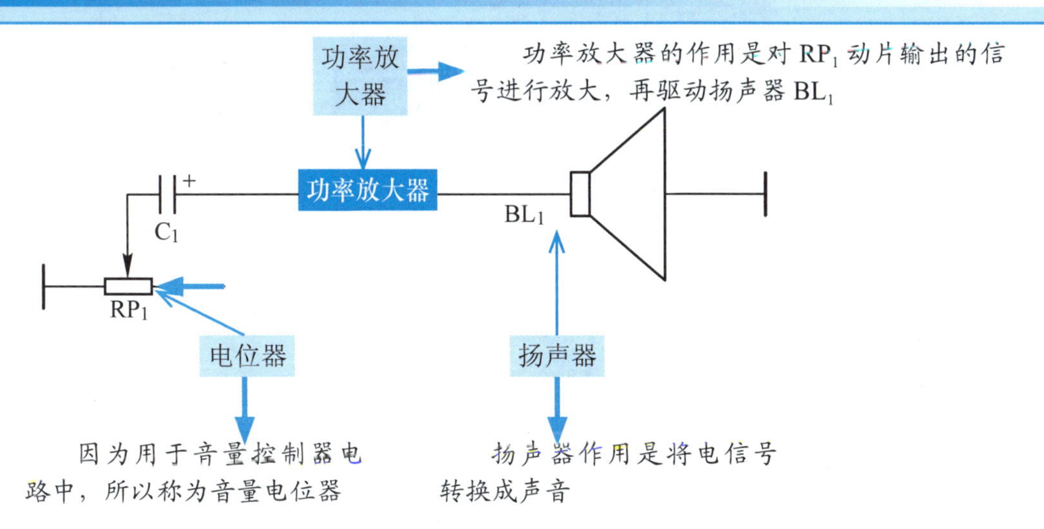

分析这一电路的关键是设电位器的动片向上、向下滑动，然后分析 RP_1 动片输出电压的变化。具体分析分为如下 4 种情况。

动片滑动到最上端

1. 这时 RP_1 动片输出的信号电压最大
2. 音量处于最大状态

动片滑动到最下端

1. 这时 RP_1 动片输出的信号电压为零
2. 没有信号加到功率放大器中
3. 所以扬声器没有声音，为音量关死状态

动片从最下端向上滑动

1. 这时 RP_1 动片输出的信号电压增大
2. 加到功率放大器中的信号增大
3. 扬声器发出的声音越来越大，此时是音量增大的控制过程

动片从最上端向下滑动

1. 这时 RP_1 动片输出的信号电压减小
2. 扬声器发出的声音越来越小
3. 这是音量减小的控制过程

音量控制器就是控制输入功率放大器的信号大小，这样就可以控制流入扬声器中的电流大小，从而达到音量控制的目的。

1.5.2 双声道音量控制器

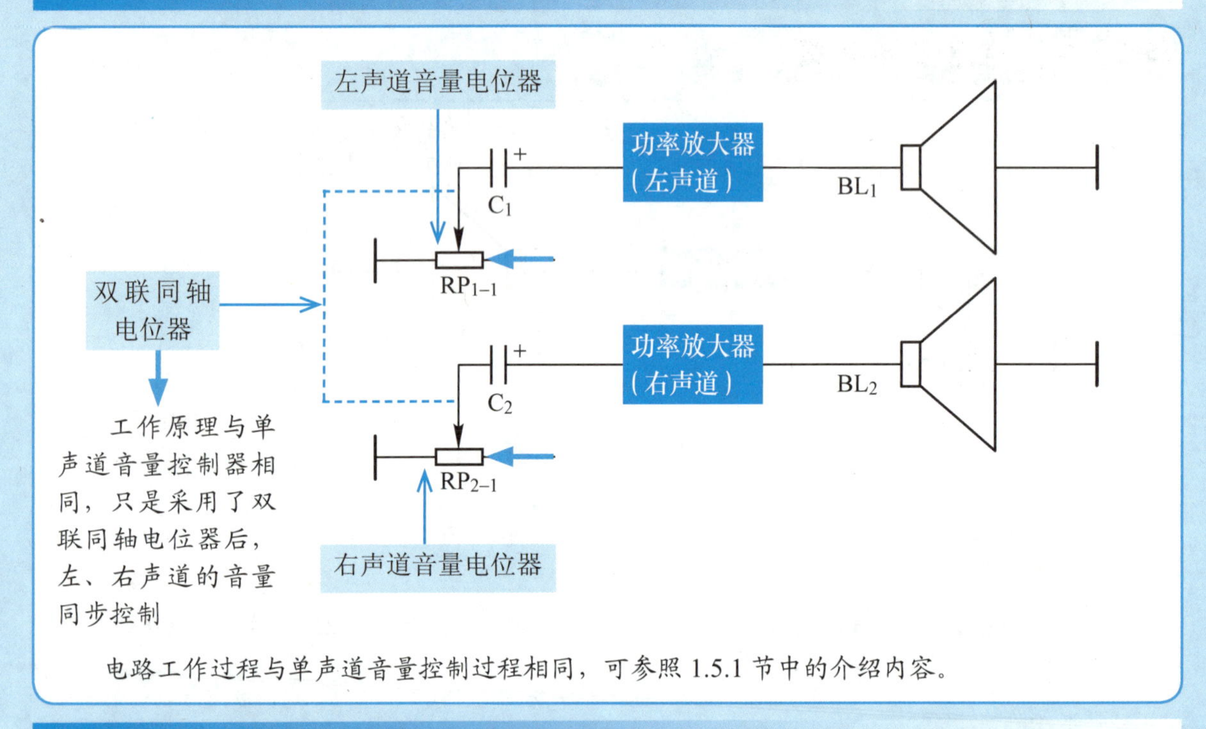

电路工作过程与单声道音量控制过程相同，可参照 1.5.1 节中的介绍内容。

1.5.3 电子音量控制器

普通音量控制器电路结构简单，但存在一个明显的缺点，就是当机器使用时间较长以后，由于音量电位器的转动噪声会引起在调节音量时扬声器中出现“咔嗒、咔嗒”的噪声，于是电子音量控制器便应运而生。

采用电子音量控制器后，由于音频信号本身并不通过音量电位器，而且可以采用相应的消除噪声措施，这样电位器在动片接触不好时也不会引起明显的噪声。

音频输入信号

U_i

差分放大器

发射极回路恒流管

经过电子音量控制器控制后的输出信号

U_o

音量电位器

音频信号 U_i 经 C_1 耦合  加到 VT_1 基极  经放大和控制后从其集电极输出

电子音量控制器电路的工作原理是：VT_1 和 VT_2 发射极电流之和等于 VT_3 的集电极电流，而 VT_3 基极电流受 RP_1 动片控制。

动片滑动到最上端

1 这时 RP_1 动片输出的信号电压最大

2 音量处于最大状态

动片滑动到最下端

1 VT_3 基极电压为零，其集电极电流为零

2 VT_1 和 VT_2 截止

3 无输出信号，处于音量关死状态

动片从最下端向上滑动

1 VT_3 基极电压逐渐增大，基极和集电极电流也逐渐增大

2 由于 VT_2 的基极电流由 R_4 决定

3 所以 VT_2 的发射极电流基本不变，信号增大，音量增大

这样 VT_3 集电极电流增大导致 VT_1 发射极电流逐渐增大，VT_1 发射极电流增大就是其放大能力增大，使输出信号增大，即音量在增大。

集成电路 BJ829

BJ829 共有 14 个引脚，其作用如右下表所示。

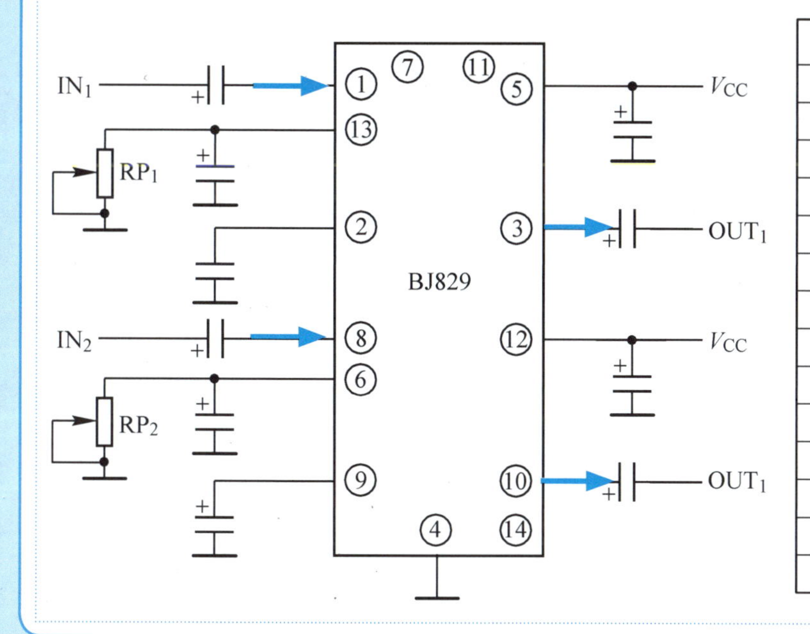

引　脚	作　用
①	左声道输入
②	左声道消振
③	左声道输出
④	地
⑤	电源
⑥	右声道控制
⑦	空
⑧	右声道输入
⑨	右声道消振
⑩	右声道输出
⑪	空
⑫	电源
⑬	左声道控制
⑭	空

第2章

电容类元器件及典型应用电路

2.1 电容类元器件基础

2.1.1 电容类元器件的作用

电容器简称电容，英文名为 Capacitor，通常缩写为 C。顾名思义，电容器是“装电的容器”，电容器是电子设备中大量使用的电子元件之一。

电容器品种繁多，它们的基本结构和原理是相同的。两片相距很近的金属中间被绝缘物质（固体、气体或液体）所隔开，就构成了电容器。两片金属称为极板，中间的绝缘物质叫作介质。电容器只能通过交流电而不能通过直流电，即“隔直通交”，因此常用在振荡电路、调谐电路、滤波电路、旁路电路和耦合电路中。

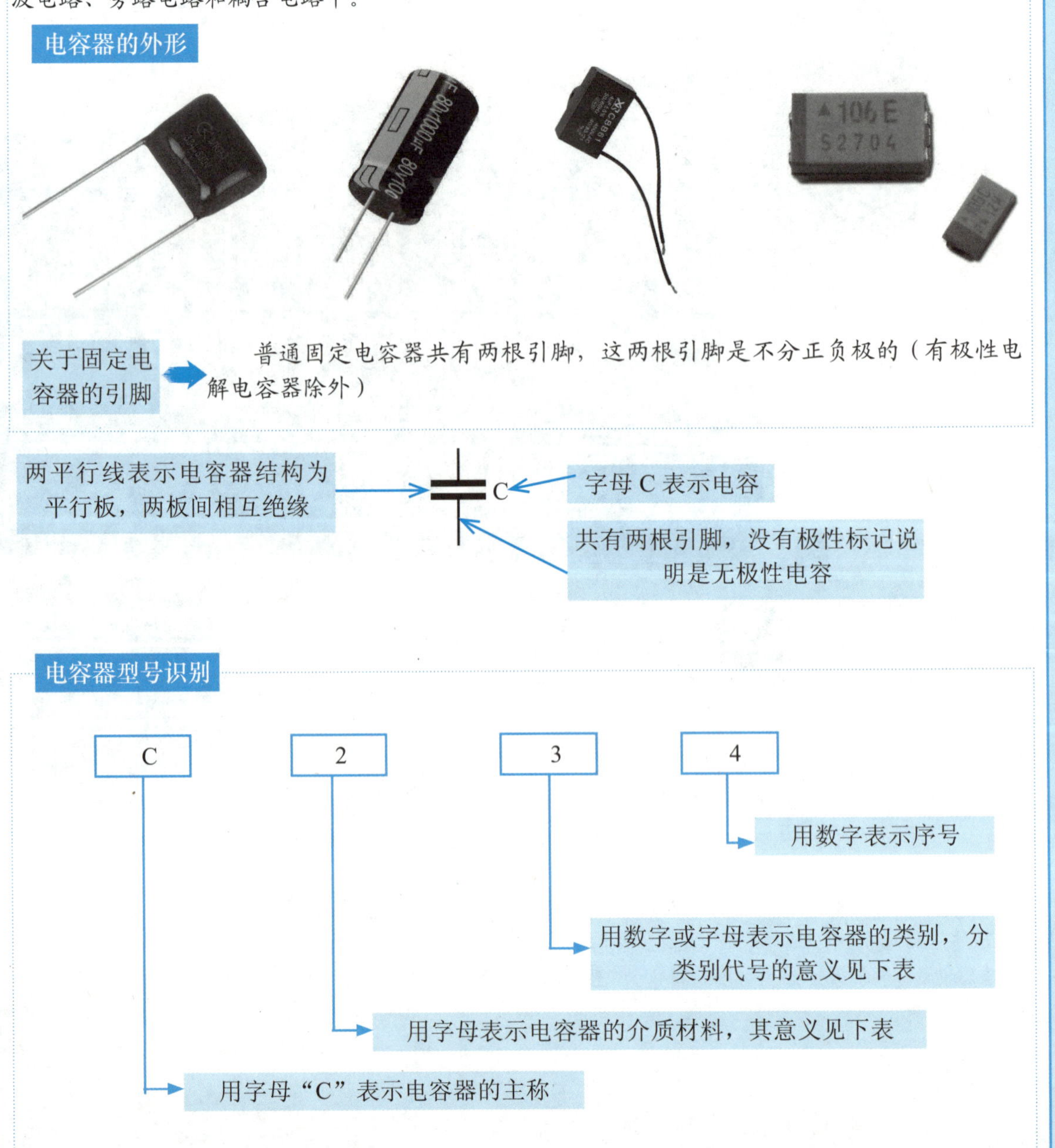

电容器介质材料代号含义对照表

字母代号	介质材料	字母代号	介质材料
A	钽电解	L	聚酯
B	聚苯乙烯	N	铌电解
C	高频陶瓷	O	玻璃膜
D	铝电解	Q	漆膜
E	其他材料电解	T	低频陶瓷
G	合金电解	V	云母纸
H	纸膜复合	Y	云母
I	玻璃釉	Z	纸介
J	金属化纸介		

电容器类别代号含义对照表

代号	瓷介电容	云母电容	有机电容	电解电容
1	圆形	非密封	非密封	箔式
2	管形	非密封	非密封	箔式
3	叠片	密封	密封	非固体
4	独石	密封	密封	固体
5	穿心	——	穿心	——
6	支柱等	——	——	——
7	——	——	——	无极性
8	高压	高压	高压	
9	——	——	特殊	特殊
G	高功率型			
J	金属化型			
Y	高压型			
W	微调型			

2.1.2 电容类元器件的特性

电容量

电容器储存电荷的能力叫作电容量，简称容量，基本单位是法拉，简称法（F）。

由于法拉作为单位在实际运用中往往显得太大，所以常用微法（μF）、纳法（nF）和皮法（pF）作为单位。被标准化、规范化的电容元件容量值称为电容器的标称值。规范的电容器标称值已列入国标（非标准的专用电容除外）。

<table>
<tr><th colspan="2">标称值序列</th><th>单　位</th><th>换算关系</th></tr>
<tr><td>1.0</td><td>3.3</td><td rowspan="12">标注在电容元件上的容量值即为该电容器的标称值。
计量单位如下：
pF
nF
μF
F
单位换算
$1F=10^6\mu F$
$1\mu F=10^3nF$
$1nF=10^3pF$</td><td rowspan="12">左边所列电容器标称值序列为个位基础值，将此值乘以 10^n 便可得到全系列化标称值。
如，$2.7pF\times10^0=2.7pF$
$2.7pF\times10^1=27pF$
$2.7pF\times10^2=270pF$
$2.7pF\times10^3=2700pF$
$2.7pF\times10^4=27nF$
$2.7pF\times10^5=0.27\mu F$
$2.7pF\times10^6=2.7\mu F$
$2.7pF\times10^7=27\mu F$
$2.7pF\times10^8=270\mu F$
$2.7pF\times10^9=2700\mu F$
$2.7pF\times10^{10}=27000\mu F$
$2.7pF\times10^{12}=0.27F$</td></tr>
<tr><td>1.1</td><td>3.6</td></tr>
<tr><td>1.2</td><td>3.9</td></tr>
<tr><td>1.3</td><td>4.3</td></tr>
<tr><td>1.5</td><td>4.7</td></tr>
<tr><td>1.6</td><td>5.1</td></tr>
<tr><td>1.8</td><td>5.6</td></tr>
<tr><td>2.0</td><td>6.2</td></tr>
<tr><td>2.2</td><td>6.8</td></tr>
<tr><td>2.4</td><td>7.5</td></tr>
<tr><td>2.7</td><td>8.2</td></tr>
<tr><td>3.0</td><td>9.1</td></tr>
</table>

电容器上容量的标示方法常见的有两种。

直标法

例如，100pF 的电容器上印有“100”字样，0.01μF 的电容器上印有“0.01”字样，2.2μF 的电容器上印有“2.2μ”或“2μ2”字样，33μF 的电容器上印有“33μF”字样。有极性电容器上还印有极性标志。

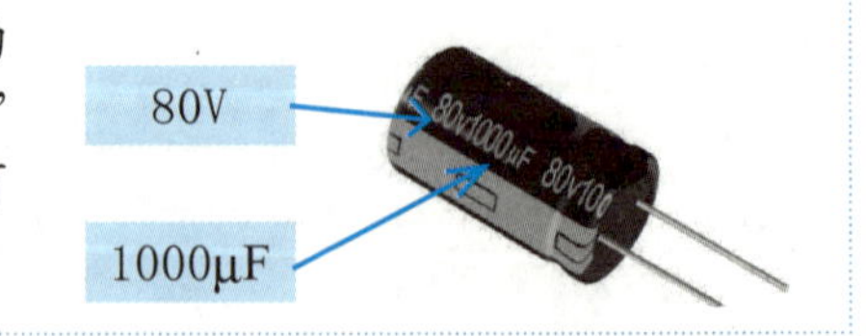

数码表示法

数码表示法一般用 3 位数字表示容量的大小，其单位为 pF。3 位数字中，前两位是有效数字，第 3 位是倍乘数，即表示有效数字后有多少个“ 0 ”，倍乘数的标示数字所代表的含义见下表。

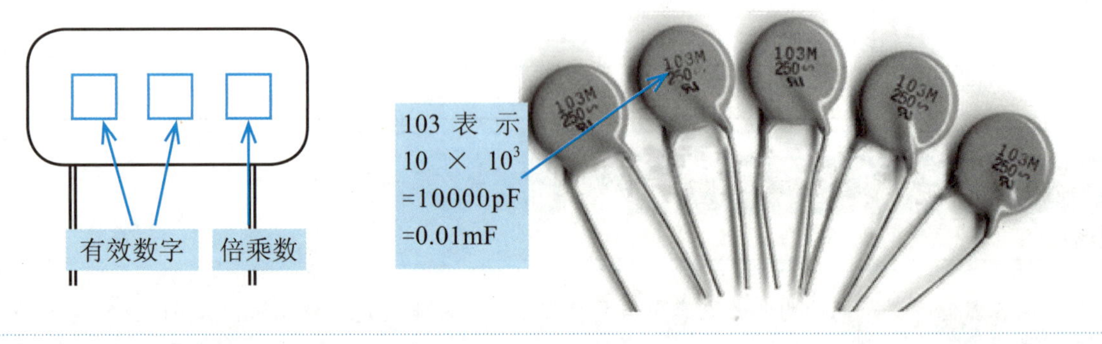

电容器倍乘数意义对照表

标示数字	倍乘数	标示数字	倍乘数
0	$\times10^{0}$	5	$\times10^{5}$
1	$\times10^{1}$	6	$\times10^{6}$
2	$\times10^{2}$	7	$\times10^{7}$
3	$\times10^{3}$	8	$\times10^{8}$
4	$\times10^{4}$	9	$\times10^{-1}$

电容器的精度等级

通常，电容器的精度或电容允许误差的标注，往往根据元件体积的大小用不同的方式来表达。精度等级与允许误差如下表所示。

精度等级	0级	Ⅰ级	Ⅱ级	Ⅲ级
允许误差	≤±2%	±5%	±10%	≥±20%

较大体积正规电容元件的标注

CD470μF/50V Ⅱ
CA22μF/100V 0

“Ⅱ”表示Ⅱ级精度，相对应的允许误差为 ±10%;
“0”则表示0级精度，相对应的允许误差为 ±2%

较小体积正规电容元件的标注

CD2200μF/25V±10%; → 完整标出了允许误差为 ±10%
CL0.68μF/100V±5V; → 只标出 ±5，省略了“%”，表明允许误差为 ±5%
CB5100pF/250V±5V → 仅标出5，省略了“%”与“±”，表明允许误差为 ±5%

电容器允许误差的字母标注法

字 母	P	W	B	C	D	F	G	J	K	M	N
对称误差(%)	±0.001	±0.005	±0.1	±0.25	±0.5	±1	±2	±5	±10	±20	±30

字母	H	R	T	Q	S	Z	无标记
非对称误差(%)	+100	+100	+50	+30	+50	+80	*不规定
	0	-10	-10	-10	-20	-20	-20

电容器允许误差的字母标注法是在标注尾端加入字母。

电容器允许误差的“省略”标注法

对于小型化、LL无引线等精密电容器，其精度均在 ±5%以上，故在标注中不标出。

耐压

耐压是电容器的另一重要参数，表示电容器在连续工作时所能承受的最高电压。其规范值见下表。

电压范围	系列耐压值(V)
低压	1.6,4,6.3,10,16,25,32,40,50,63
中压	100,125,160,250,300,450,500,630
高压	1000,1600,2500,3000,4000,5000,6300,8000,10000,16000,25000,50000,100000

注：常用电解电容器专用耐压规范值为6.3V、10V、16V、25V、32V、50V、125V、300V、450V。

电容器的漏电流

电容器的绝缘介质并不是绝对绝缘的。在外加电压下总会有很小的电流流过，通常称这个电流为漏电流。漏电流用 I_L 表示。

根据电容器介质所使用的材料及其结构特点，一般电解电容器的漏电流比较大，而其他无极性电容器的漏电流极小。常用电解电容器的漏电流见下表。

常用电解电容(μF/V)	允许漏电流(μA)	对应的漏电阻值(kΩ)
200/6.3	0.2~0.4	15~30
500/6.3	0.4~0.6	10~15
100/16	0.2~0.5	35~70
200/16	0.4~0.5	15~30
200/6.3	0.2~0.4	25~40
50/25	0.2~0.8	30~100
100/25	0.3~0.8	40~80
2200/50	0.3~0.7	35~100
20/300	0.5~0.9	300~500
20/450	0.5~0.7	300~400
30/450	0.9~1.4	350~420

电容器漏电流受温度的影响：电容器的漏电流并不是一个常数，它随环境温度的变化而变化。环境温度越低，漏电流越小；环境温度越高，漏电流越大。一般高温漏电流要比低温漏电流大 5 ～ 10 倍。

电容器的绝缘电阻

加在电容器两端的直流电压与漏电流的比值称为该电容器的绝缘电阻。

表达式为　工作绝缘电阻 $R_{Jg}=U_{工作}/I_L$（MΩ）

峰值绝缘电阻 $R_{Jf}=U_{峰值}/I_L$（MΩ）

电容器绝缘电阻的测试

电容器的绝缘电阻一般不需要测试，但有时在一些特定使用场合，对中、高耐压的电容器要进行测试，以保证其可靠运行。

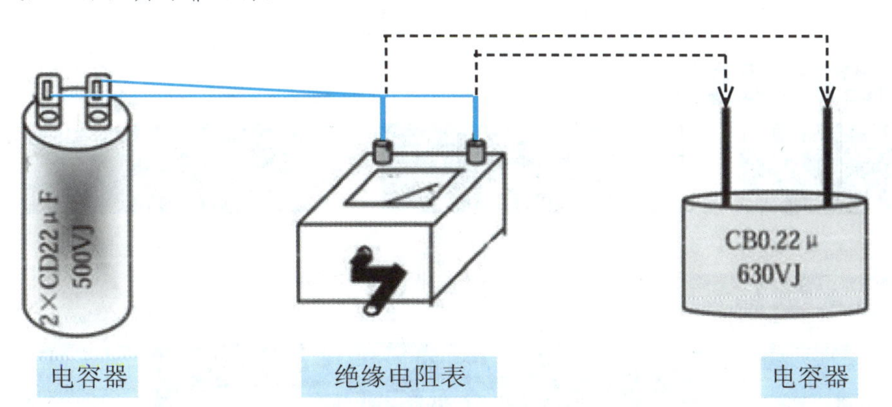

绝缘电阻表的"额定电压"应接近于被测试电容的耐压值，或等于/小于耐压值，否则会导致电容器被击穿。所以，应在测试前选择"额定电压"等级合适的绝缘电阻表。

其他参数

除主要参数外，电容器还有一些其他参数指标。但在实际使用中，一般只考虑容量和耐压，只是在有特殊要求的电路中，才考虑容量误差、高频损耗等参数。

在电路图中，可以只标注出最大容量，如"360p"；也可以同时标注出最小容量和最大容量，如"6/170p""1.5/10p"。

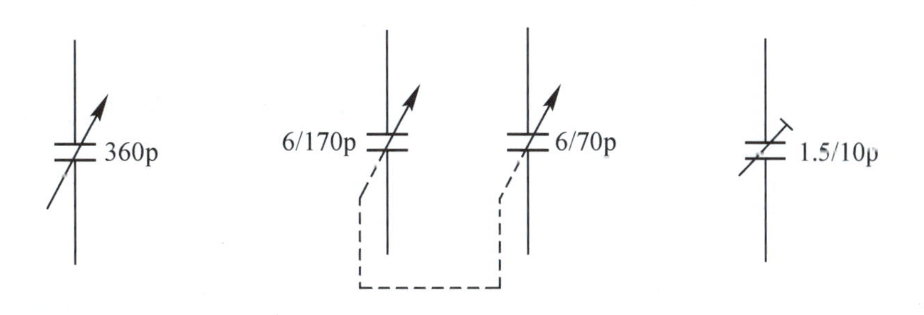

2.1.3 电容类元器件的计算

电容器的充电过程及关键参数

在实际工作中，人们经常使用指针式万用表的 1k、10k、100k 电阻挡测量大于 0.1μF 的电容器的漏电情况。

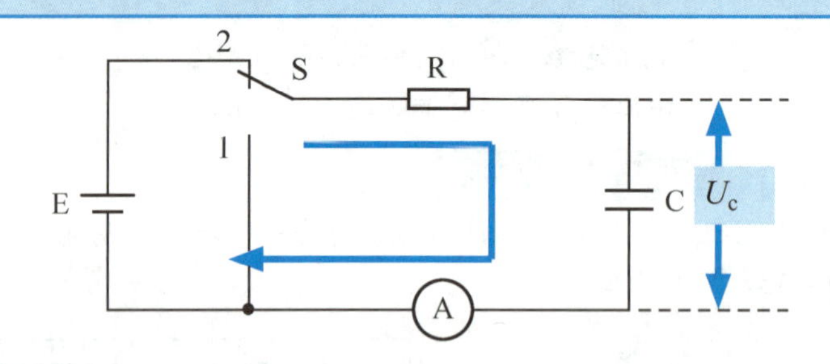

当开关 S 停留在“1”时

1 当开关 S 停留在“1”时

2 电容器 C 上没有电荷，C 两端电压为零

3 电流表没有电流通过

当开关 S 停留在“2”时

1 当 S 置向“2”的瞬间

2 由于电容器 C 原来为零的两端电压不能产生突变，于是，电源 E 将以最大的充电电流流经电流表 A

3 此时的电流 $I_{max}=E/R$

4 随着电容器两极板上电荷的不断积累，其两端的电压 U_C 逐渐增大，此过程的充电电流 $I_{充}=(E-U_C)/R$

5 随着电容器 C 两端电压 U_C 的逐渐增大，充电电流 $I_{充}$越来越小

6 一直到 $U_C=E$ 时，使 $E-U_C=0$。这时电流表的指针便停留在零点不动了

根据电容器充电时电流、电压的波形与科学实践证明，电容器充电时电流、电压是随时间按指数规律变化的。其充电电压瞬时值 u_C 的计算表达式为

$$u_C=E(1-e^{-t/\tau})=E(1-e^{-t/RC})$$

电阻上的电压瞬时值 u_R 的计算表达式为 $u_R=Ee^{-t/\tau}=Ee^{-t/RC}$

>> 特殊提示：

用万用表测量电容器会出现这样的现象：当万用表两个表笔与电容两个引脚接触的瞬间，指针一下子像两个表笔短路似的指示到零，接着指针慢慢地向电流减小的方向摆动最后回零或在零附近停下来，指针的位置代表含义如下：

指针回到零点 → 标志着此时的电流已为零，指针所指示的电阻值为无穷大，说明此电容器性能极佳

指针在零附近停下来 → 标志着此时的电流并不为零，指针所指示的电阻值为一较大的值，说明此电容器漏电明显，性能不佳

↓

指针停留的位置距离零点越远，则漏电越严重

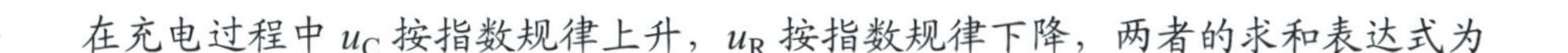

在充电过程中 u_C 按指数规律上升，u_R 按指数规律下降，两者的求和表达式为

u_C：电容器 C 两端电压的瞬时值，单位为 V

$$u_C + u_R = E$$

E：充电电源的电动势，单位为 V

其充电电流 i_C 的计算表达式为

$$i_C = \frac{E}{R}e^{-t/\tau} = \frac{E}{R}e^{-t/RC}$$

时间常数，用字母 τ 表示，单位为 s

自然常数，e =2.71828 用字母 ln 表示

充电电路的总电阻，单位为 Ω

充电时间，单位为 s

值得注意，根据 u_C 的计算表达式计算有：

当 t=0 时（即充电开始瞬间） → 电容器两端电压 $u_C = E(1-e^{-t/RC}) = E(1-e_0) = 0$

当 $t=\tau=RC$ 时（即充电时间等于时间常数 RC 时） → 电容器两端电压 $u_C=E(1-e^{-t/RC})=E(1-e^{-1})=0.63E$，即充电到电源电压的 0.63 倍

当 $t=2.3\tau=2.3RC$ 时 → 电容器两端电压 $u_C=E(1-e^{-t/RC})=0.9E$，即充电到电源电压的 0.9 倍

当 $t=3\tau=3RC$ 时 → 电容器两端电压 $u_C=E(1-e^{-t/RC})=0.95E$，即充电到电源电压的 0.95 倍

当 $t=5\tau=5RC$ 时 → 电容器两端电压 $u_C=E(1-e^{-t/RC})=0.99E$，即充电到电源电压的 0.99 倍

根据 u_R 的计算表达式计算有：

当 t=0 时（即充电开始瞬间） → 电阻两端电压 $u_R=Ee^{-t/RC}=Ee^0=E$

当 $t=\tau=RC$ 时（即充电时间等于时间常数 RC 时） → 电阻两端电压 $u_R=Ee^{-t/RC}=Ee^{-1}=0.37E$

当 $t=2.3\tau=2.3RC$ 时 → 电阻两端电压 $u_R=Ee^{-t/RC}=Ee^{-2.3}=0.1E$

当 $t=5\tau=5RC$ 时 → 电阻两端电压 $u_R=Ee^{-t/RC}=Ee^{-5}=0.01E \approx 0$

电容器的充电时间常数及其计算

用万用表测量电容器的漏电流时会出现这样的现象：测量大容量电容器时指针回摆的速度较

慢，而测小容量电容时指针回摆的速度很快。这正说明在电阻 R 不变时，要使电容器上的电压充电到 E 所用的时间与电容器 C 的容量大小有关。

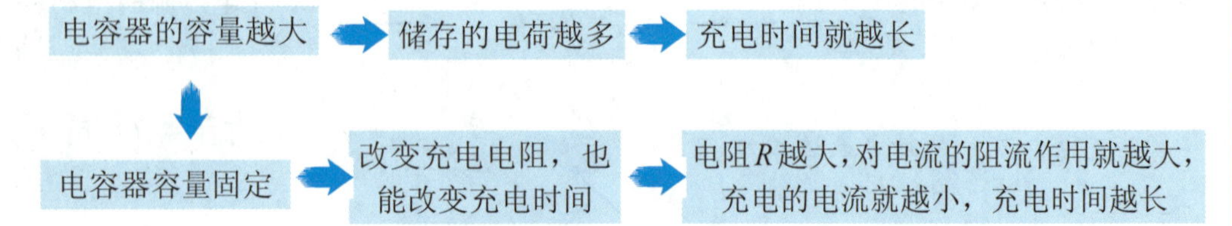

因此得出结论：R、C 越大，则 $RC=\tau$ 就越大，充电时间就越长；反之亦然。

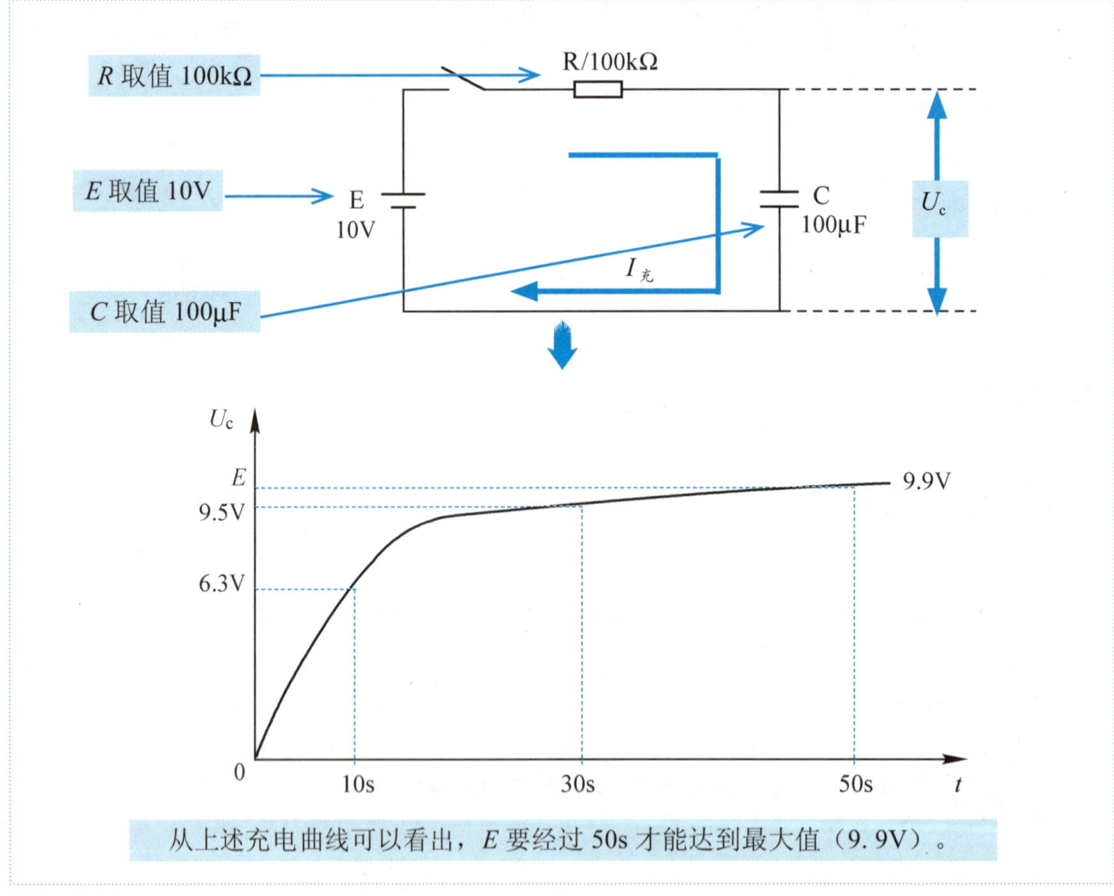

从上述充电曲线可以看出，E 要经过 50s 才能达到最大值（9.9V）。

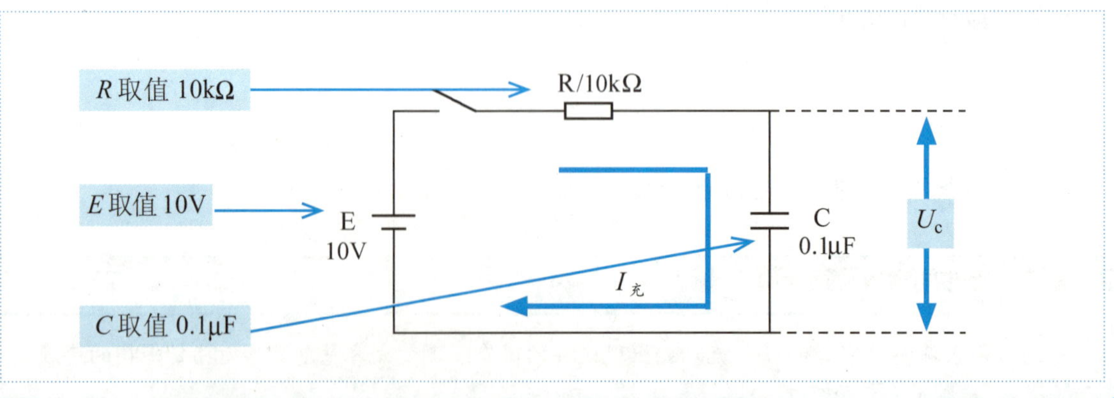

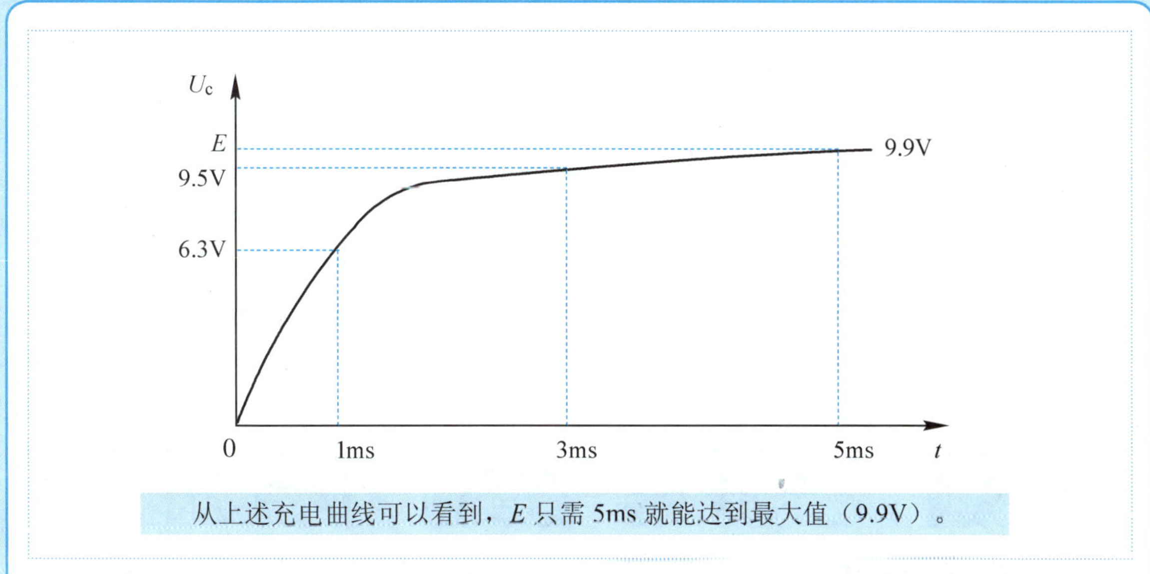

从上述充电曲线可以看到，E 只需 5ms 就能达到最大值（9.9V）。

前面给出两个电路，若第 1 个图的充电时间常数为 τ_a，第 2 个图的充电时间常数为 τ_b，其计算如下：

$$\tau_a=100\text{k}\Omega\times100\mu\text{F}=100\times10^3\times100\times10^{-6}\text{s}=10\text{s}$$

$$\tau_b=10\text{k}\Omega\times0.1\mu\text{F}=10\times10^3\times0.1\times10^{-6}\text{s}=0.001\text{s}$$

根据 *RC* 计算结果，与充电曲线对照即可找出共同的规律。

经过一个 *RC* 时间后都被充电到 6.3V → 经过 3 个 *RC* 时间后都被充电到 9.5V → 经过 5 个 *RC* 时间后都被充电到 9.9V

通过上面分析可得出一个结论：

RC 充电电路从开始充电算起，经过一个时间常数 τ → 电容电压被充电到 0.63E → 经过 3 个时间常数 τ（即 3τ），电容电压被充电到 0.95E → 经过 5 个时间常数 τ（即 5τ），电容器电压被充电到 0.99E → 无论时间常数 τ 的大小如何，也无论电源电压 E 是多大，其充电规律是不会改变的

充电时间常数单位的换算

对于 *RC* 之乘积单位是“s”，不是一个直观的单位，甚至令人不易理解。所以，有必要在此进行如下单位换算。

因为欧姆定律基本单位换算为欧 = 伏 / 安　又因为电容定义基本单位换算为法 = 库仑 / 伏

再加上电量定义基本单位换算为 库仑 = 安 · 秒

所以　欧 × 法 = 伏 × 安 × 秒 / 安 × 伏 = 秒

电容器的放电过程

经研究发现，电容器放电过程是充电过程的反过程。

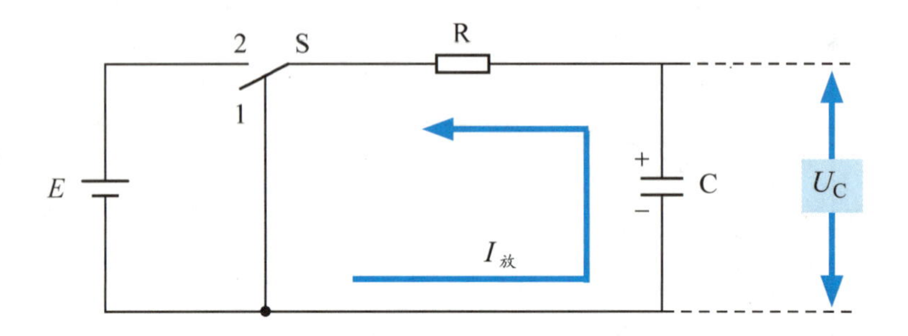

1 当开关S停留在"2"时

2 电容器C已充满电，极性为上正下负

3 $U_C=E$（忽略漏电）

4 此时接通放电回路，当S从"2"置向"1"的瞬间

5 由于电容器C原充有的两端电压$U_C=E$不能突变

6 U_C将以指数规律向电阻放电

7 最后慢慢地把电放光，使$U_C=0$，放电过程结束（见下图放电曲线）

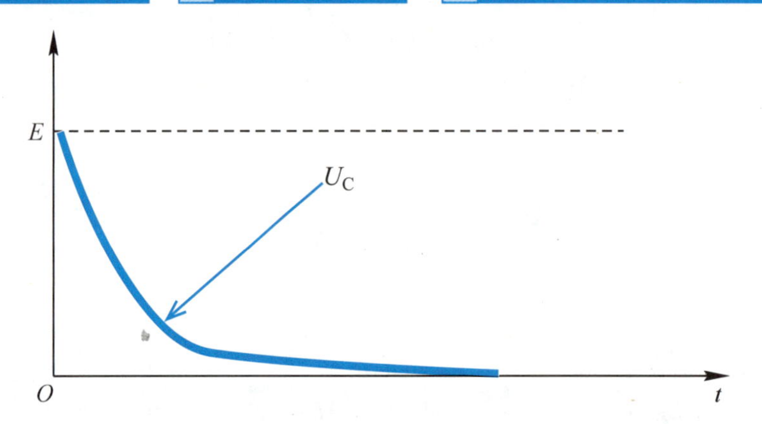

在电容器放电过程中，其放电电流瞬时值$i_{C放}$、放电容两端电压瞬时值u_C、电阻上电压u_R、电容两端电压u_C与电阻上电压u_R之和（u_C+u_R）等的计算表达式分别如下

$$i_{C放}=-\frac{E}{R}e^{-t/\tau}=-\frac{E}{R}e^{-t/RC}$$

$$u_C=Ee^{-t/\tau}=Ee^{-t/RC}$$

$$u_R=-Ee^{-t/\tau}=-Ee^{-t/RC}$$

$$u_C+u_R=0$$

电容器的放电时间常数及其计算

同一RC电路，回路电阻R为常数时，电容C的放电时间常数与充电时间常数相等，也等于R、C之乘积RC。

当放电时间常数为1τ时 → U_C被放掉$0.63E$ → U_C的剩余电压即为$0.37E$

当放电时间常数为 3τ 时 → U_C 被放掉 $0.95E$ → U_C 的剩余电压即为 $0.05E$

当放电时间常数为 5τ 时 → U_C 被放掉 $0.99E$ → U_C 的剩余电压即为 $0.01E$

无论时间常数 τ 的大小如何，也无论电源电压 E 是多大，其充电规律是不会改变的。

实际电路中充、放电时间常数的计算

时间常数 $\tau=RC$ 在电子电路中是很重要的，尤其是在脉冲电路和延时电路中，时间常数 τ 是一个很重要的参数。

RC 单元电路的电源为电压源时的时间常数计算方法

在实际电路中，有的 RC 单元电路比较直观，有的则需要进行一些必要的等效变换后再进行计算。

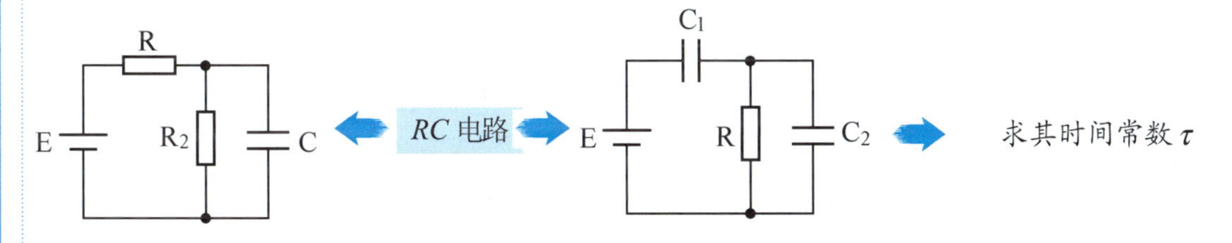

上面这两种电路，首先要对电路进行有关等效变换，如电阻的混联、电容的混联等。但由于电路中存在电源 E，就使得电阻混联、电容混联的运算较为困难。

为了计算其时间常数，首先来回顾 RC 电路的放电原理。由于 RC 电路放电过程和放电时间常数 τ 均与电源 E 无关，故可从放电电路入手，甩掉电源 E，有两种方法：一是当电源 E 支路没有其他元器件时，删去此电源支路；二是当电源 E 支路串有电阻或电容元件时，短路电源 E。这样，就可顺利地进行一些电阻、电容的串、并、混联等计算，最终等效变换为下图：

R　C　时间常数为

$$\tau_b=\frac{R_1R_2}{R_1+R_2}C$$

$$\tau_c=R_3\ (C_1+C_2)$$

RC 单元电路电源为电流源时的时间常数计算方法

下图为电流源的 RC 单元电路，在计算时间常数时同样可以甩掉电流源。它与电压源不同之处是：电压源的内阻极小，可忽略不计；而电流源的内阻却不可忽视，所以当甩掉电流源时必须将其内阻 R_i 保留下来，如下图所示。

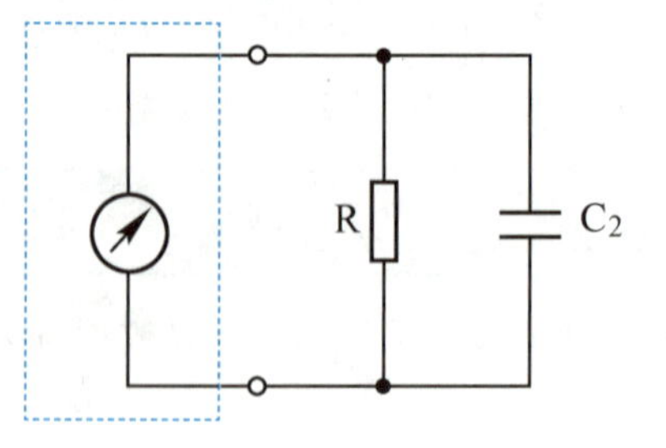

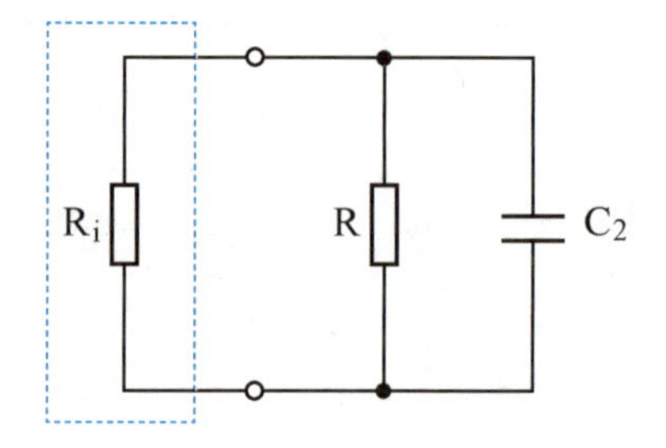

电容器的串联及计算

电容器串联电路等效电容的计算

电容器串联时，其合成总电容的倒数等于各电容倒数之和。

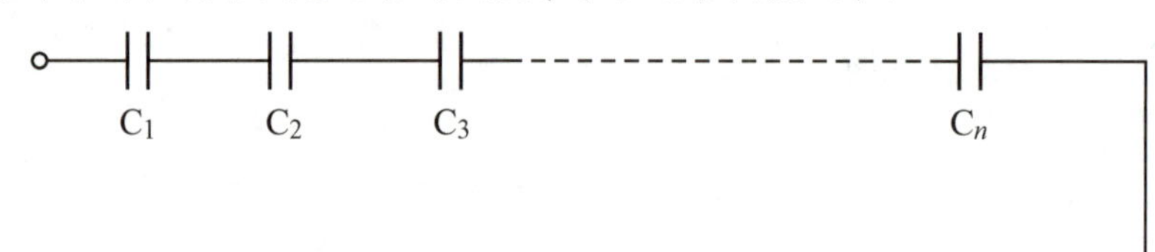

上图多个电容器 C_1，C_2，C_3, …, C_n 等串联时，其合成后等效总电容 C 的计算公式为

$$\frac{1}{C}=\frac{1}{C_1}+\frac{1}{C_2}+\frac{1}{C_3}+\cdots+\frac{1}{C_n}$$

若每个串联电容相等并等于 C_0，其合成后等效的总电容 C 的计算公式可简化为

$$C=\frac{C_0}{n}$$

若两个容量不相等的电容 C_1、C_2 串联时，其合成后等效的总电容 C 的计算公式可简化为

$$C=\frac{C_1C_2}{C_1+C_2}$$

电容器串联电路电荷、电压、电流的计算

电容器串联电路电荷、电压、电流的分配如下图所示。

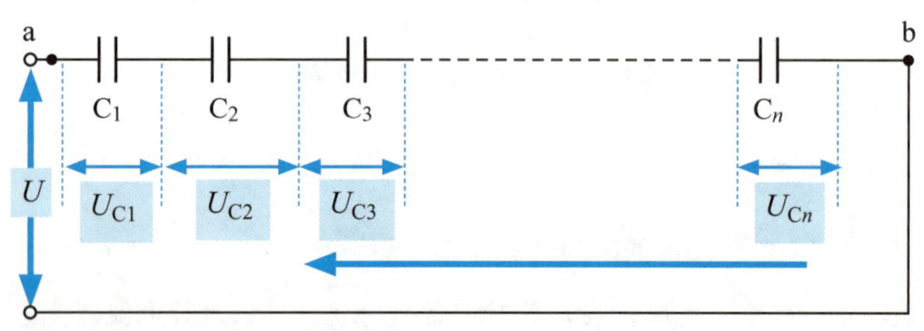

电容器 $C_1, C_2, C_3, \cdots, C_n$ 的串联电路 ab 两端加一直流电压 U，就有电荷存储于这些电容中。

在 a 端充有正电荷（$+Q$） → 在 b 端充有负电荷（$-Q$） → ab 中间电容器电极上的电荷并非由外部运来，而是靠静电感应分别产生正、负电荷 $+Q$ 和 $-Q$

电容器 $C_1, C_2, C_3, \cdots, C_n$ 上的电压 $U_{C1}, U_{C2}, U_{C3}, \cdots, U_{Cn}$ 的计算表达式为

$$U_{C1}=\frac{Q}{C_1} \quad U_{C2}=\frac{Q}{C_2} \quad U_{C3}=\frac{Q}{C_3} \cdots U_{Cn}=\frac{Q}{C_n}$$

电容器串联总电压 U 等于各电容上的电压之和，计算表达式为

$$U=U_{C1}+U_{C2}+U_{C3}+\cdots+U_{Cn}$$

电容器串联电压的分配关系计算表达式为

$$U_{C1}=\frac{Q}{C_1}=\frac{C}{C_1}U,\quad U_{C2}=\frac{Q}{C_2}=\frac{C}{C_2}U,$$

$$U_{C3}=\frac{Q}{C_3}=\frac{C}{C_3}U,\ \cdots,\ U_{Cn}=\frac{Q}{C_n}=\frac{C}{C_n}U$$

电容器串联各电容电压的分压比计算表达式为

$$U_{C1}:U_{C2}:U_{C3}:\cdots:U_{Cn}=\frac{1}{C_1}:\frac{1}{C_2}:\frac{1}{C_3}:\cdots:\frac{1}{C_n}$$

各串联电容器的电流分配关系是通过各电容器的电流 $I_{C1}, I_{C2}, I_{C3}, \cdots, I_{Cn}$ 相等，并等于总电流 I。

在电容器串联电路中，无论是电路施加直流电压时在电路中形成的充、放电电流，还是施加交流电压时在电路中产生的交流电流有效值，通过各电容器的电流均相等，并等于总电流 I。其计算表达式为

$$I=I_{C1}=I_{C2}=I_{C3}=\cdots=I_{Cn}$$

电容器的串联及计算

电容器并联电路等效电容的计算

电容器并联时，其合成总电容等于各电容之和。

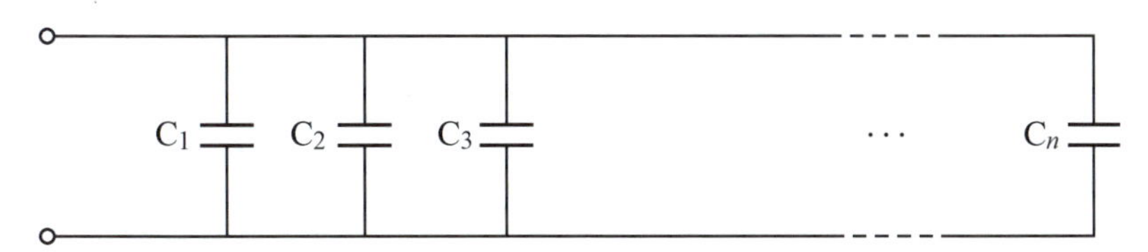

在上图中电容器 $C_1, C_2, C_3, \cdots, C_n$ 等并联时，其合成等效总电容 C 的计算公式为

$$C=C_1+C_2+C_3+\cdots+C_n$$

电容器并联电路电荷、电压、电流的计算

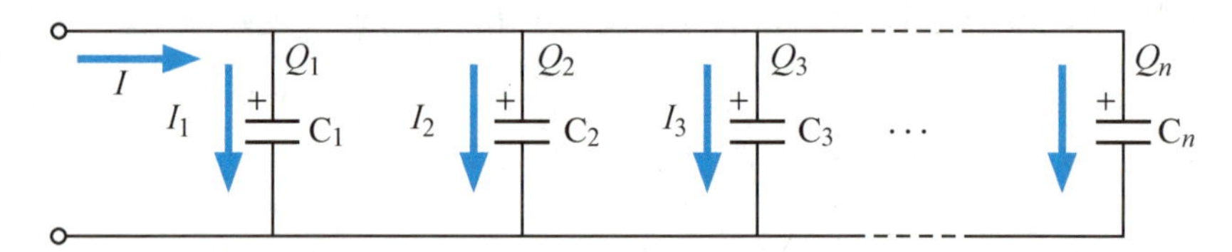

当电路两端施加一直流电压 U 时，各支路电容器两极板间均有相同的电压 U，这表明在电容器并联电路中，各支路的电压均相等，并等于施加电压 U。其计算表达式为

$$U=U_{C_1}=U_{C_2}=U_{C_3}=\cdots=U_{C_n}$$

由于电容器 C_1，C_2，$C_3, \ldots, C_n$ 并联电路各支路的电压 U_{C1}，U_{C2}，$U_{C3}, \cdots, U_{Cn}$ 均相等，故在每个支路电容器上便分别充有电荷 Q_1，Q_2，$Q_3, \ldots, Q_n$。其计算表达式为

$$Q_1=C_1U，Q_2=C_2U，Q_3=C_3U，\cdots，Q_n=C_nU$$

电容器并联电路的总电荷量 Q 等于各支路电荷量 Q_1，Q_2，$Q_3, \ldots, Q_n$ 之和。其计算表达式为

$$\begin{aligned} Q &= Q_1+Q_2+Q_3+\cdots+Q_n \\ &= C_1U+C_2U+C_3U+\cdots+C_nU \\ &= U(C_1+C_2+C_3+\cdots+C_n) \end{aligned}$$

电容器并联电路无论电路施加直流电压还是交流电压，电路的总电流 I 都等于各支路电流 $I_1, I_2, I_3, \ldots, I_n$ 之和。其计算表达式为

$$I=I_1+I_2+I_3+\cdots+I_n$$

电容器的混联及计算

在实际电路中，大多数情况下遇到的是较为复杂的电容器混联电路。遵循电容器串联电路与电容器并联电路的计算法则，并且应根据电路的结构形式拟定计算思路和计算方法。

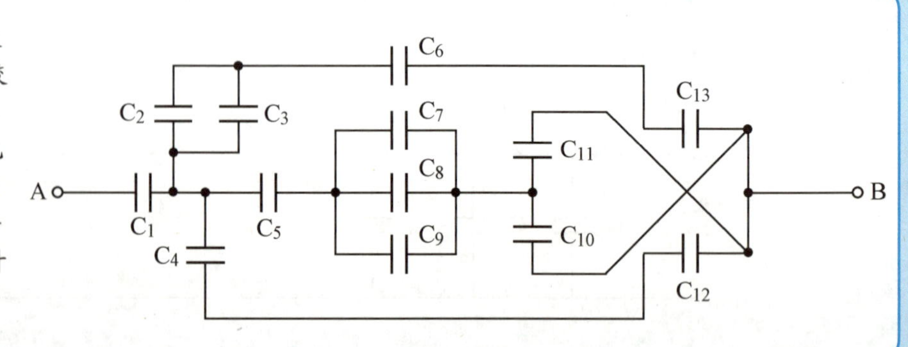

电路中电容器 C_1 ~ C_{14} 的容量均为 2μF，求合成后的等效电容 C_{AB}。首先采用电容串、并联的计算法则对局部电路进行计算求解，简化电路。像 C_2、 C_3 并联，再与 C_6、 C_{13} 串联后等效为一个新的电容 $C_{(1)}$，计算如下：

$$\because \quad \frac{1}{C_{(1)}}=\frac{1}{C_2+C_3}+\frac{1}{C_6}+\frac{1}{C_{13}}=\frac{1}{4}+\frac{1}{2}+\frac{1}{2}=\frac{5}{4}$$

$$\therefore \quad C_{(1)}=0.8\mu\text{F}$$

C_7、 C_8、 C_9 并联，再与 C_5 串联后等效为一个新的电容 $C_{(2)}$，计算如下

$$C_{(2)}=\frac{C_5(C_7+C_8+C_9)}{C_5+C_7+C_8+C_9}=\frac{2(2+2+2)}{2+2+2+2}=1.5\,(\mu\text{F})$$

C_4、C_{12} 串联为一个新的电容 $C_{(3)}$，由于 $C_4=C_{12}$ 用简化算法计算如下

$$C_{(3)}=\frac{C_4}{2}=\frac{2}{2}=1(\mu\text{F})$$

于是，电路被简化成如下形式。

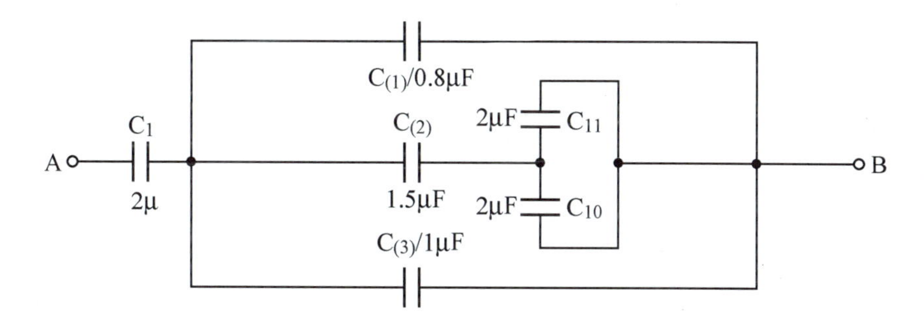

通过简化电路，我们可以轻松地看出，C_{10}、C_{11} 并联，再与 $C_{(2)}$ 串联后的等效电容和 $C_{(1)}$、$C_{(3)}$ 并联，最后再与 C_1 串联，求出 AB 间的总等效电容 C_{AB}。具体计算如下：

C_{10}、C_{11} 并联，再与 $C_{(2)}$ 串联后的等效电容 $C_{(4)}$ 为

$$C_{(4)}=\frac{C_{(2)}(C_{10}+C_{11})}{C_{(2)}+C_{10}+C_{11}}=\frac{1.5(2+2)}{1.5+2+2}=1.1(\mu\text{F})$$

$C_{(1)}$、$C_{(3)}$、$C_{(4)}$ 并联的等效电容 $C_{(5)}$ 为

$$C_{(5)}=C_{(1)}+C_{(3)}+C_{(4)}=(0.8+1+1.1)=2.9(\mu\text{F})$$

最后 $C_{(1)}$、$C_{(5)}$ 串联后的等效电容 C_{AB} 为

$$C_{AB}=\frac{C_{(5)}C_1}{C_{(5)}+1}=\frac{2.9\times 2}{2.9+2}=1.18(\mu\text{F})$$

2.1.4 电容类元器件的分类

按电容量是否可调，电容器可分为固定电容器和可变电容器两大类。

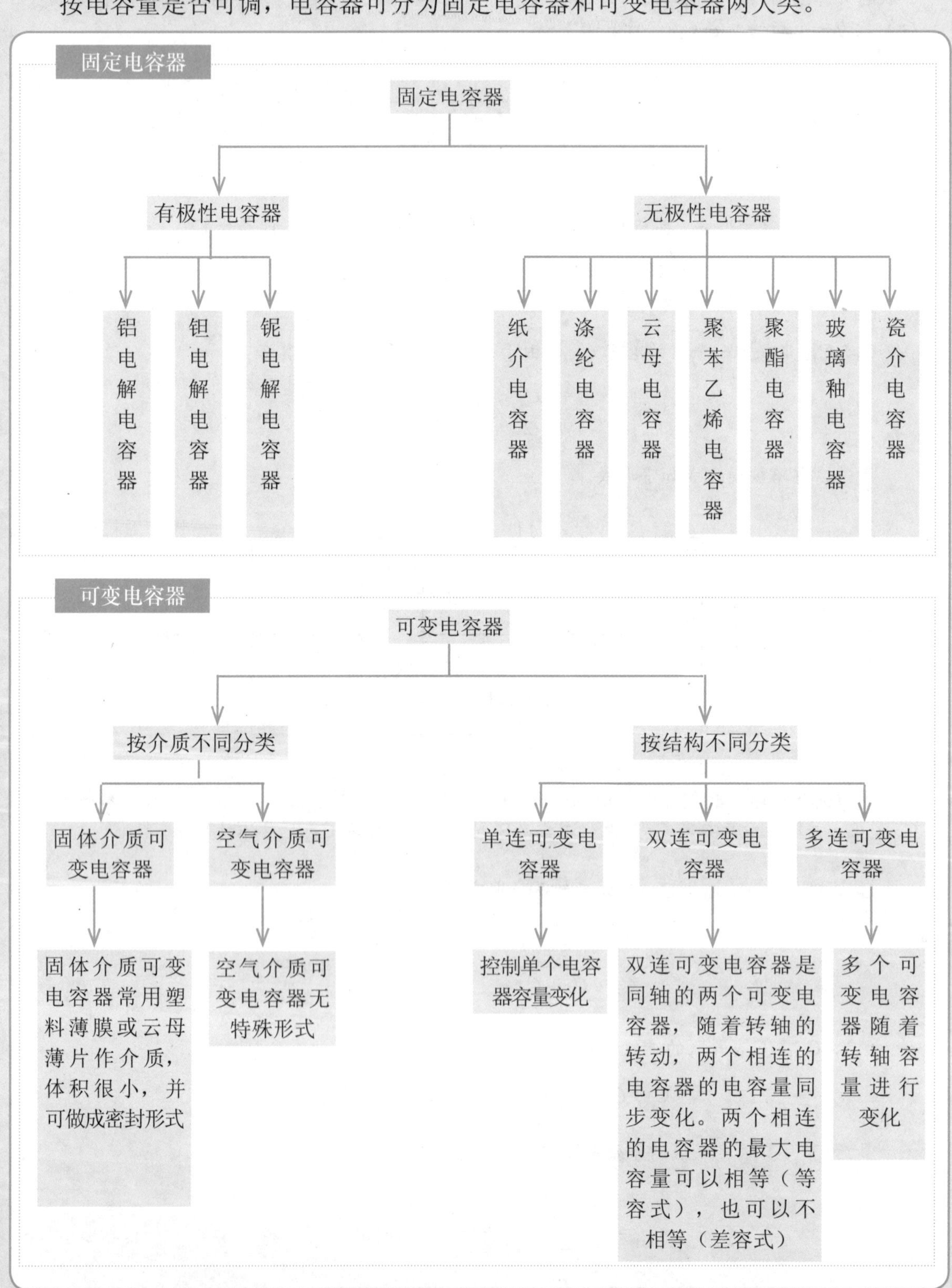

电解电容器的种类较多，最常用的是以下几种。

铝电解电容器

铝电解电容器是在作为电极的两条等长、等宽的铝箔之间夹以电解物质，并以极薄的氧化铝膜作为介质卷制、封装而成的。

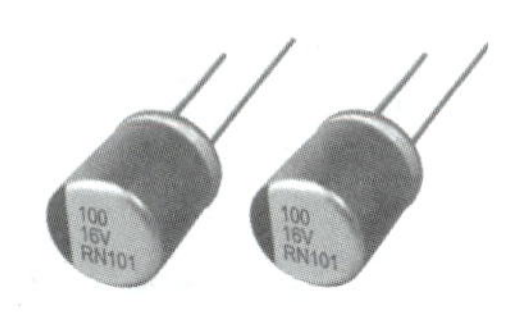

铝电解电容器结构比较简单，以极薄的氧化铝膜作为介质并多圈卷绕，可获得较大的电容量，如2200μF、3300μF、4700μF、10000μF等，这种电解电容器最突出的优点是“容量大”。然而因氧化铝膜的介电常数（后面将详细介绍）较小，使得铝电解电容器存在因极间绝缘电阻较小，从而漏电大、耐压低、频响低等缺点。其典型标注与识别方法如下：

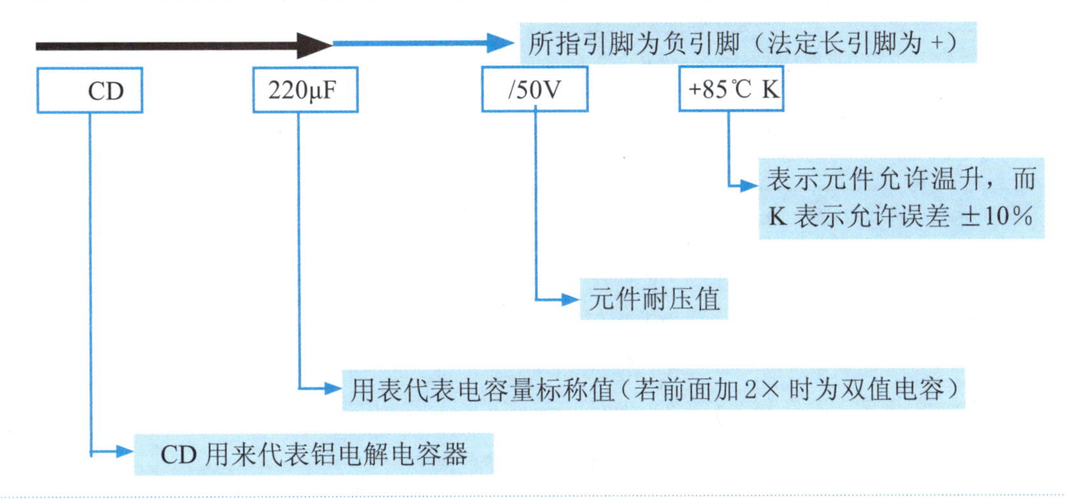

钽电解电容器

钽电解电容器分固体钽电解电容器与液体钽电解电容器两种。

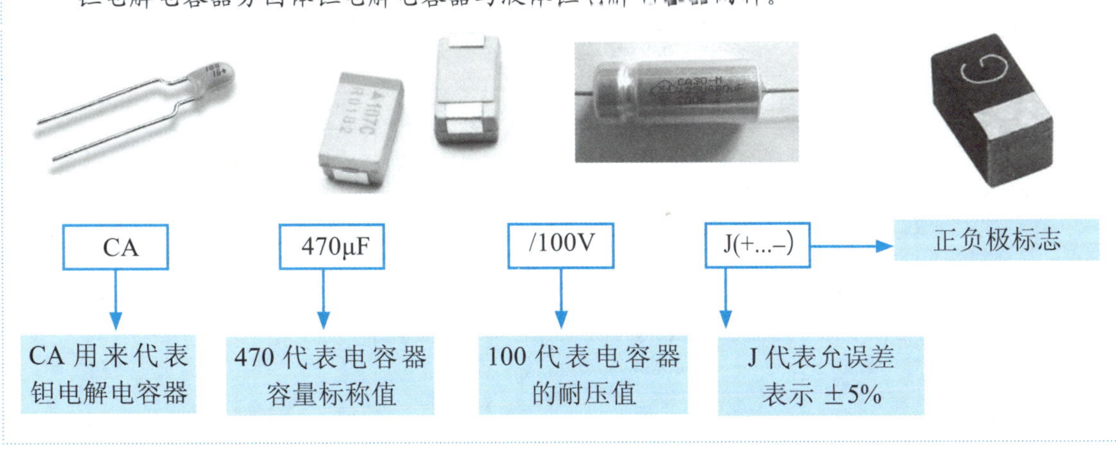

小型钽电解电容器往往采用下述简化直标法。

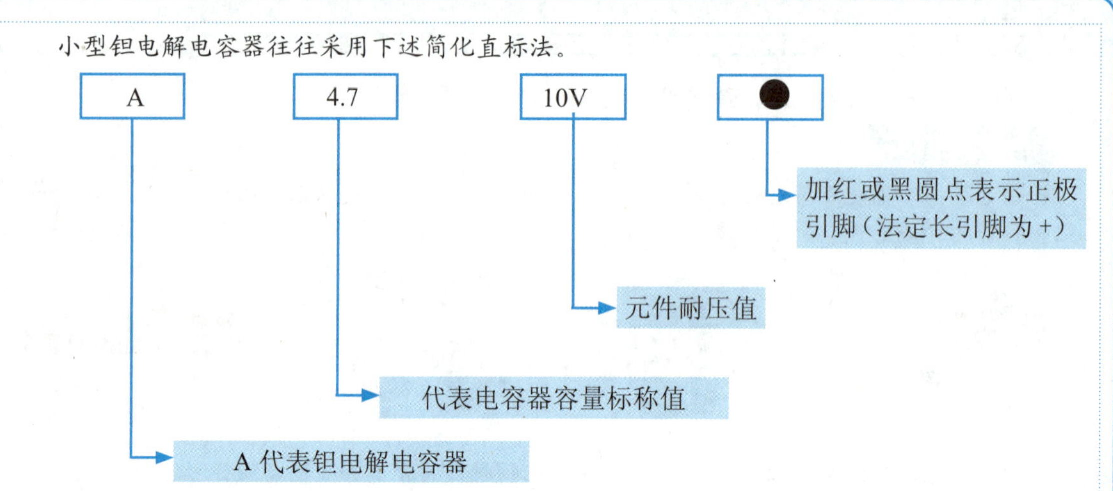

常用国产固体钽电解电容器性能参数见下表。

型　号	额定电压及正极色标（V）	标称容量（μF）	环境温度（℃）	外形尺寸 D×L（mm×mm）	容量偏差（%）
CA42	6.3 棕	4.7,6.8	-55℃～+85℃	4.5×8	±10 ±20 +50 -20
	10 红	3.3,4.7			
	16 橙	2.2,3.3			
	25 黄	1.0,1.5,2.2			
	35 绿	0.1～1.5			
	40 蓝	0.1～1.0			
	50 紫	0.1～0.47			
	6.3 棕	68		8.5×12.5	
	10 红	47			
	16 橙	33			
	25 黄	15			
	40 蓝	6.8			
	50 紫	4.7			
	6.3 棕	220,330		11×17.5	
	10 红	150,220			
	16 橙	100,150			
	25 黄	47,68			
	40 蓝	22,33			
	50 紫	15,22			

续表

型　　号	壳号	额定电压（V）	标称容量（μF）	环境温度（℃）	外形尺寸 $D\times L$（mm）	容量偏差（%）
CA411A（RVO，464，029JT）	1	6.3	22～47，150，220	-55℃～+85℃	5×12	±20
		10	15～33，100，150			
		15	10～22，68，100			
		25	6.8～15，47，68			
	2	6.3	68～100，330，470		6×14	+50 -20
		10	47～68，220，330			
		15	33～47，150，220			
		25	22～33，100，150			

常用进口小型固体钽电解电容器主要性能参数见下表。

型　　号	壳号	额定电压（V）	标称容量（μF）	环境温度（℃）	外形尺寸 $D\times L$（mm×mm）	容量偏差（%）	外　　形
MA-02		2～35	0.01～100	-55℃～+85℃		±20	金属壳封装
CS-13		6.3～50	0.1～680	-55℃～+125℃			模具塑封
HS-92		16～50	0.47～10	-55℃～+125℃			模具塑封
FS-06		3～10	0.047～4.7	-55℃～+85℃			树脂封装
EF-SQ		4～50	0.47～470	-55℃～+85℃			浸油树脂
ETS-MIL 型（MIL-C-2665CS12 及 CS13 或 MIL-C-39003A	A	6	0.33～8.2	-55℃～+125℃	3.8×7.5	±10 ±20	金属壳封装 全密封
		10	0.33～4.7				
		15	0.33～3.3				
		20	0.33～2.2				
		35	0.33～1				
		50	0.33～1				
	B	6	10～56		5.1×12.5		
		10	5.6～39				
		15	3.9～22				
		20	2.7～15				
ETS-MIL 型（MIL-C-2665CS12 及 CS13 或 MIL-C-39003A）	C	35	8.2～22	-55℃～+125℃	7.8×17.5	±10 ±20	金属壳封装 全密封
		50	5.6～18				
	D	6	220～330		9.3×20.3		
		10	150～220				
		15	82～150				
		20	56～100				
		35	27～47				
		50	22				

钽电解电容器

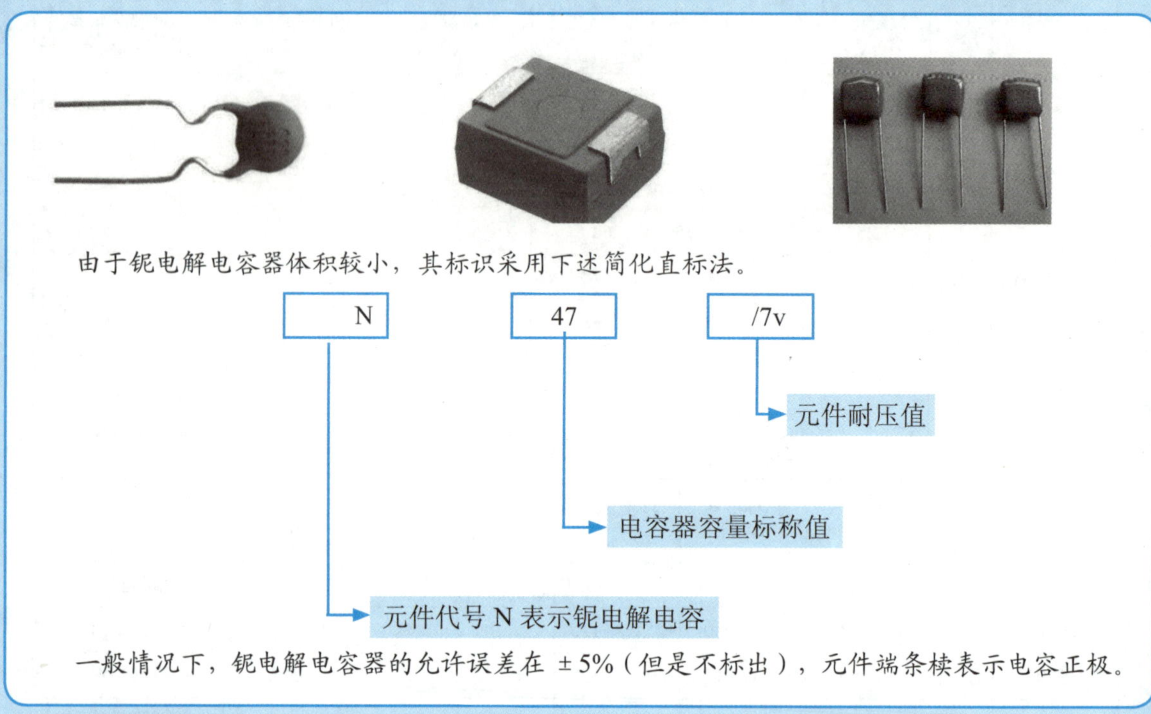

由于钽电解电容器体积较小，其标识采用下述简化直标法。

一般情况下，钽电解电容器的允许误差在 ±5%（但是不标出），元件端条棱表示电容正极。

有机膜介质电容器

有机膜介质电容器是以两片金属箔作为电极，将极薄的有机膜介质夹在中间，卷成圆柱形或扁椭圆形电容内芯，加上引线，用火漆、树脂、陶瓷、玻璃釉或金属壳封装而成的。

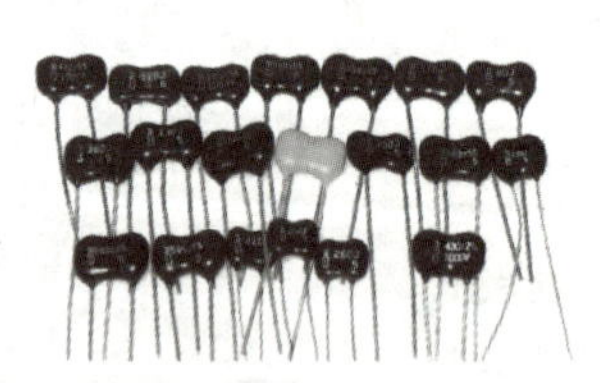

有机膜介质电容器的标识分正规标法（左）与简化标法（右）如下。

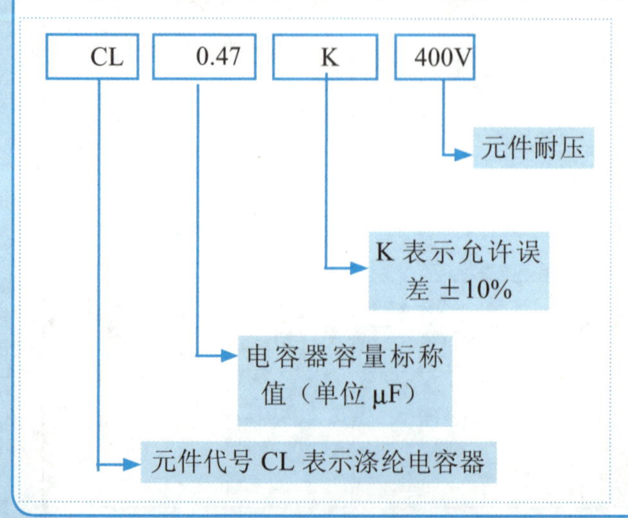

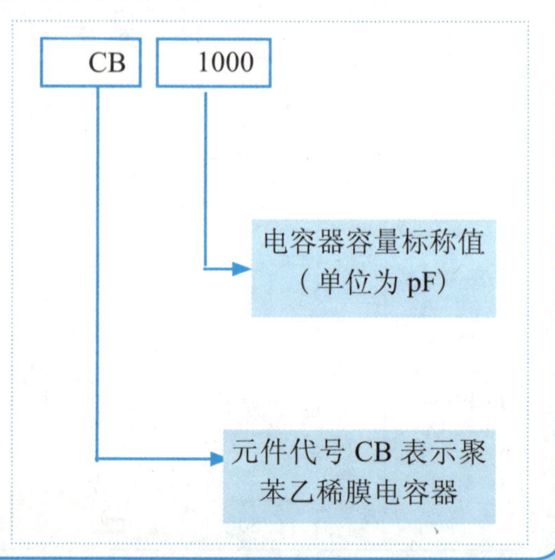

标识原则

（1）通常体积较大的电容器采用通用直标法，而体积较小的电容器则采用简化直标法。

（2）凡不标注出元件耐压的电容器，其耐压均为 63V。

（3）凡不标注出元件允许偏差的电容器，其允许偏差均为 ±5%。

无机介质电容器

瓷介电容器

瓷介电容器是以陶瓷材料作为介质，在管形或片形的陶瓷基体两面喷涂薄薄的银导电层，再烧结成薄膜极板电极而成的。

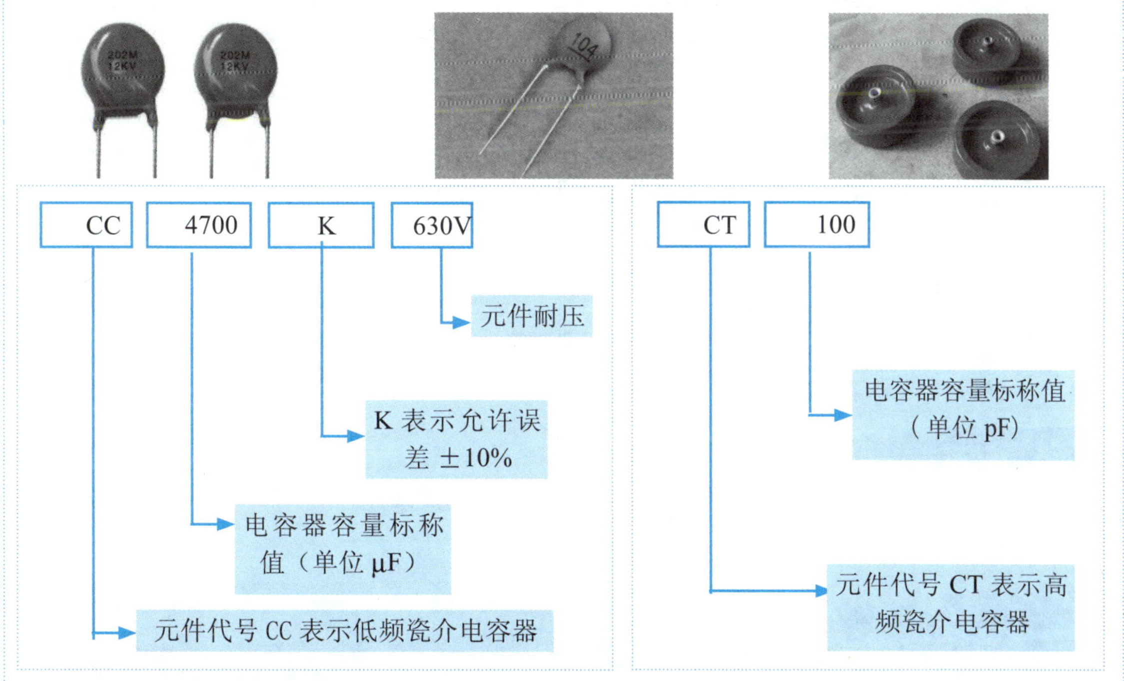

（1）通常体积较大的电容器采用通用直标法，而体积较小的电容器则采用简化直标法。

（2）凡不标注出元件耐压的电容器，其耐压均为 63V。

（3）凡不标注出元件允许偏差的电容器，其允许偏差均为 ±5%。

常用高频旁路专用瓷介穿心电容器性能参数

型　号	标称容量（pF）	额客电压（V）	型　号	标称容量（pF）	额定电压（V）
CC5-2	8.2	500	CT5-1	3300	250
CC5-2	18，22，27		CT5-2	4700	
CC5-2	100		CT5-3	6800	
CC5-3	300		CT5-3	10000	

常用高压瓷介电容器性能参数

型　号	额定电压（kV）	标称容量（pF）	型　号	额定电压（kV）	标称容量（pF）
CC81A-1	1.6	6.8~33	CC81-12~20	2	100~820
	2.5	2.7~13	CC81-16~20	2.5	180~470
	4	1.1~4.7	CC81C-10~20	1.6	4.7~1200
CC81A-2	2	16~22		2.5	2.7~820
CC81A-3	2	21~120		4	1.5~680
	3	5.6~68	CC81C-24	6.3	68~120
	5	2.2~36	CCTJ-1~6	2	470~6800
CC81A-4	2	43~270		3	470~4700
	3	22~150		4	1000~3300
	5	12~82		5	680~2200
CC81A-5	6.3	56~100		6.3	1000~1500

玻璃釉电容器

玻璃釉电容器是以玻璃釉粉末为主要成分，高温压制成薄片，两面涂覆金属薄膜极板引线而成的。

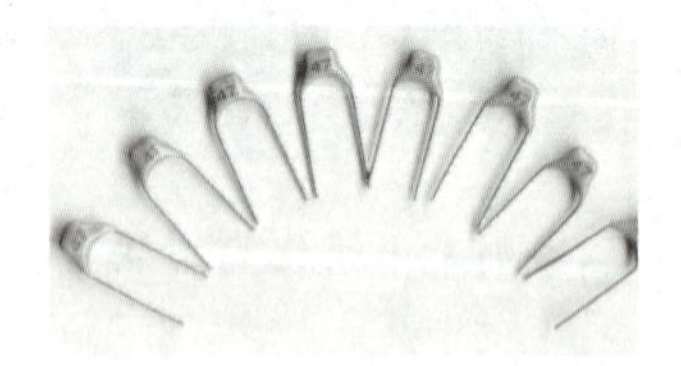

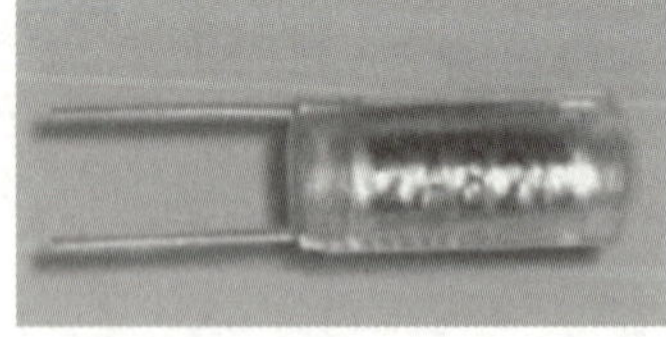

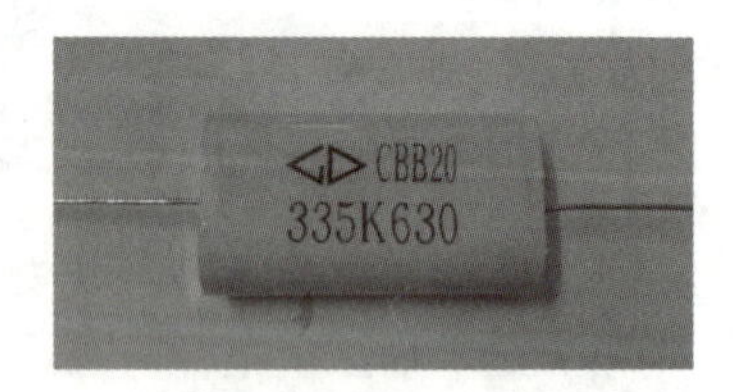

由于玻璃釉电容器体积较小，通常采用简化直标法。

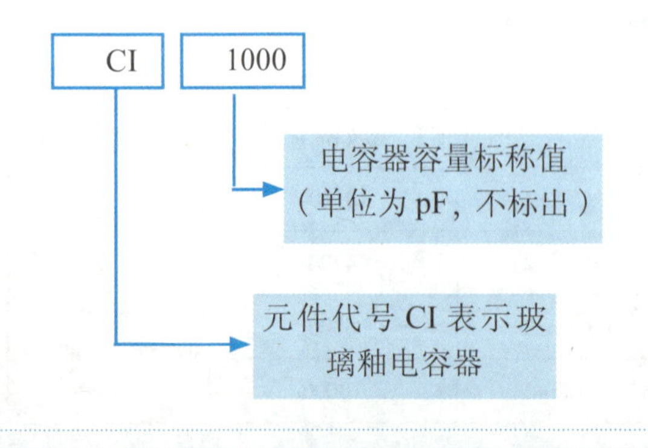

62

电容器容量标称值
（单位为 pF，不标出）

一般情况下，允许误差为 ±5%，不标出。

云母电容器

将可构成极板的金属箔依次夹持在云母片之间叠压（或在云母片单面喷涂银层，切片叠压）、引线后，用专用模具压铸于电木粉中或塑封于环氧树脂中制成云母电容器。

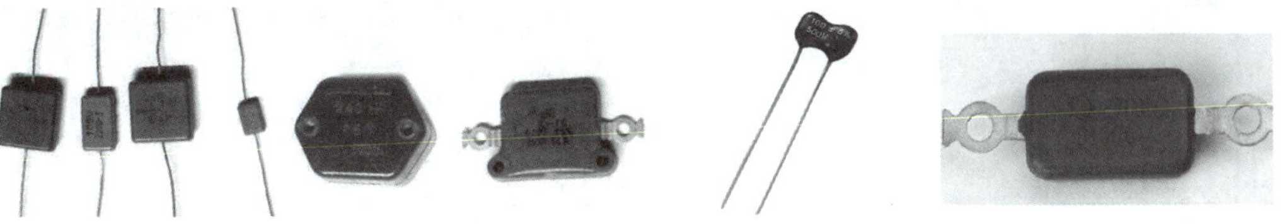

云母电容器的容量范围也较低，一般为 5pF ~ 0.047μF，但云母电容器的精度比较高，其允许偏差一般为 ±2% ~ ±5%。

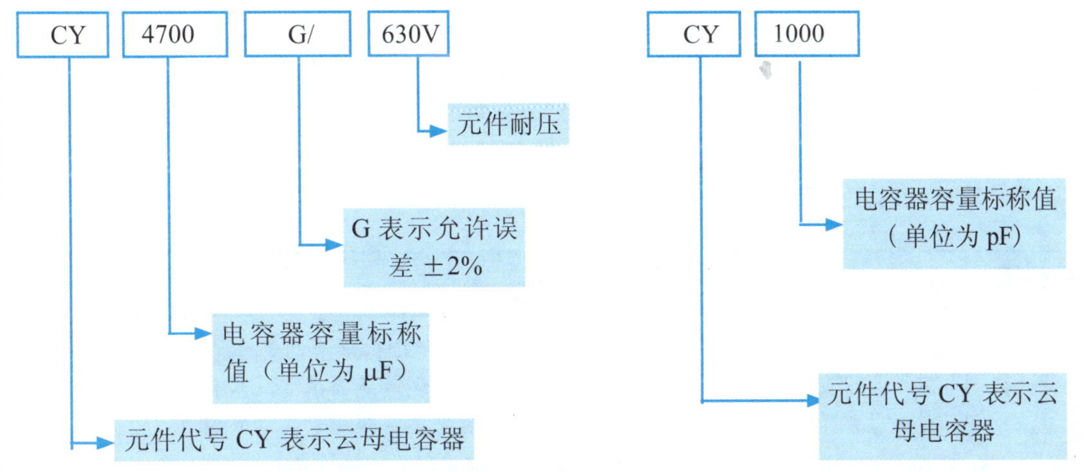

（1）通常体积较大的电容器采用通用直标法，而体积较小的电容器则采用简化直标法。

（2）凡不标注出元件耐压的电容器，其耐压均为 63V。

（3）凡不标注出元件允许偏差的电容器，其允许偏差均为 ±5%。

可变电容器

全可变电容器

空气介质可变电容器的工作介质是空气。其由金属片做成的定片、动片、旋转轴及金属基座构成。

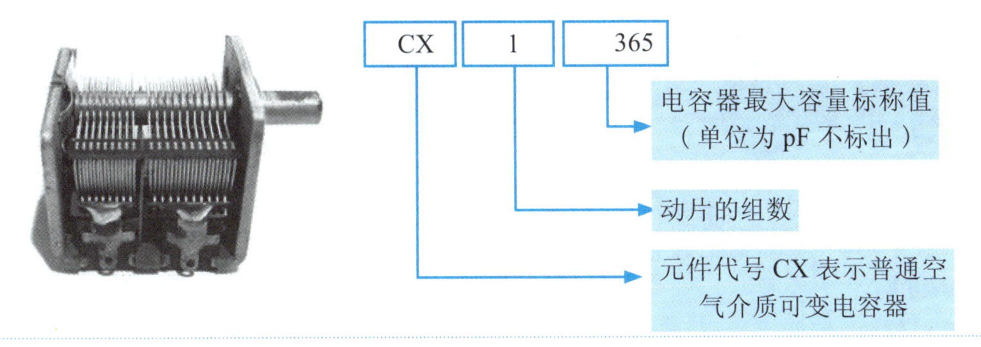

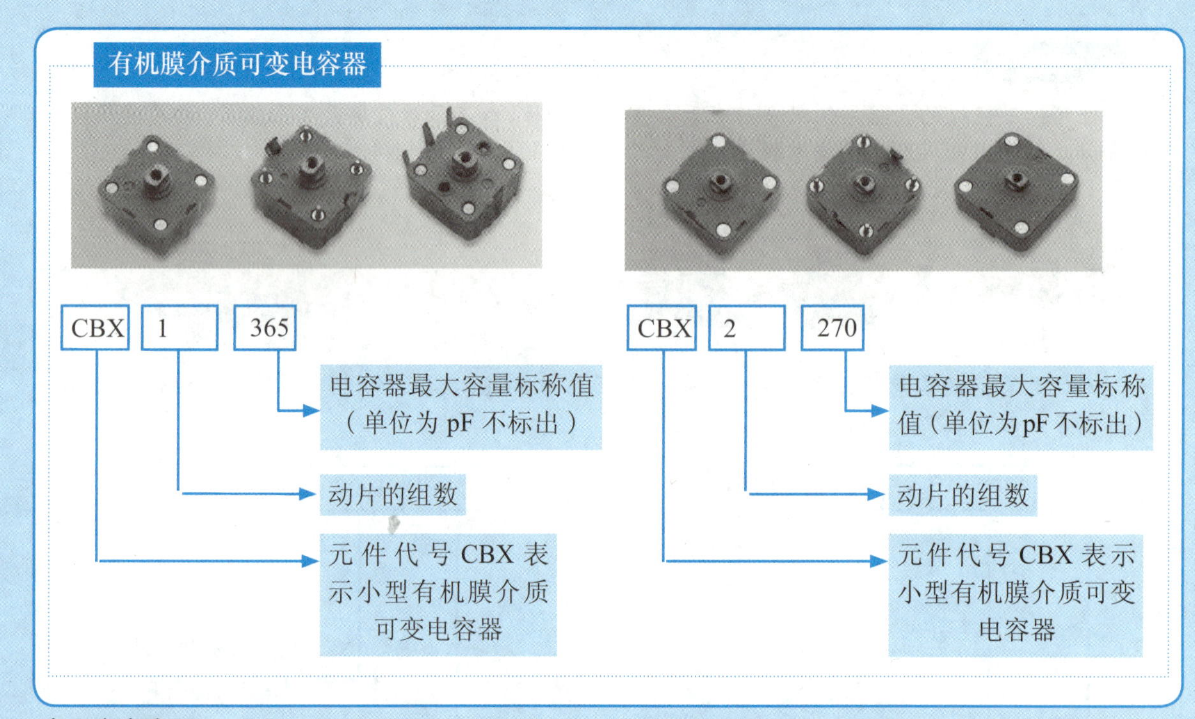

半可变电容器

半可变电容是指在电容标称值范围内，其容量可在一定范围内调节的电容元件，简称可变电容，也称为微调电容。半可变电容器定义为微调电容，一是因为调节范围很窄，只有几到十几或几十个微微法，即只是微量调节；二是因为电容一旦调定，以后将不再能随意变动或调节。

有机薄膜介质微调电容器

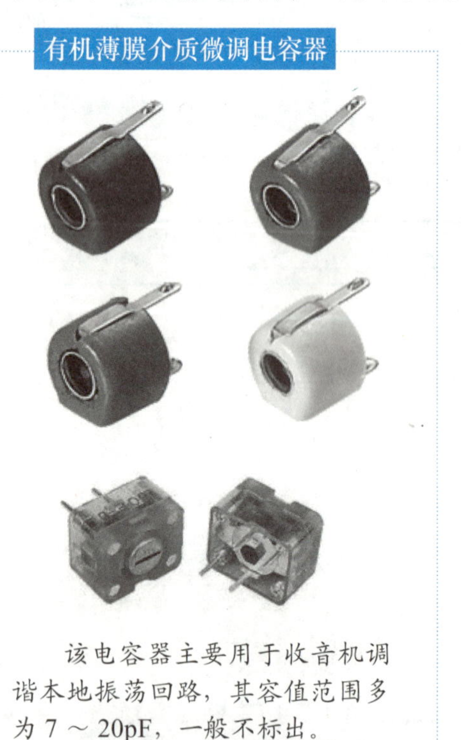

该电容器主要用于收音机调谐本地振荡回路，其容值范围多为 7～20pF，一般不标出。

瓷介微调电容器

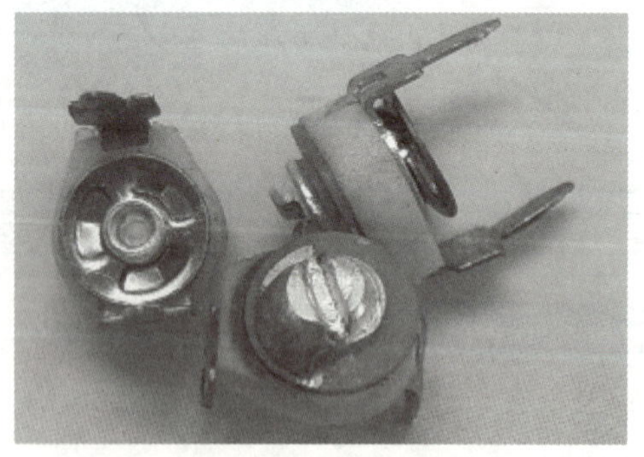

(1) 由于瓷介微调电容器工艺考究、结构精密，故精度高、稳定性好。

(2) 耐腐蚀性好。

(3) 耐压高。

由于该电容有以上良好的电气性能，故而应用十分广泛。

2.2 普通电容器典型应用电路

2.2.1 电容降压电路

将 220V 交流电压降为低压最常见的方式是采用电源变压器，还有一种方式是采用电容降压电路，它的优点是体积小、成本低、效率高，缺点是没有电源变压器降压电路安全。

电源指示中的电容降压电路

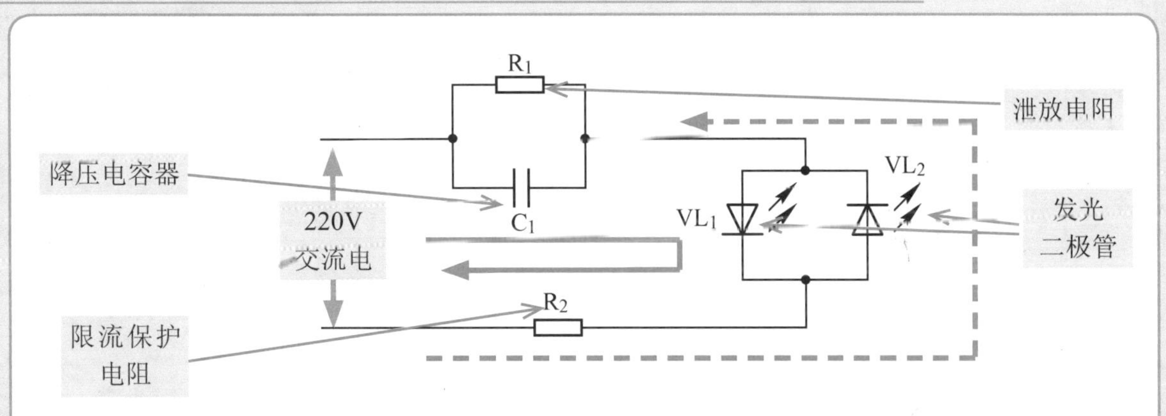

R_1 的作用 → R_1 用来尽快泄放 C_1 存储的电荷。交流电源断开后，C_1 内部存储的电荷通过 R_1 这个回路放电，以放掉内部电荷，使 C_1 两端无电压，只有这样这一电路的安全性才较高，否则人就会有触电的危险。

1. 由于 C_1 的容抗比较大
2. 回路中的电流得到限制，这样流过发光二极管 VL_1、VL_2 的电流大小合适
3. 使之进入发光工作状态，交流电的正半周使 VL_1 导通发光
4. 在 VL_1 导通期间，VL_2 截止，其电流流通过程可参照上图中实线箭头方向
5. 交流电的负半周使 VL_2 导通发光，VL_1 截止，其电流流通过程可参照上图中虚线箭头方向

电容器在交流电路中存在容抗，这样电容器两端会有电压降。由于交流市电的频率为 50Hz，频率比较低，所以容抗比较大，在电容器两端的电压降比较大，这样可以达到大幅度降低交流输出电压的目的。

电容降压半波整流电路

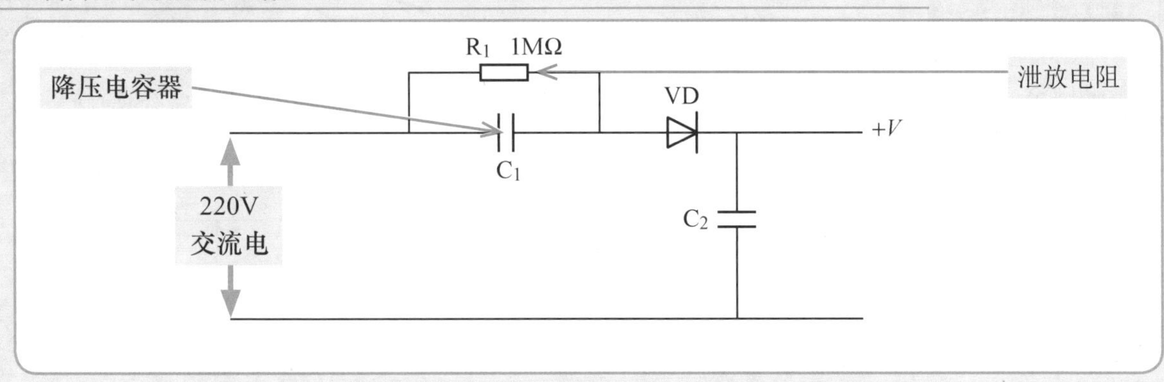

1 降压电容器将 220V 交流电压降低到适当程度

3 再经 C_2 滤波得到直流工作电压 $+V$

电容降压桥式整流电路

由于半波整流电路的内阻比较大，为提供更大的电源电流可以采用内阻较小的电容降压桥式整流电路，如下所示。

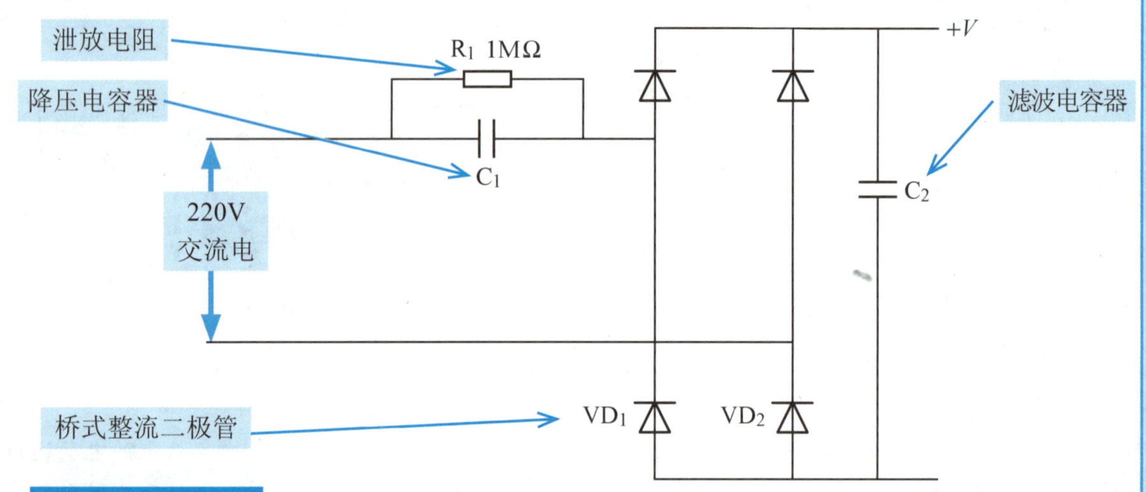

降压电容器的选择

降压电容器的选择方法 电路中的降压电容器容量大小决定了降压电路中电流的大小，可以根据负载电流的需要选择降压电容器的容量。

在 220V/50Hz 的电容器降压电路中，电流大小与容量之间的关系见下表。表中所示电流为降压电容器特定容量下的最大电流值。

名　称	数　值											
容量(μF)	0.33	0.39	0.47	0.56	0.68	0.82	1.0	1.2	1.5	1.8	2.2	2.7
电流(mA)	23	27	32	39	47	56	69	81	105	122	157	183
容抗(kΩ)	9.7	8.2	6.8	5.7	4.7	3.9	3.2	2.7	2.1	1.8	1.4	1.2

泄放电阻的选择

电容降压电路中需要在降压电容器两端并联一只泄放电阻。

泄放电阻的选择方法 泄放电阻通常为 500kΩ ~ 1MΩ，根据降压电容器的容量大小需要进行一些微调，以得到更好的泄放效果。

名　称	数　值				
容量(μF)	0.47	0.68	1	1.5	2
泄放电阻阻值	1MΩ	750kΩ	510kΩ	360kΩ	330kΩ

2.2.2 电容分压电路

电阻器可以构成分压电路，电容器也可以构成分压电路。

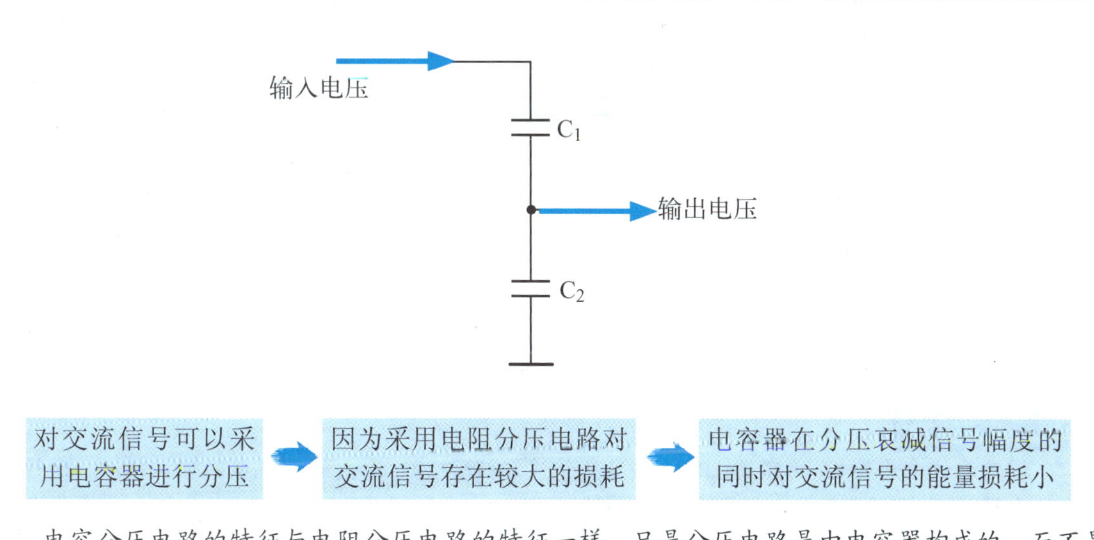

对交流信号可以采用电容器进行分压 → 因为采用电阻分压电路对交流信号存在较大的损耗 → 电容器在分压衰减信号幅度的同时对交流信号的能量损耗小

电容分压电路的特征与电阻分压电路的特征一样，只是分压电路是由电容器构成的，而不是由电阻器构成的。电容分压电路主要用于对交流信号的分压衰减。由于电容器的隔直特性，所以电容分压电路不能用于直流电路，对直流电压不存在分压衰减作用。

2.2.3 电容滤波电路

电容滤波电路有多种，如由低频滤波电容器组成的电源电路，还有高频滤波电容器组成的电路等。

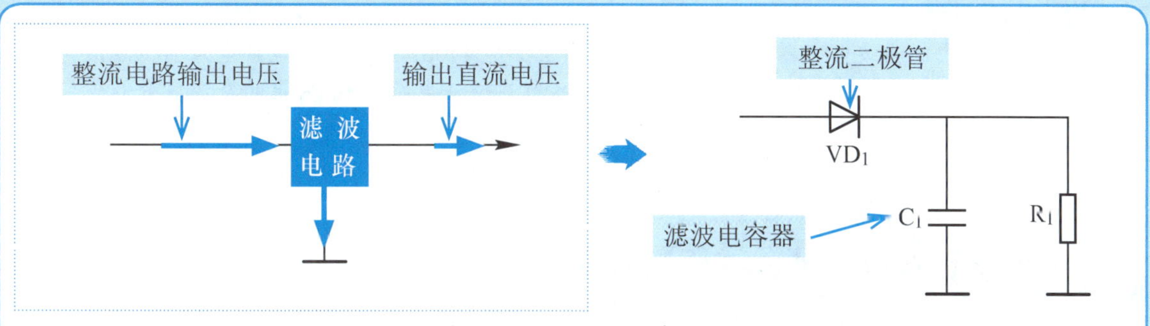

滤波电容器 → 电路中的 C_1 是滤波电容器，它接在整流电路的输出端与地之间，整流电路输出的单向脉动性直流电压加到电容器 C_1 上。

波形等效分解

在整流二极管 VD_1 输出的电压中，存在纯直流电压和纯交流电压。根据波形分解原理可知，这一电压可以分解成一个直流电压和一组频率不同的交流电压。

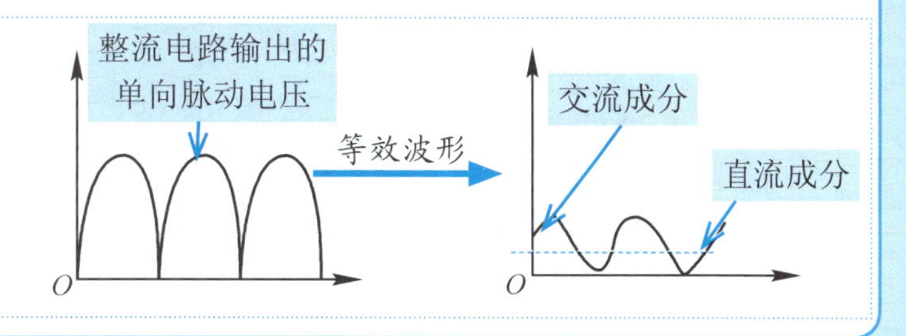

直流电流回路

滤波电容器 C_1 对直流电而言为开路，所以脉动电压中的直流电不能通过电容器 C_1 到地，只能通过负载电阻 R_1 构成回路。

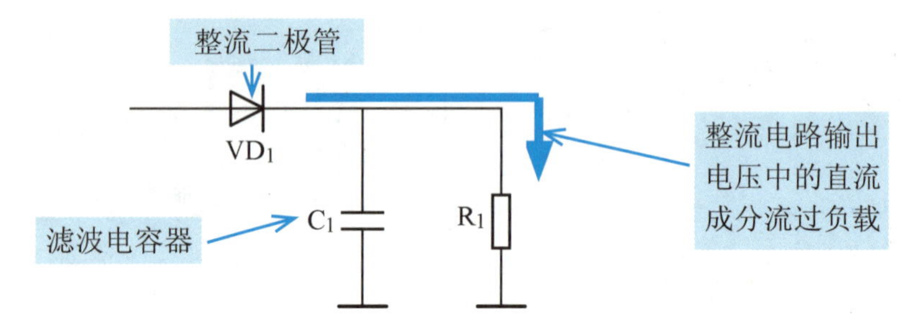

电流，流过负载电阻 R_1 使负载两端得到了直流电压。

交流电流回路

因为滤波电容器 C_1 的容量比较大，对从整流二极管 VD_1 输出的交流电的容抗很小，这样，交流电通过 C_1 到地。

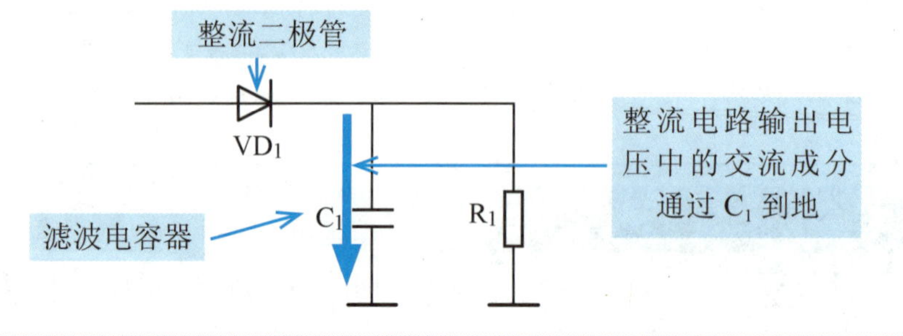

滤波电容回路

滤波电路中的滤波电容器容量相当大，通常至少是470μF的有极性电解电容器。滤波电容器 C_1 的容量越大，对交流成分的容抗越小，使残留在整流电路负载 R_1 上的交流成分越少，滤波效果越好。

2.2.4 电源滤波电路中的高频滤波电容电路

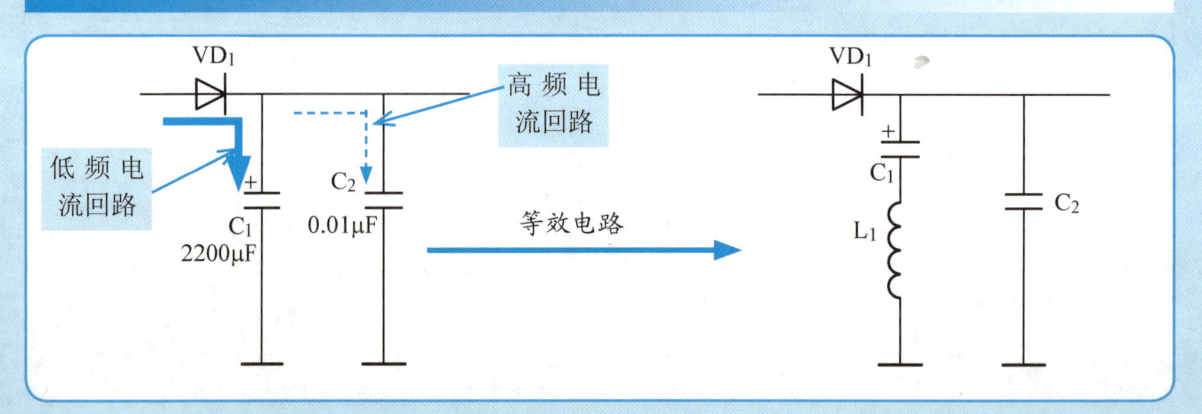

根据上面的电路及其该电路的等效电路，我们可以进行如下分析。

高频干扰

由于交流电中存在大量的高频干扰，所以要求在电源电路中对高频干扰成分进行滤波。电源电路中的高频滤波电容器就是起这一作用的。

理论容抗与实际容抗

从理论上讲，在同一频率下容量大的电容器其容抗小，上图中一大一小两个电容器并联，容量小的电容器 C_2 似乎不起什么作用。但由于工艺等原因，大容量电容器 C_1 存在感抗特性，在高频情况下 C_1 的阻抗为容抗与感抗的串联，因为频率高，所以感抗大，限制了 C_1 对高频干扰的滤除作用。

高频滤波电容器

为补偿大电容器 C_1 在高频情况下的不足，所以并联一个小电容器 C_2。小电容器的容量小，制造时可以克服电感特性，所以小电容器 C_2 几乎不存在电感。

大电容器 C_1：整流电路输出的单向脉动性直流电中绝大部分是频率比较低的交流成分，小电容器对低频交流成分的容抗大相当于开路，因而，对低频成分而言主要是大电容器 C_1 在工作，所以流过 C_1 的是低频交流成分，见上图中的实线部分

小电容器 C_2：对高频成分而言，频率比较高，大电容器 C_1 因为感抗特性而处于开路状态，小电容器 C_2 容抗远小于 C_1 的阻抗，处于工作状态，它滤除各种高频干扰，所以流过 C_1 的是高频成分，见上图电路中的虚线部分

2.2.5 电源电路中的电容保护电路

在电源电路中，从滤波的角度讲，滤波电容器的容量越大越好，但滤波电容器的容量太大对整流电路中的整流二极管是一种危害，可参阅如下电路图。

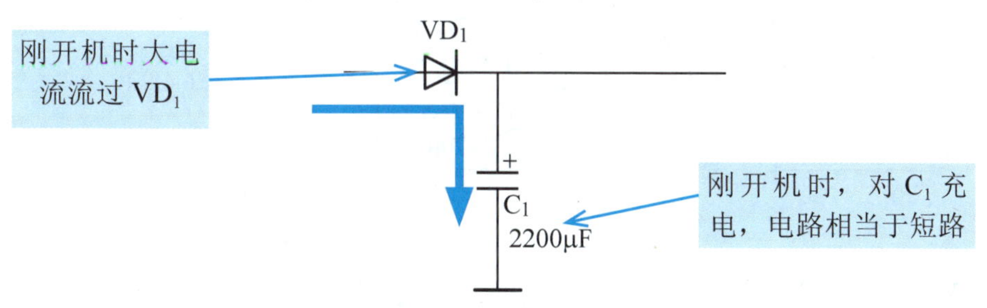

1 在整机电路通电之前

2 滤波电容器 C_1 上没有电荷，C_1 两端的电压为 0

3 在整机电路刚通电的瞬间

4 整流二极管在交流输入电压的作用下导通，对滤波电容器 C_1 开始充电

5 由于原来 C_1 两端的电压为 0，相当于整流二极管 VD_1 负极对地短路

6 因此，这一瞬间流过的充电电流非常大

不仅如此，由于C_1的容量很大，C_1的充电电压上升很慢，这意味着在比较长的时间内整流二极管中都有大电流流过，这会烧坏整流二极管VD_1。因此可以采用如下保护电路。

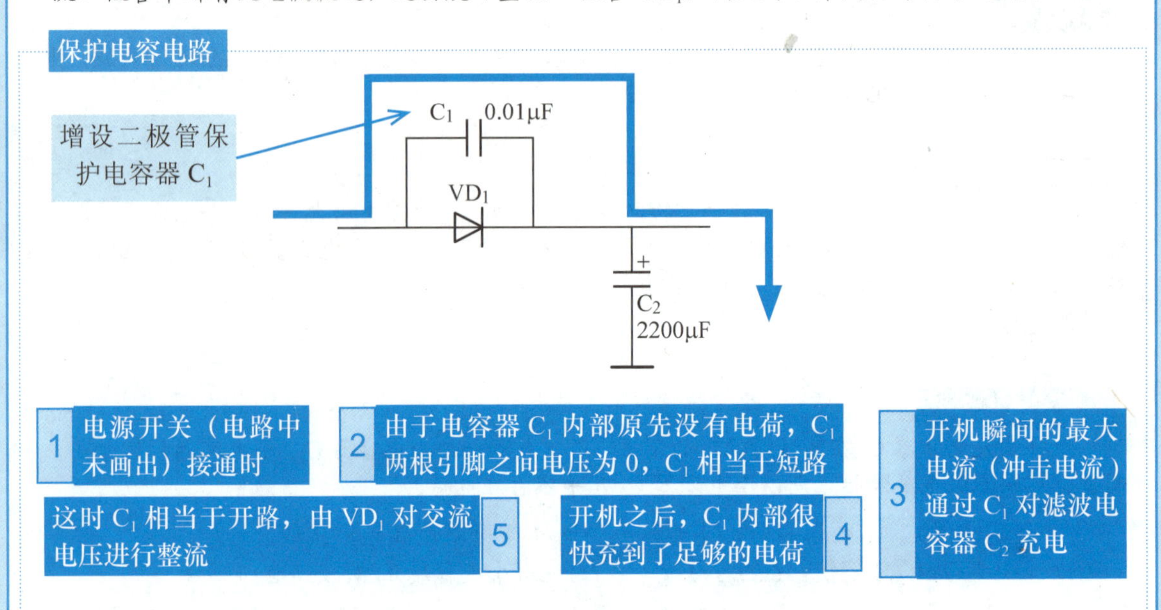

这样，开机时最大的冲击电流没有流过整流二极管VD_1，从而达到了保护VD_1的目的。

2.2.6 安规电容器抗高频干扰电路

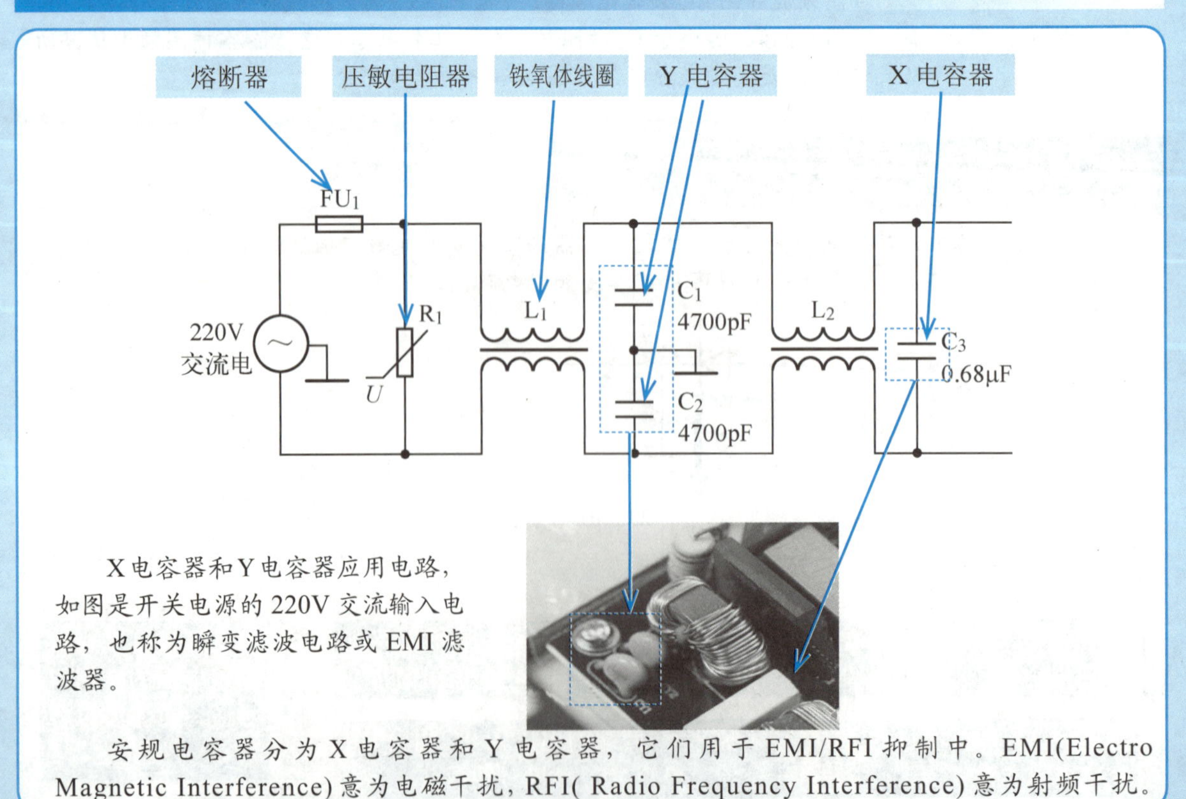

X电容器和Y电容器应用电路，如图是开关电源的220V交流输入电路，也称为瞬变滤波电路或EMI滤波器。

安规电容器分为X电容器和Y电容器，它们用于EMI/RFI抑制中。EMI(Electro Magnetic Interference)意为电磁干扰，RFI(Radio Frequency Interference)意为射频干扰。

差模高频干扰信号与 X 电容电路

220V 交流电进线有两根：一根是相线，一根是零线。这两根线引脚上会产生两种高频干扰信号，即差模高频干扰信号和共模高频干扰信号。

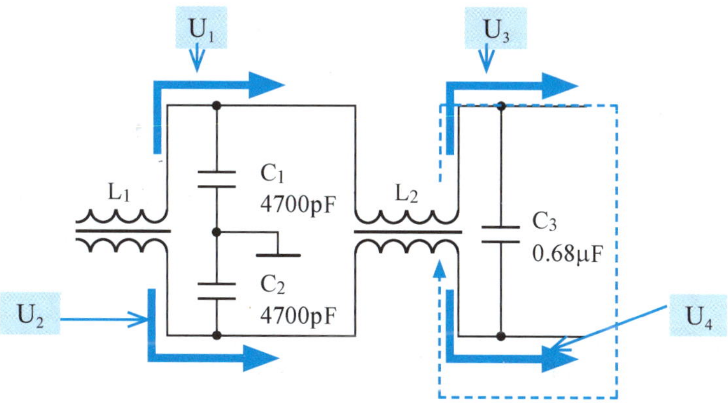

从上图可以看出：

共模信号 ➡ 高频干扰信号 U_1 和 U_2 方向相同，且大小相等，这样的两个信号称为共模信号

差模信号 ➡ 高频干扰信号 U_3 和 U_4 方向相反，且大小相等，这样的两个信号称为差模信号

在电路中接 X 电容器 C_3 后 ➡ 由于高额干扰信号频率比较高，C_3 对高频干扰信号的容抗小 ➡ 差模高频干扰信号通过 X 电容器 C_3 构成回路，如上图虚线部分所示

共模高频干扰信号与 Y 电容电路

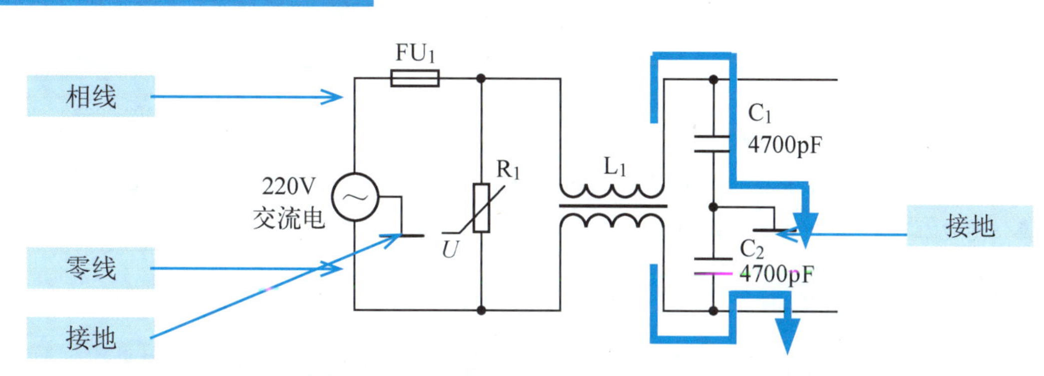

相线上的共模高频干扰信号通过 Y 电容器 C_1 到地线 ➡ 零、相线上的共模高频干扰信号通过 Y 电容器 C_2 到地线 ➡ 这样，利用两只 Y 电容器，成功地抑制了高频干扰信号

作为安规电容器的要求

基本要求：安规电容器作为 X 或 Y 电容器失效后，不会导致电击，也不危及人身安全，为此 X 电容器和 Y 电容器都需要取得安全检测机构的认证，如 UL、CSA 等标识，并在电容器外壳上标出下表中这些标记。

认证标记	UL	CQC	D	SA	VDE
国　　家	美国（USA）	中国（China）	丹麦（Denmark）	加拿大（Canada）	德国（Germany）
认证标记	CE	S	FI	S	N
国　　家	欧盟（EEC）	瑞典（Sweden）	芬兰（Finland）	瑞士（Switzerland）	挪威（Norway）

2.2.7 单声道音量控制器

退耦电路通常设置在两级放大器之间，所以只有多级放大器才有退耦电路，这一电路用来消除多级放大器之间的有害交连。

电源内阻对信号的影响

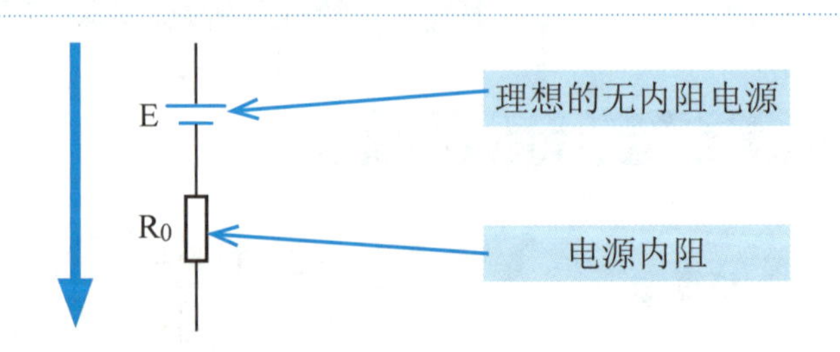

电流流过这一直流电源时内阻 R_0 上就有电压降，当交流信号电流流过这个内阻时也存在交流信号电压降，这个电压降是造成电路中有害交连的根本原因。

多级放大器之间交连

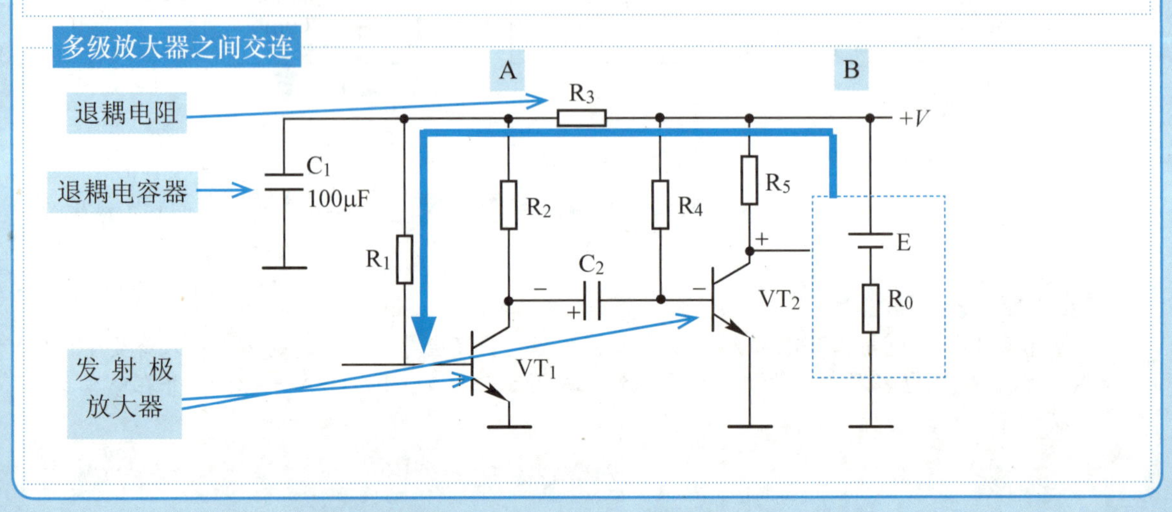

1 假设电路中没有退耦电容 C_1

2 假设某瞬间在 VT_1 基极上信号电压在增大，即为 +

3 VT_1 集电极上信号电压相位为 -

4 VT_2 基极信号电压相位为 -

5 VT_2 集电极上信号电压相位为 +

6 由于 +V 直流电源不可避免地存在内阻 R_0

6 VT_2 集电极信号流过 R_0 时

7 在它上面产生了信号压降，即电路中的 B 点有信号电压，且相位为 +

8 电路中 B 点的正极性交流信号经 R_3 加到 A 点

9 A 点信号电压相位也为 +

10 通过 R_1 加到 VT_1 基极，使 VT_1 基极信号电压更大

11 通过上述电路的正反馈，使 VT_1 中信号很大而产生自激，出现啸叫声，这就是多级放大器中有害交连引起的电路啸叫现象

当放大器电路中出现正反馈时，电路就会出现振荡。这种振荡的频率是单一的，当这一频率落在音频范围内时就能听到啸叫声。当这一振荡频率落在超音频范围内时，将出现超音频振荡，此时听不到啸叫声，但电路中的放大器件会发热，严重时会烧坏放大器件。

退耦电容电路

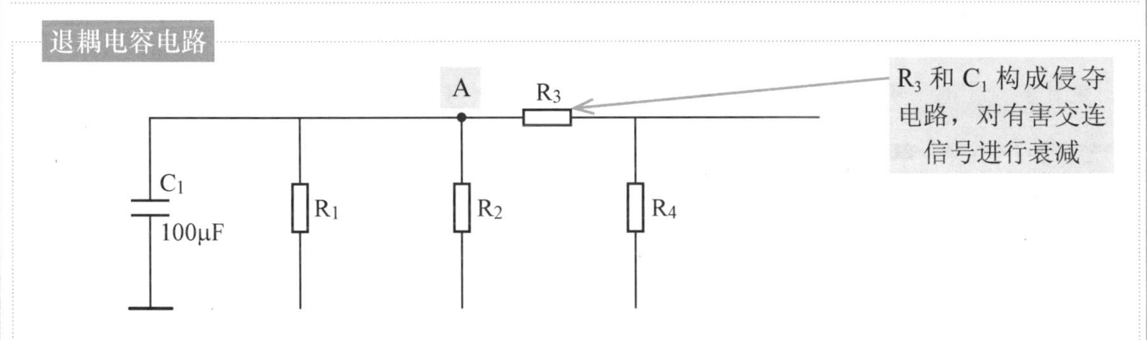

电路中 A 点上的正极性信号被 C_1 旁路到地端 → 不能通过电阻 R_1 加到 VT_1 基极 → 多级放大器中不能产生正反馈，就没有级间的交连现象，从而达到消除级间有害交连的目的

加入退耦电阻 R_3 后，可以进一步提高退耦效果，因为电路中 B 点的信号电压被 R_3 和 C_1（容抗）构成的分压电路进行了衰减，比不加入 R_3 时的 A 点信号电压还要小，直流电流流过退耦电阻 R_3 后有电压降，这样降低了前级电路的直流工作电压。

2.2.8 电容耦合电路

所谓耦合电容器就是用于耦合作用的电容器。耦合电容器的作用是将前级信号尽可能无损耗地加到后级电路中，同时去掉不需要的信号。例如，耦合电容器就能在将交流信号从前级耦合到后级的同时隔开前级电路中的直流成分，因为电容器具有“隔直通交”的特性。

两级电路之间采用耦合电容器的目的是：将有用的交流信号从前级电路输出端传输到后级电路输入端。

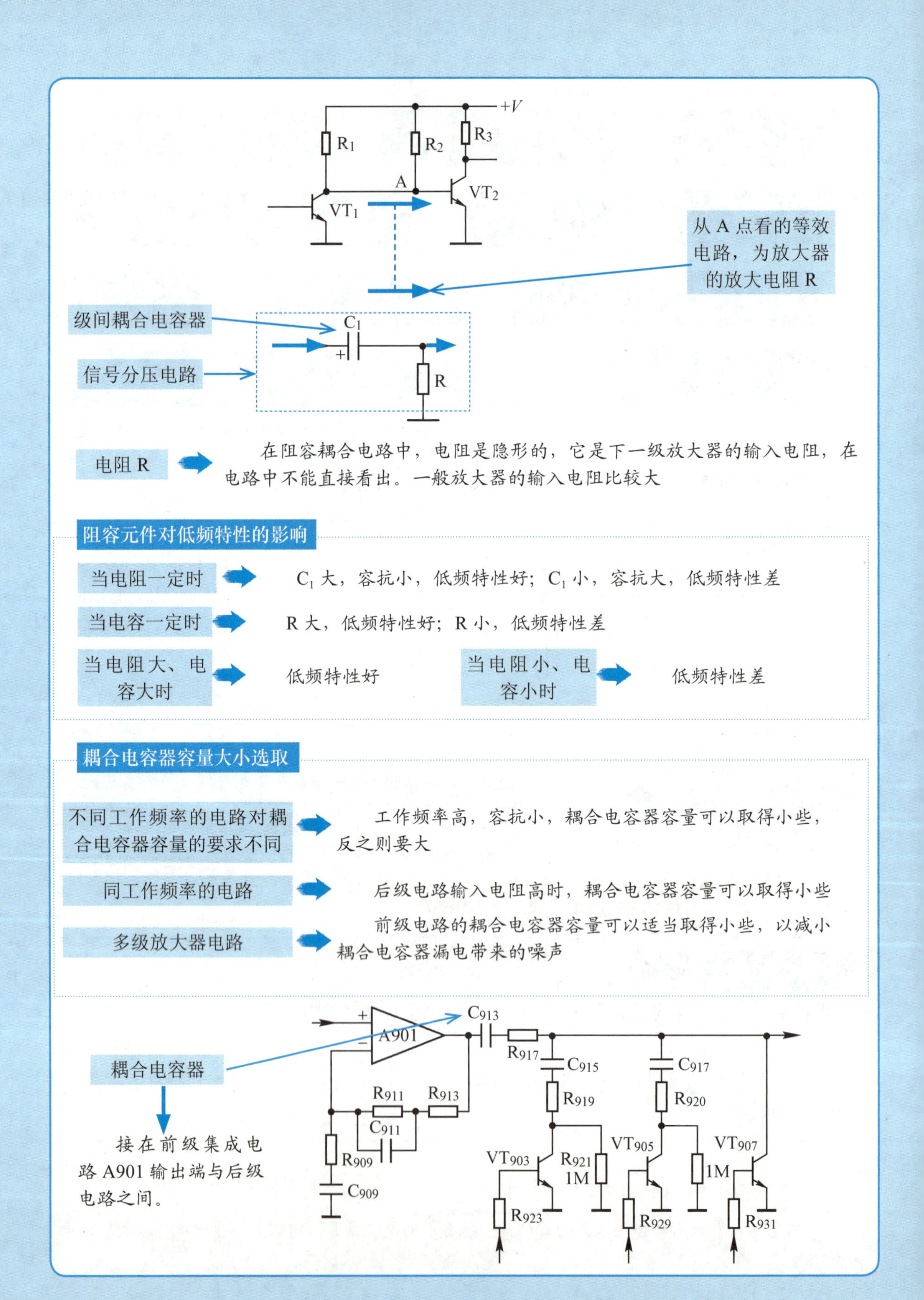
+V
R1
R2
R3
A
VT1
VT2
从A点看的等效电路，为放大器的放大电阻R
级间耦合电容器
C1
+
信号分压电路
R
电阻R
在阻容耦合电路中，电阻是隐形的，它是下一级放大器的输入电阻，在电路中不能直接看出。一般放大器的输入电阻比较大
阻容元件对低频特性的影响
当电阻一定时
C1大，容抗小，低频特性好；C1小，容抗大，低频特性差
当电容一定时
R大，低频特性好；R小，低频特性差
当电阻大、电容大时
低频特性好
当电阻小、电容小时
低频特性差
耦合电容器容量大小选取
不同工作频率的电路对耦合电容器容量的要求不同
工作频率高，容抗小，耦合电容器容量可以取得小些，反之则要大
同工作频率的电路
后级电路输入电阻高时，耦合电容器容量可以取得小些
多级放大器电路
前级电路的耦合电容器容量可以适当取得小些，以减小耦合电容器漏电带来的噪声
耦合电容器
接在前级集成电路A901输出端与后级电路之间。
A901
+
−
C913
R917
C915
C917
R911
R913
C911
R919
R920
R909
C909
VT903
VT905
VT907
R921
1M
1M
R923
R929
R931

电容耦合电路的同功能电路有多种，它们都是电容器耦合电路，但各有不同，或是耦合电容器的容量不同，或是电路形式不同，通过这些同功能电路的分析可以扩展知识面，提高分析电路的能力。

高频电容耦合电路

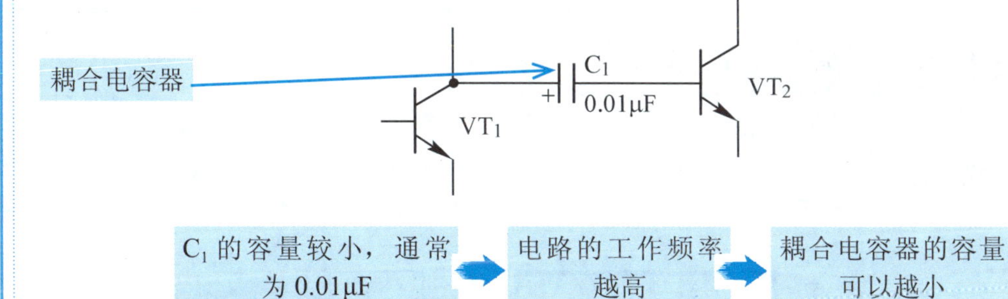

C_1的容量较小，通常为0.01μF → 电路的工作频率越高 → 耦合电容器的容量可以越小

音频电容耦合电路

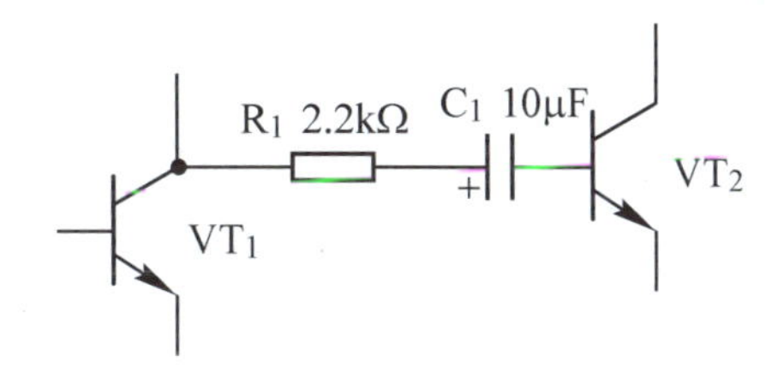

电阻R_1 → 用来防止可能出现的高频振荡，以提高电路工作的稳定性，通常取2.2kΩ

由于音频电路的工作频率低，所以要求耦合电容器容量大，可以采用低频电容器，通常是有极性电解电容器。

集成电路输入耦合电容电路和输出耦合电容电路

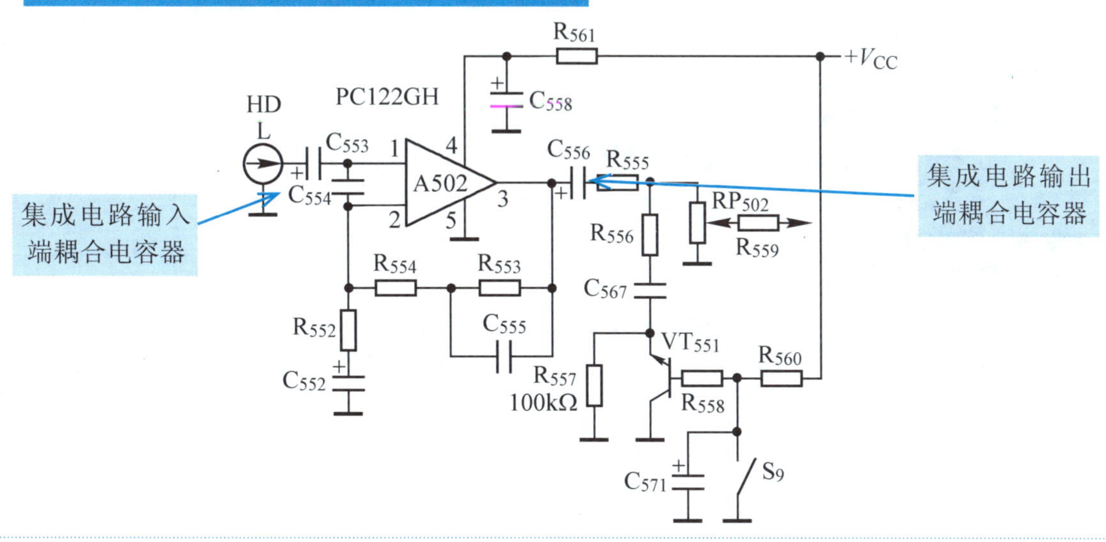

集成电路输入端耦合电容器 → 串联在集成电路 A502 输入端（输入引脚①）的电容 C_{553} 是输入端耦合电容器，因为它在集成电路的输入端，所以被称为输入端耦合电容器

C_{556} → 串联在集成电路 A502 的输出（输出引脚 3）回路中，所以被称为输出端耦合电容器

2.2.9 高频消振电容电路

在常见的音频负反馈放大器中，为消除可能出现的高频自激，采用高频消振电容电路，用来消除可能出现的高频啸叫。

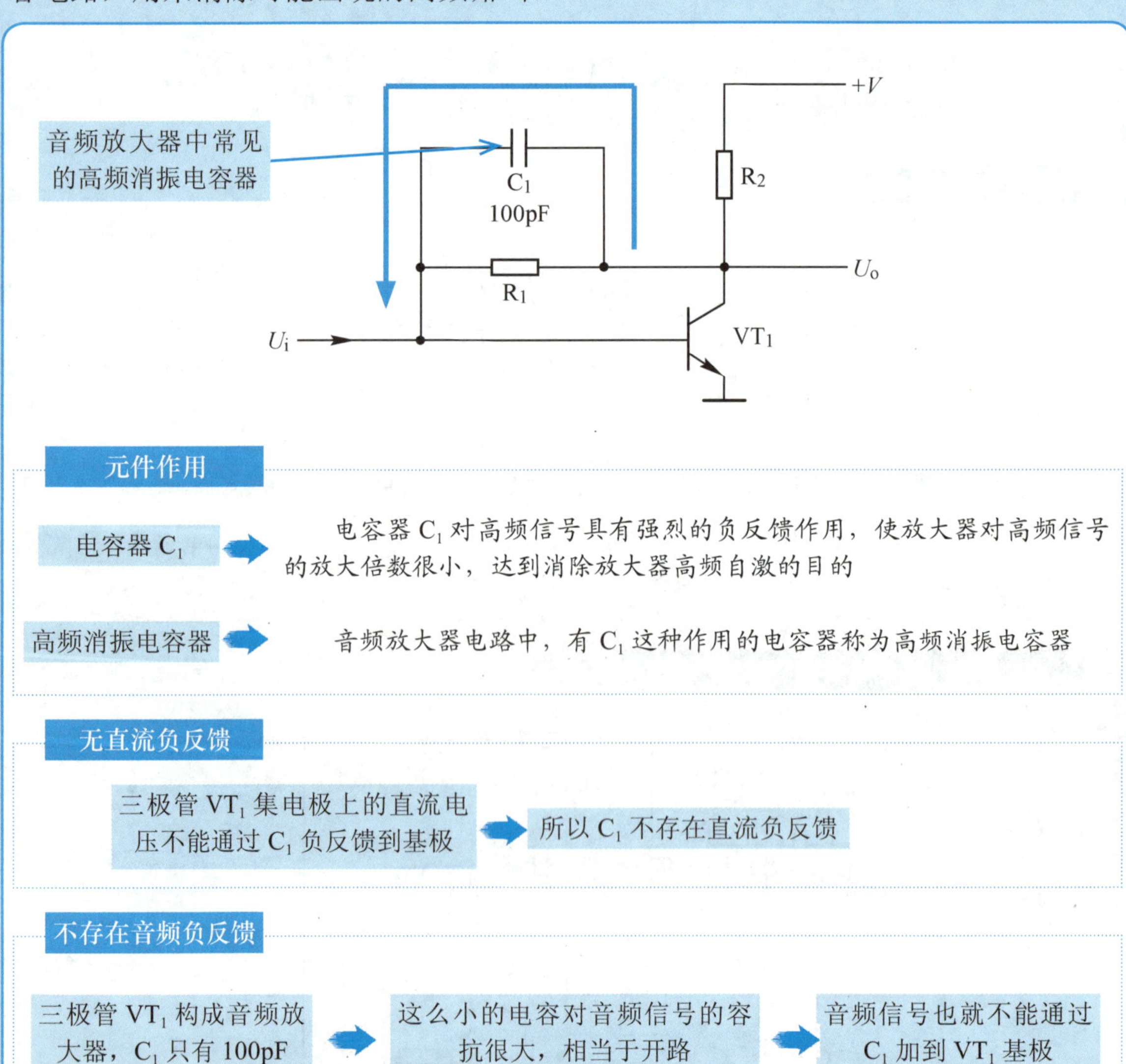

经过以上对电路的分析可以看出，C_1 对音频信号也不存在负反馈作用。

2.3 可变电容器和微调电容器典型应用电路

2.3.1 输入调谐电路

可变电容器和微调电容器最为常见的应用是收音机的输入调谐电路。

典型输入调谐电路

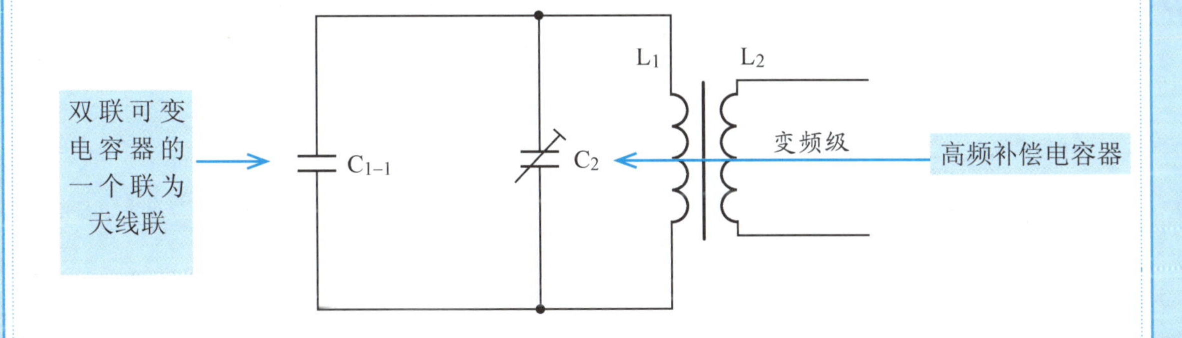

高频补偿电容器 ➡ C_2 是高频补偿电容器，为微调电容器，它通常附设在双联可变电容器上

L_1、L_2 ➡ 磁棒天线中的 L_1、L_2 相当于一个变压器，L_1 是一次绕组，L_2 是二次绕组，L_2 输出 L_1 上的信号

由于磁棒的作用，磁棒天线聚集了大量的电磁波。由于天空中各种频率的电波很多，为了从众多电波中选出所需要频率的电台高频信号，需要用到输入调谐电路。

磁棒天线的一次绕组 L_1 与可变电容器 C_{1-1}、微调电容器 C_2 构成 LC 串联谐振电路 ➡

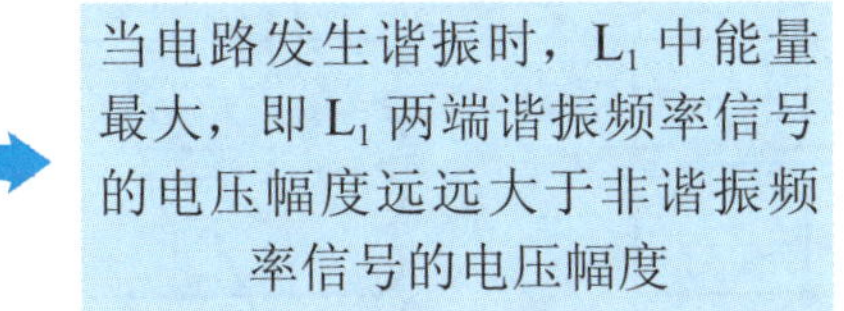
当电路发生谐振时，L_1 中能量最大，即 L_1 两端谐振频率信号的电压幅度远远大于非谐振频率信号的电压幅度 ➡

通过磁耦合从二次绕组 L_2 输出的谐振频率信号幅度为最大

选台过程就是改变可变电容器 C_{1-1} 的容量，从而改变输入调谐电路的谐振频率，这样只要有一个确定的可变电容容量，就有一个与之对应的谐振频率，绕组 L_2 就能输出一个确定的电台信号，从而达到调谐的目的。

在中波、短波 1 和短波 2 三波段收音机电路中，它们的输入调谐电路是彼此独立的，但可变电容器是各波段共用的，通过波段开关可接入所需要的输入调谐电路（主要是各波段的天线绕组）。

实用输入调谐电路

在掌握了输入调谐电路工作原理之后，分析这一电路就相当容易。

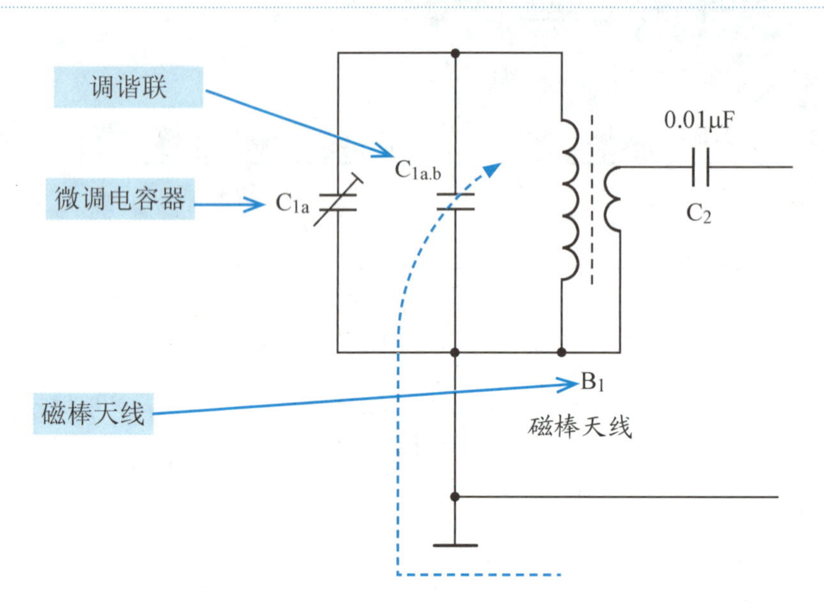

磁棒天线的一次绕组与 $C_{1a.b}$、C_{1a} 构成 LC 串联谐振电路，用来进行调谐，调谐后的输出信号从二次绕组输出，经耦合电容器 C_2 加到后级电路中，即加到变频级电路中。

2.3.2 微调电容电路

在常见的收音机变频级有两个调谐电路，即双联所在的两个调谐电路。

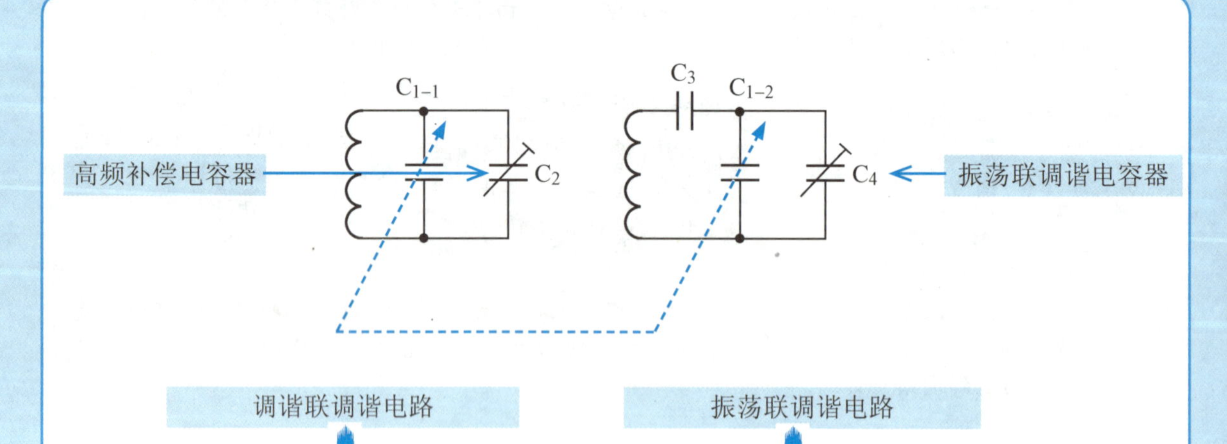

对这两个调谐电路频率的理想要求是：谐振联调谐电路的调谐额率在整个频段内始终高出谐振联的调谐电路频率 465kHz

电容器的选择 ➡ C_2 和 C_4 采用微调电容器，主要是为了调整的方便。

高端统调电路

以收音机中波段为例，在高端 1500kHz 附近接收某一电台信号，如中国国际广播电台（频率为 1521kHz），用无感螺钉旋具调整输入调谐电路中高频补偿电容器 C_2 的容量，使声音达到最响状态。

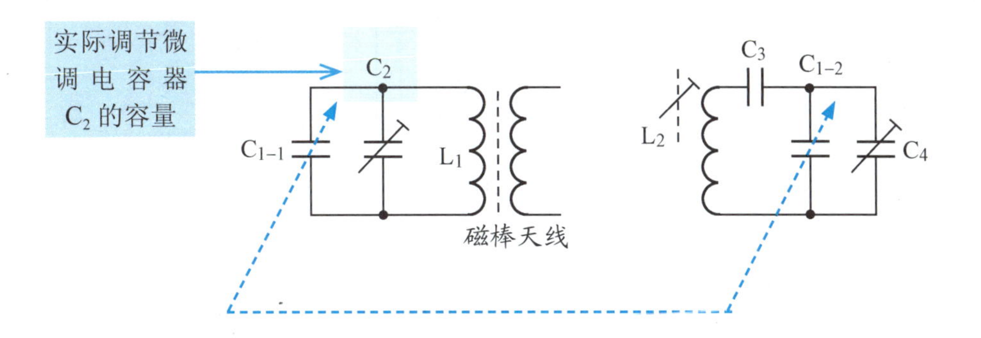

高端振荡频率电路

在高端接收一个中波广播电台信号，如中国国际广播电台，频率为 1521kHz。这时用无感螺钉旋具调整本振谐振电路中的高频补偿电容器 C_4 的容量，使收音机声音处于最响状态。

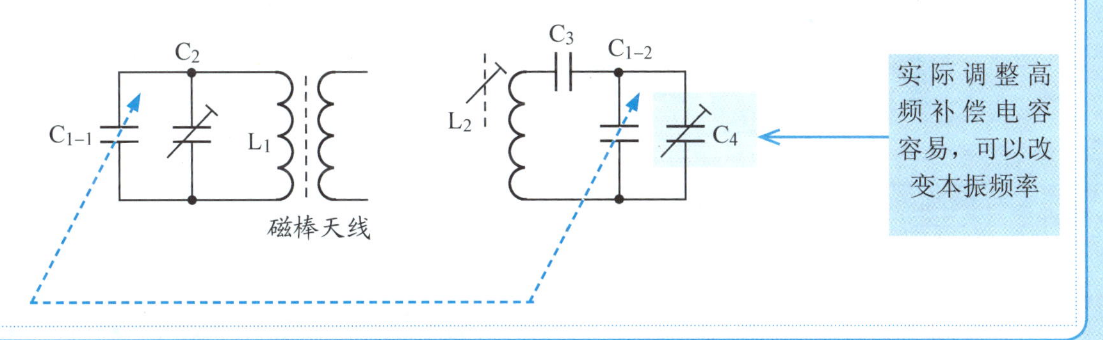

2.3.3 可变电容器其他应用电路

无线供电系统电路

无线供电系统电路是通过电磁发射形式，将电能以磁能的形式发出，让一个距离 10cm 远的用电器进行电能接收。

接收电路

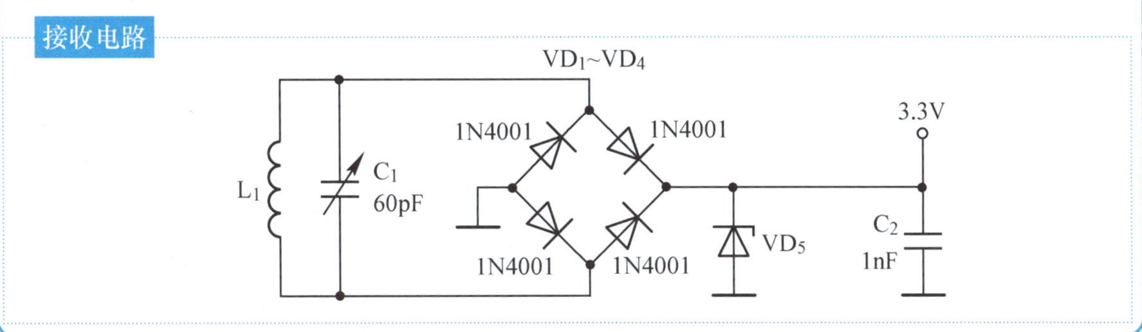

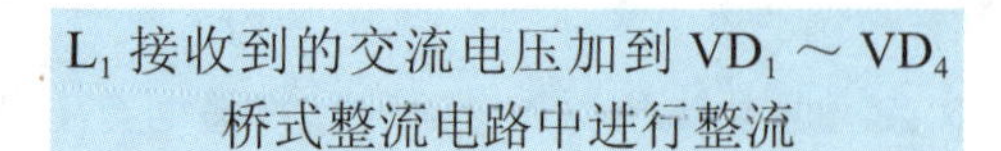

L_1 接收到的交流电压加到 VD_1 ~ VD_4 桥式整流电路中进行整流

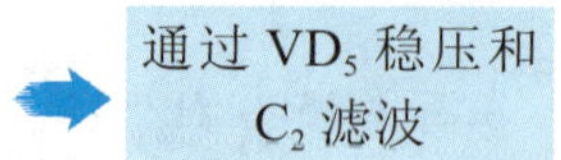

通过 VD_5 稳压和 C_2 滤波

得到 3.3V 直流工作电压

发射电路

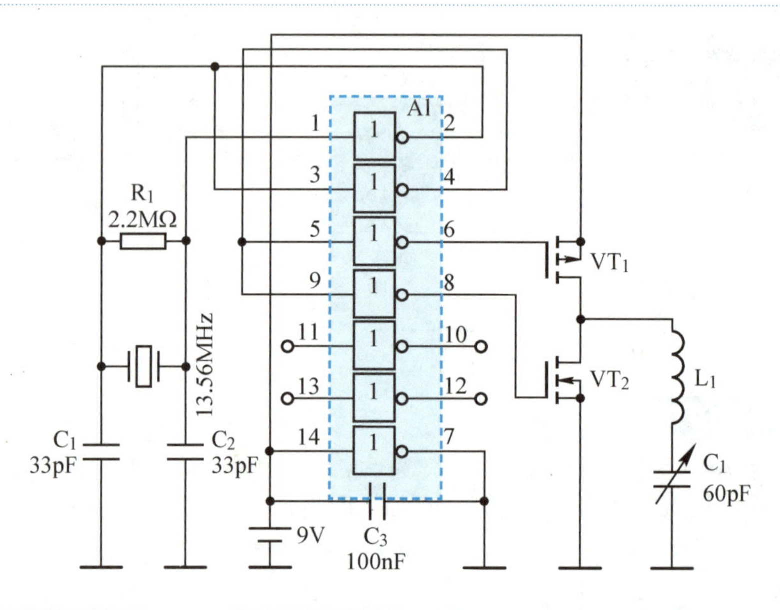

C_1 与接收电感器 L_1 构成一个 LC 串联谐振电路

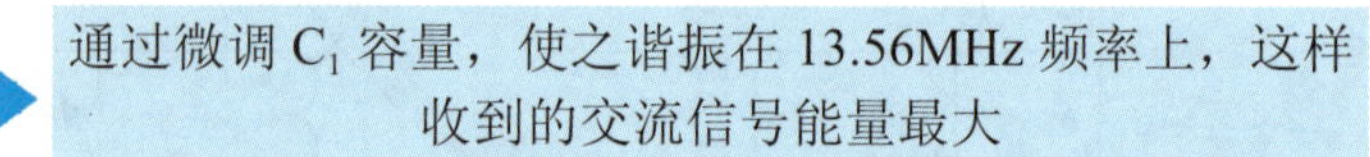

通过微调 C_1 容量，使之谐振在 13.56MHz 频率上，这样收到的交流信号能量最大

脉冲信号发生器频率微调电路

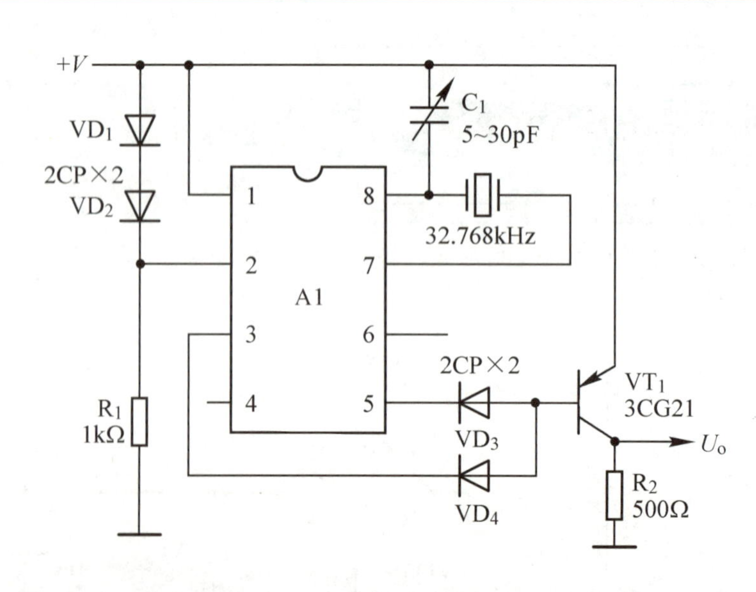

电路中的 C_1 是 5~30pF 的可变电容器，改变 C_1 容量可以改变振荡电路的振荡频率。

第3章

二极管及典型应用电路

3.1 二极管基础知识

3.1.1 二极管的特性

自然界中的物质按导电能力可分为导体、半导体和绝缘体3种。常用的半导体材料有硅（Si）、锗（Ge）等，它们可做成二极管。几乎在所有的电子电路中都要用到二极管，它在许多电路中起着重要的作用，是诞生最早的半导体器件之一。

单向导电特性

二极管的特点是具有单向导电特性。一般情况下只允许电流从正极流向负极，而不允许电流从负极流向正极，如下图所示。

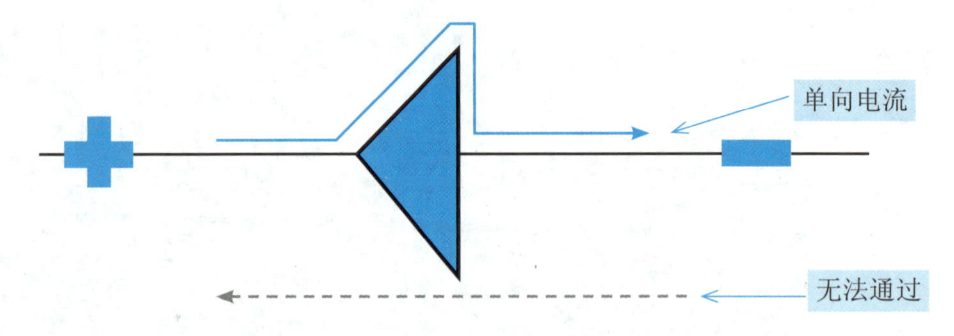

非线性特性

二极管是非线性半导体器件。电流正向通过二极管时，要在PN结上产生管压降U_{VD}。

锗二极管的正向管压降

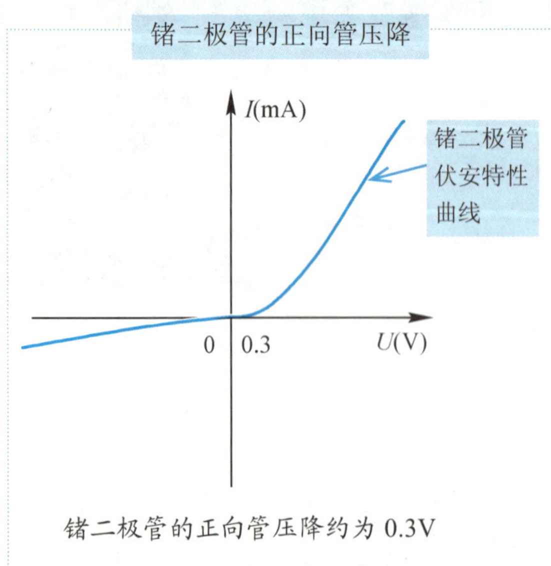

锗二极管的正向管压降约为0.3V

硅二极管的正向管压降

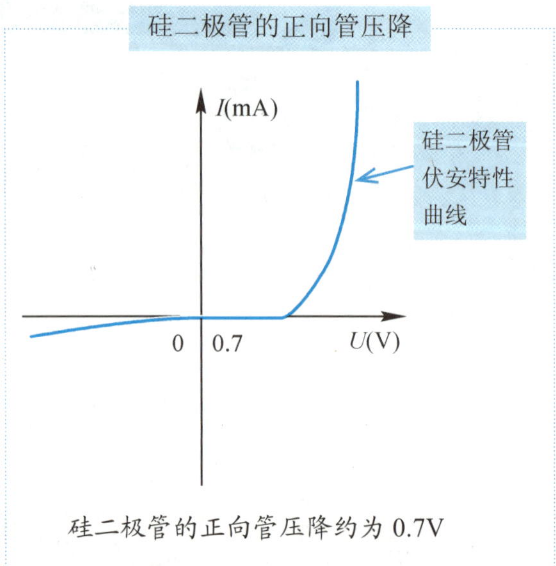

硅二极管的正向管压降约为0.7V

硅二极管的反向漏电流比锗二极管小得多。从伏安特性曲线可见，二极管的电压值与电流值为非线性关系。

二极管的命名规则

国产二极管的型号命名由 5 部分组成

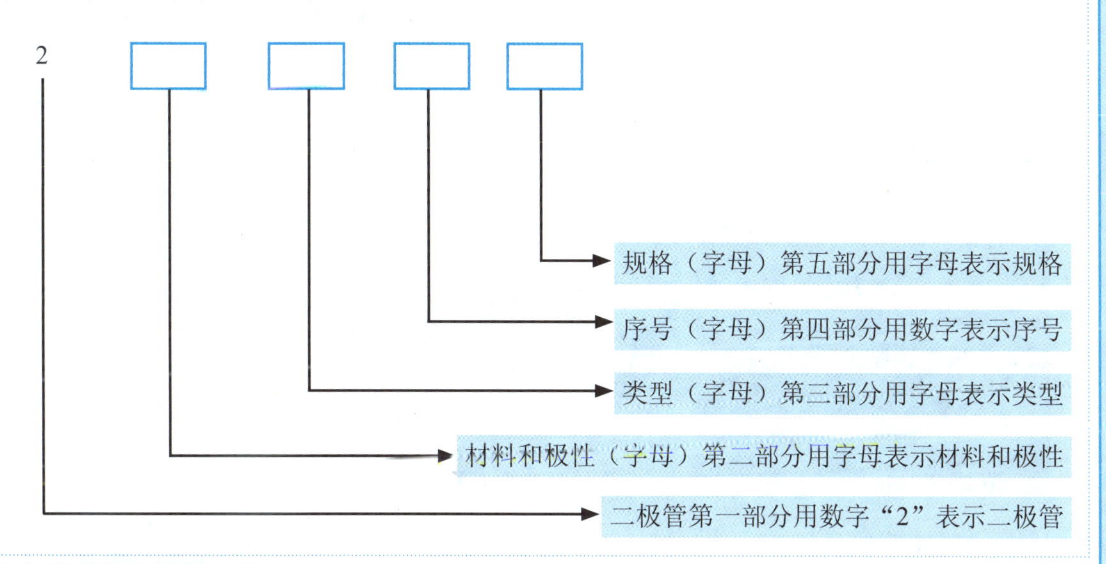

二极管型号意义对照

第一部分	第二部分	第三部分	第四部分	第五部分
2	A：N 型锗材料	P：普通管	序号	规格（可缺）
	B：P 型锗材料	Z：整流管		
	C：N 型硅材料	K：开关管		
	D：P 型硅材料	W：稳压管		
	E：化合物	L：整流堆		
		C：变容管		
		S：隧道管		
		V：微波管		
		N：阻尼管		
		U：光电管		

例如，2AP9 型 → N 型锗材料二极管

2CZ55A → N 型硅材料整流二极管

2CK71B → N 型硅材料开关二极管

二极管正负极标识

二极管两引脚有正、负极之分

在二极管上直接标识

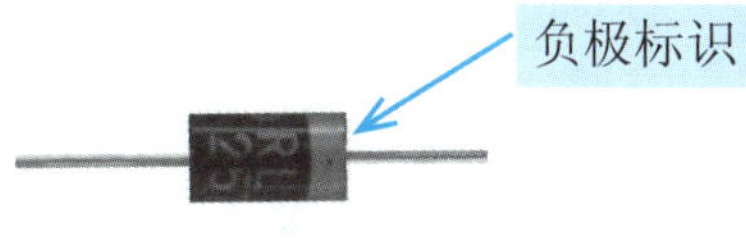

负极标识

3.1.2 二极管的分类

二极管的种类很多，形状大小各异，仅从外观上看，较常见的有玻壳二极管、塑封二极管、金属壳二极管、大功率螺栓型金属壳二极管、微型二极管、片状二极管等。

二极管的常见外形

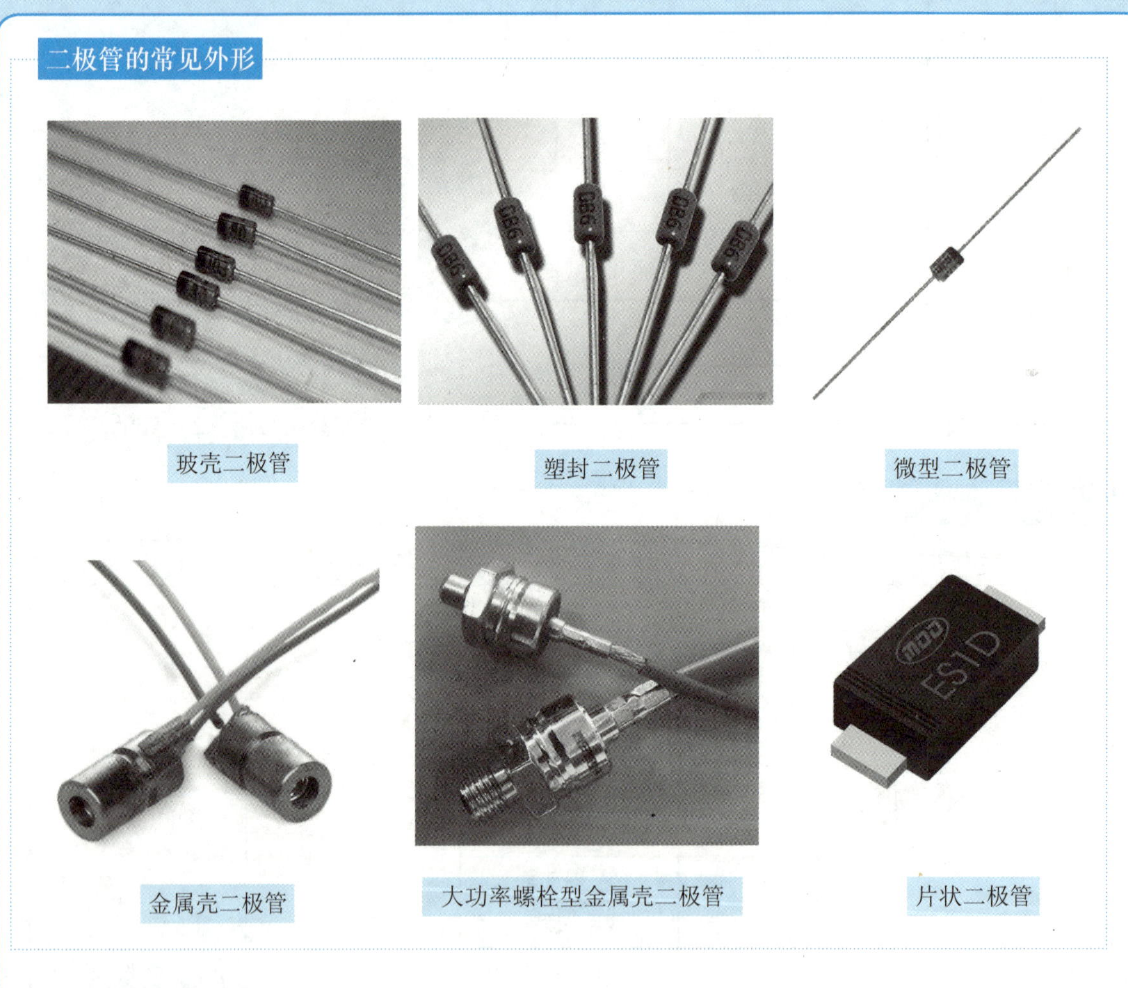

玻壳二极管　塑封二极管　微型二极管

金属壳二极管　大功率螺栓型金属壳二极管　片状二极管

二极管的图形符号

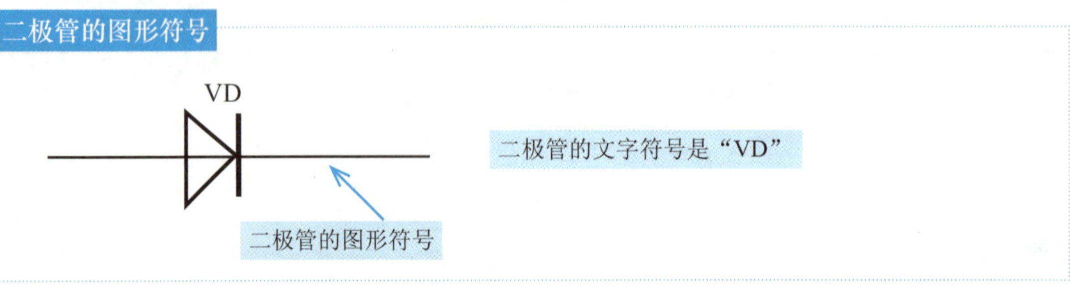

二极管按其制造材料的不同，可分为锗管和硅管两大类，每一类又分为N型和P型；按其制造工艺不同，可分为点接触型二极管和面接触型二极管，如下图所示。

二极管按制造材料和工艺分类

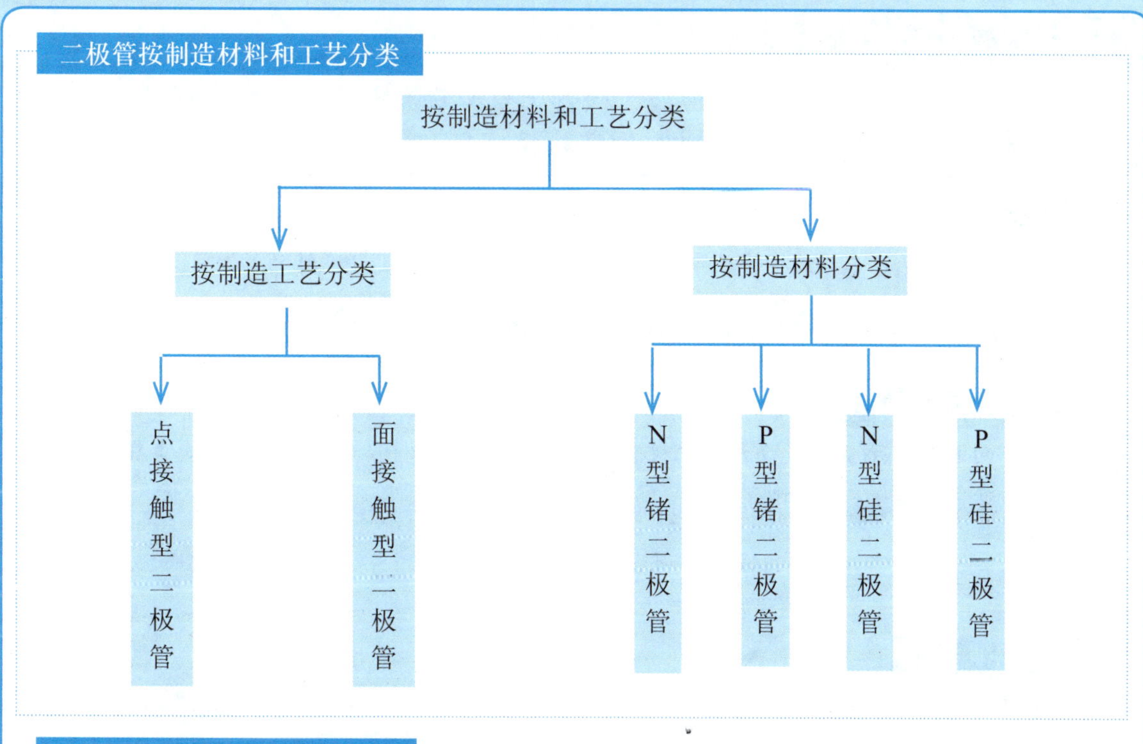

二极管按制造功能和用途分类

二极管按功能与用途不同，可分为一般二极管和特殊二极管两大类，如下图所示。一般二极管包括检波二极管、整流二极管、开关二极管等。特殊二极管主要有稳压二极管、敏感二极管（如磁敏二极管、温度效应二极管、压敏二极管等）、变容二极管、发光二极管、光电二极管、激光二极管等，具体如下所示。

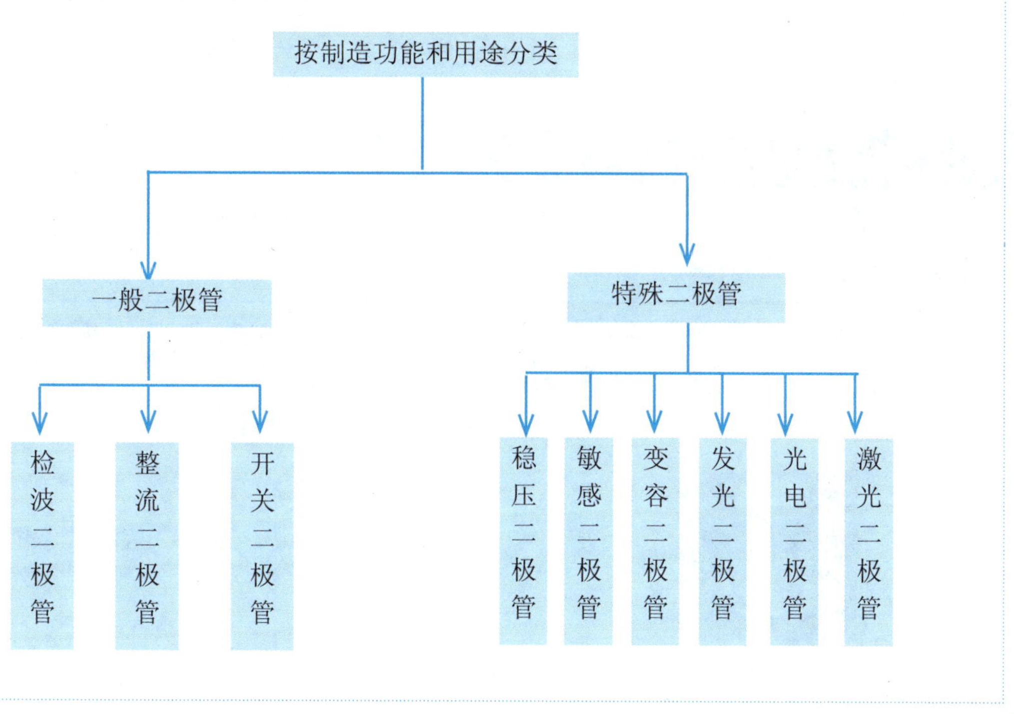

3.1.3 二极管的性能参数

二极管的参数很多，常用的检波二极管、整流二极管的主要参数有最大整流电流 I_{FM}、最大反向电压 U_{RM} 和最高工作频率 f_M。

最大整流电流（I_{FM}）

最大整流电流 I_{FM} 是指二极管长期连续工作时，允许正向通过 PN 结的最大平均电流。

实际使用中工作电流应小于二极管的 I_{FM}  否则会损坏二极管

最大反向电压（U_{RM}）

最大反向电压 U_{RM} 是指反向加在二极管两端而不至于引起 PN 结被击穿的最大电压。

二极管的选用  使用中应选用 U_{RM} 大于实际工作电压 2 倍的二极管

如果实际工作电压的峰值超过 U_{RM}，二极管将被击穿。

最高工作频率 f_M

由于 PN 结极间电容的影响，使二极管所能应用的工作频率有一个上限。f_M 是指二极管能正常工作的最高频率。

作检波或高频整流使用时 → 应选用 f_M 至少 2 倍于电路实际工作频率的二极管  否则不能正常工作

由于制造工艺所限，半导体作为器件参数具有分散性，同一型号管子的参数值会有相当大的差距，因而手册上往往给出的是参数的上限值、下限值或范围。此外，使用时应特别注意手册上每个参数的测试条件，当使用条件与测试条件不同时，参数也会发生变化。

3.1.4 发光二极管

发光二极管是一种发展速度极快、应用十分广泛的发光半导体器件。发光二极管的电路符号为 LED。

当 PN 结加正向电压时  多数载流子在进行扩散运动的过程中相遇而复合，其过剩的能量以光子的形式释放出来  从而产生一定波长的光

发光的颜色取决于所采用的半导体材料。目前使用的有红、绿、黄、蓝、紫等颜色的发光二极管。

发光二极管实物图

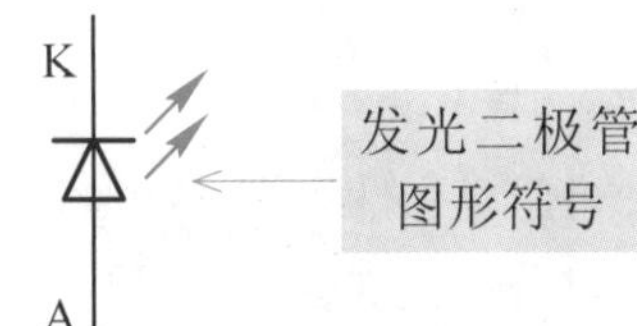

发光二极管图形符号

发光二极管的正向工作电压比普通二极管高，为 1 ～ 2V；反向击穿电压比普通二极管低，约为 5V。一般发光亮度与工作电流有关。

发光二极管的分类

发光二极管  电流驱动型 / 电压驱动型

对于电流驱动型，使用时必须加限流电阻 R_S，R_S 阻值的大小按 $R_S=(U-U_F)/I_F$ 来选择。

发光二极管直流电流驱动电路

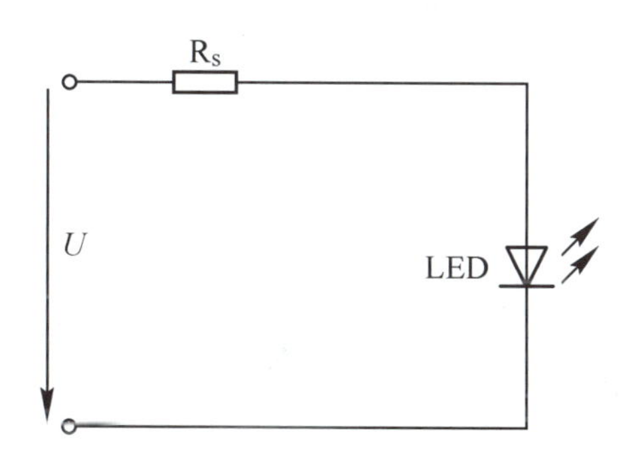

在发光二极管的产品说明或相关手册中，有的给出其正向电流，有的给出发光二极管的最大电流 I_{FM}。

一般 I_F 为 I_{FM} 的 60%。

在实际使用时，为确保发光管长期稳定工作、防止老化，发光二极管的平均工作电流不能高于手册给出的正向电流值 I_F。

部分发光二极管的主要技术参数

型号 \ 技术参数	发光颜色	波长(nm)	最大耗散功率(mW)	最大工作电流(mA)	正向电压(V)	反向电压(V)	反向电流(μA)	材料	封装形式
BT102	红	700	50	20	≤2.5	≥5	≤50	GaP	D、W、C、T
BT103	绿	565	50	20	≤2.5	≥5	≤50	GaP	
BT104	黄	585	50	20	≤2.5	≥5	≤50	GaP	
BT111	红	650	50	20	≤2	≥5	≤50	GaAsP	
BT116-X(高亮)	红	660	100	20	≤2.5	≥5	≤100	GaAlAs	

3.1.5 硅稳压二极管

硅稳压二极管是一种能稳定电压的二极管。

其正向特性曲线与普通二极管相似，反向特性段比普通二极管更陡些，稳压管正常工作在反向击穿区 AB 段内。

在 AB 段反向电流在 $I_{Zmin}\sim I_{Zmax}$ 变化时，稳压二极管两端电压变化很小，起到稳压作用

若反向电流小于 I_{Zmin}，稳压二极管将工作在特性曲线的弯曲部分，稳压二极管两端电压不能保持稳定

若反向电流大于 I_{Zmax} 时，稳压二极管可能过热而损坏

因此，在应用中，稳压二极管通常要串联一个电阻来限制电流。

稳压二极管的符号图及伏安特性

符号图

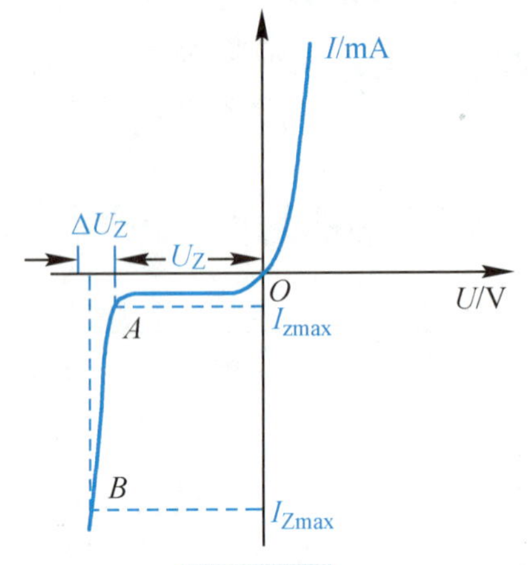

伏安特性

稳压二极管的主要参数：稳定电压 U_Z

稳定二极电压 U_Z 是指在规定测试条件下，稳压二极管工作在击穿区时的稳定电压值。

由于制造工艺的原因，同型号稳压二极管的稳压值不可能都相等。

但对每一个稳压二极管来说，对应一定的工作电流只有一个确定值，选用时应以实际测量值为准。

如 2CW53 型硅稳压二极管，在测试电流 I_Z=10mA 时稳定电压 U_Z 为 4.0 ～ 5.8V。

稳压二极管的主要参数：最大稳定电流 I_{Zmax}

最大稳定电流I_{Zmax}是指稳压二极管长期工作时允许通过的最大反向电流。

2CW53 型稳压二极管的 I_{Zmax}=41mA

使用稳压二极管时，工作电流不允许超过 I_{Zmax}，否则可能会过热而烧坏稳压二极管

稳压二极管的主要参数：稳定电流 I_Z

稳定电流I_Z是指稳压二极管在稳定电压下的工作电流，其范围为 I_{Zmin} ～ I_{Zmax}。

稳压二极管的主要参数：耗散功率 P_{ZM}

耗散功率 P_{ZM} 是指稳压二极管稳定电压 U_Z 与最大稳定电流 I_{Zmax} 的乘积。

在使用中若超过这个数值

稳压二极管将被烧坏

稳压二极管的主要参数：动态电阻 r_Z

动态电阻 r_Z 是指稳压二极管工作在稳压区时，两端电压变化量与电流变化量之比

即 $r_Z=\Delta U_Z/\Delta I_Z$

动态电阻越小，稳压性能越好

最简单的硅稳压二极管稳压电路

电路在正常工作时，负载 R_L 两端的直流电压 U_o 等于稳压二极管的稳定电压 U_Z。

R 为限流电阻

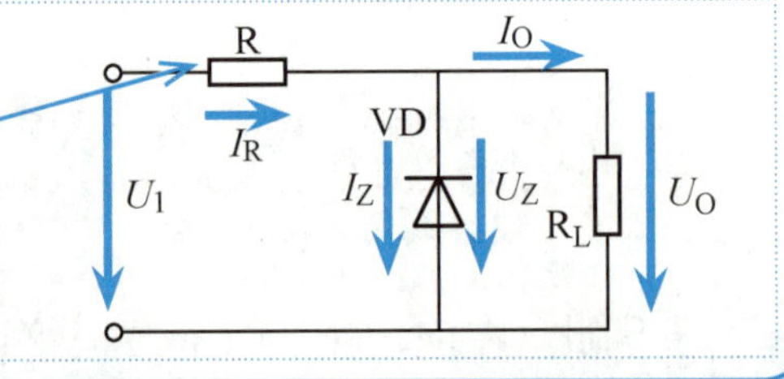

3.2 二极管整流电路

3.2.1 半波整流电路

半波整流电路中可使用一只整流二极管构成一组整流电路。

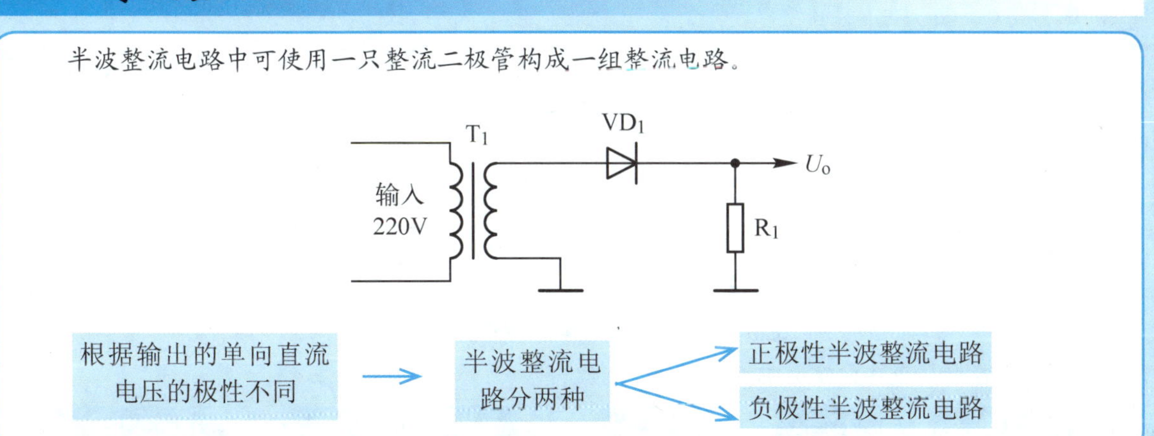

正极性半波整流电路

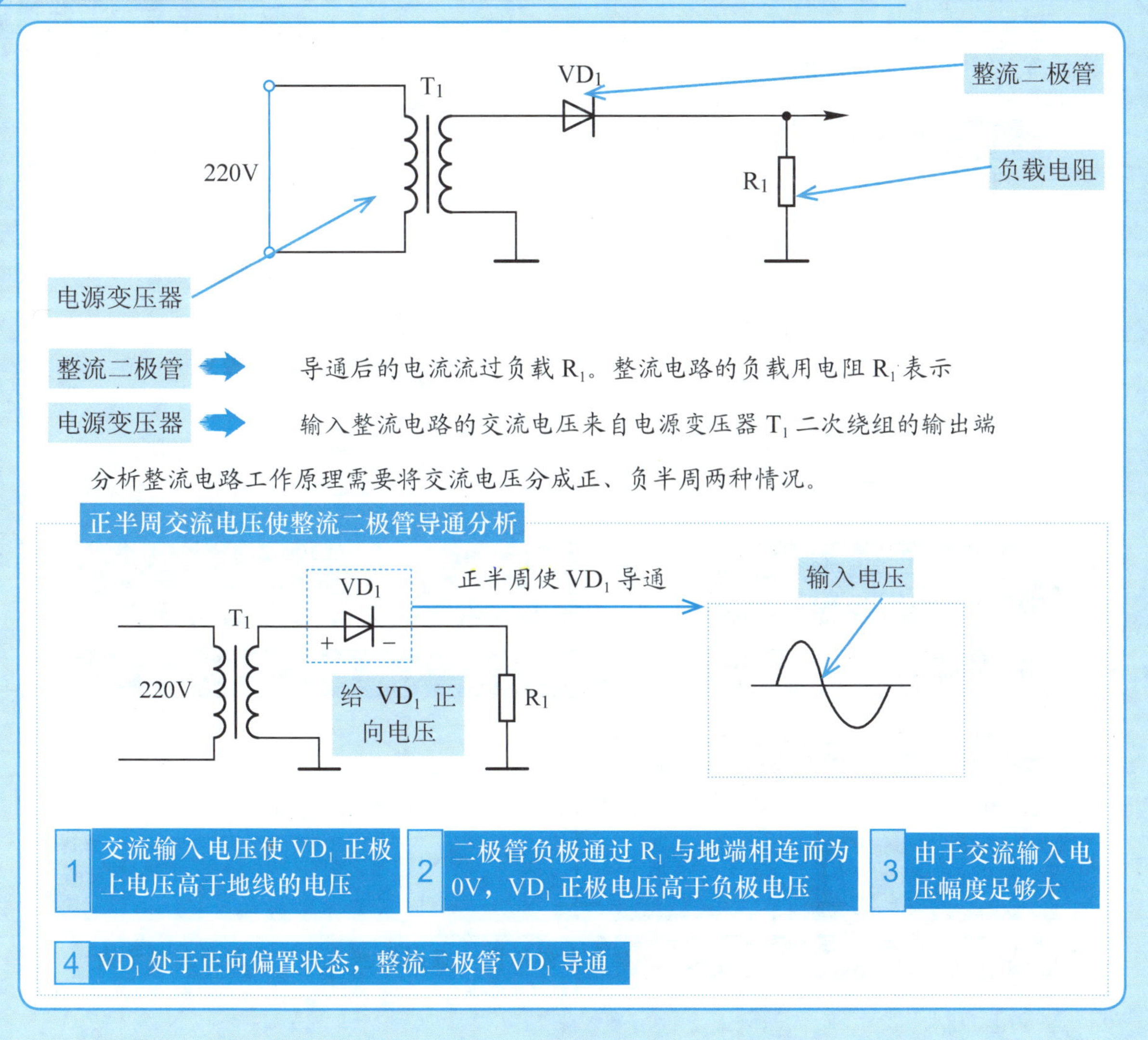

整流二极管：导通后的电流流过负载 R_1。整流电路的负载用电阻 R_1 表示

电源变压器：输入整流电路的交流电压来自电源变压器 T_1 二次绕组的输出端

分析整流电路工作原理需要将交流电压分成正、负半周两种情况。

VD_1 导通时的电流回路分析

通过对整流二极管导通时电流回路的分析，可以进一步理解整流电路的工作原理，具体见下图。

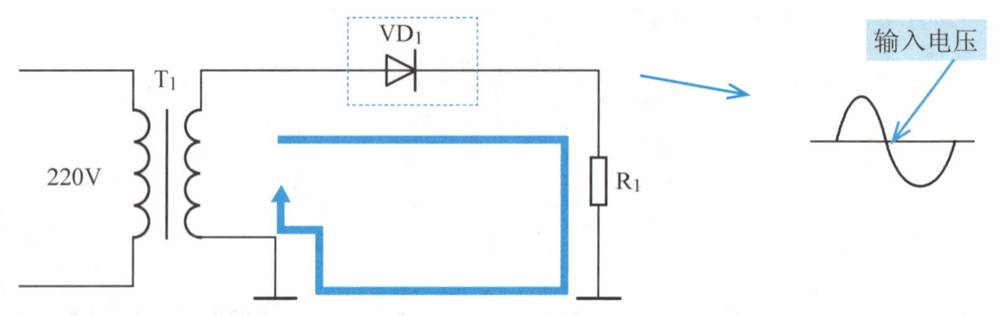

VD_1 导通时的电流回路如下：

1 T_1 二次绕组上端 → 2 VD_1 正极 → 3 VD_1 负极 → 4 电阻 R_1 → 5 地线 → 6 T_1 二次绕组下端

通过对整流二极管导通时电流回路的分析，有利于整流电路的故障分析和检修，在整流电流回路中任意一个点出现开路故障，都将造成整流电流不能构成回路。

输出电压极性分析

下图箭头所指为 VD_1 导通电流。

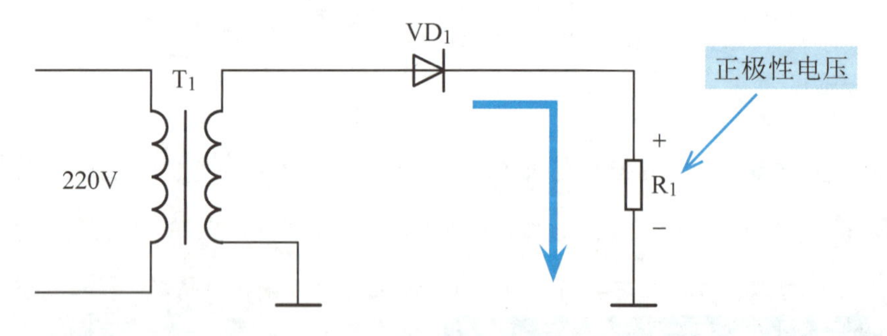

1 正极性整流电路中，整流电路输出电流自上而下地流过电阻 R_1

2 在 R_1 上的电压降为输出电压

3 因为输出电压为单向脉动直流电压，所以它有正、负极

4 在 R_1 上的输出电压为上正下负，见上图中电阻 R_1

负半周交流电压使整流二极管截止分析

交流输入电压变化到负半周之后，交流输入电压使 VD_1 正极电压低于它的负极电压。

1 VD_1 正极电压为负，VD_1 负极接地，电压为 0V

2 VD_1 在负半周电压的作用下处于反向偏置状态

3 整流二极管截止，相当于开路，电路中无电流流动

4 R_1 上也无电压降，整流电路的输出电压为 0（见下图）

VD₁ 反向偏置示意图

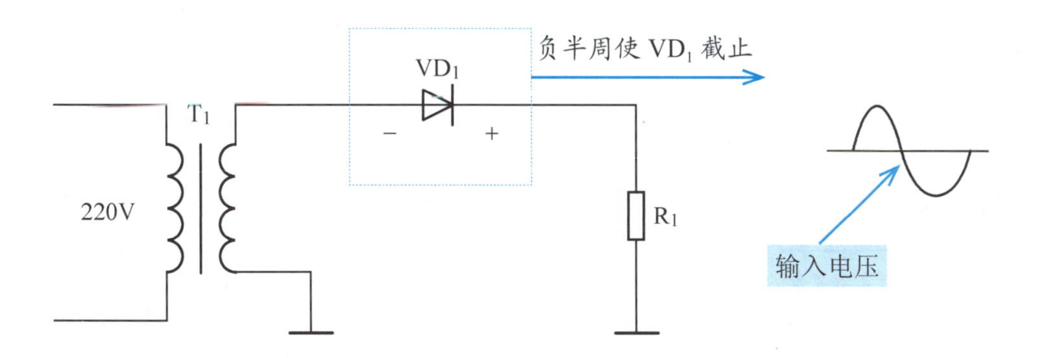

交流输入电压下一个周期期间，第二个正半周电压到来时，整流二极管再次导通；负半周电压到来时整流二极管再度截止，从此不断导通、截止交替变化。

输出电压特性分析

整流二极管在交流输入电压正半周期间一直为正向偏置而处于导通状态，由于正半周交流输入电压大小在变化，所以流过 R_1 的电流大小也在变化，整流电路输出电压大小也在相应地变化，并与输入电压的半周波形相同。

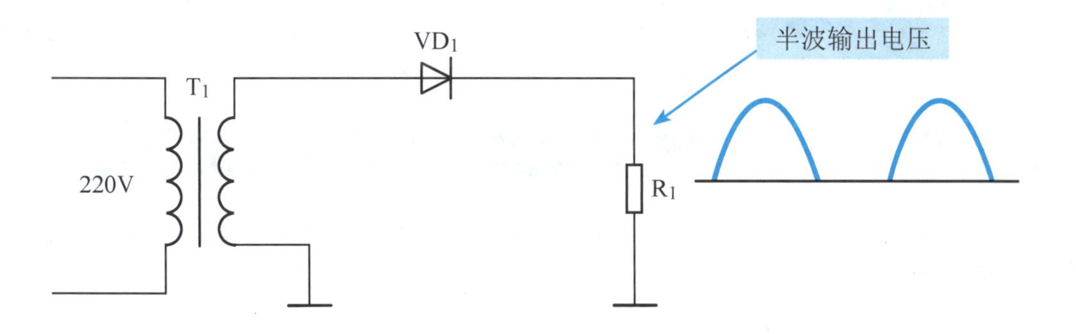

1 通过整流电路，将输入电压的负半周切除

2 得到只有正极性（正半周）的单向脉动直流输出电压

单向脉动直流电压就是只有一连串半周的正弦波电压，如果整流电路保留的是正半周，输出则是正极性单向脉动直流电压。

负极性半波整流电路

下图是负极性半波整流电路，电路中的 VD_1 是整流二极管。在负极性半波整流电路中，整流二极管的负极接交流输入电压 U_i 端。

输出电压波形示意图

负极性半波整流电路与正极性半波整流电路相似，交流输入电压 U_i 正半周电压使整流二极管 VD_1 负极电压高于正极电压，整流二极管 VD_1 处于截止状态，电路中无电流。

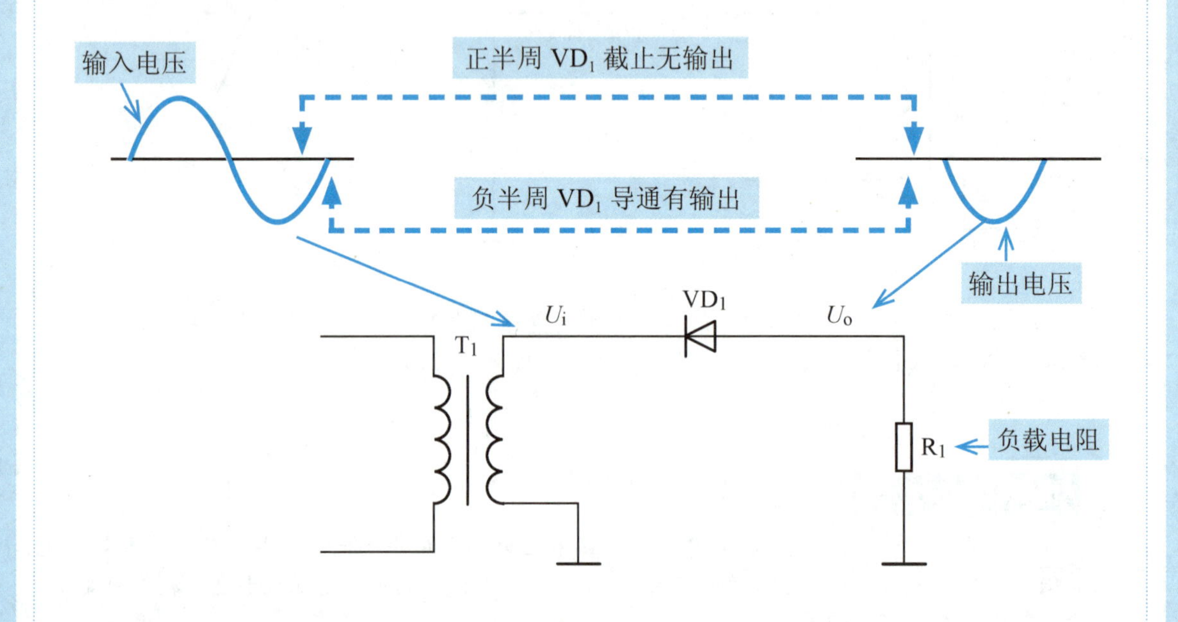

交流输入电压变化到负半周时	➡	负电压加到 VD_1 负极，VD_1 正极通过 R_1 接地，此时地线电压远高于 VD_1 负极电压，所以交流输入电压使整流二极管 VD_1 的负极电压低于正极电压，VD_1 处于导通状态

有电流流过整流二极管时电流回路 ➡ 1 地线 → 2 电阻 R_1 → 3 二极管 VD_1 正极 → 4 VD_1 负极

这一电流是自下而上地流过电阻 R_1，在电阻 R_1 上电压的极性为下正上负，所以是负极性半波整流电路。

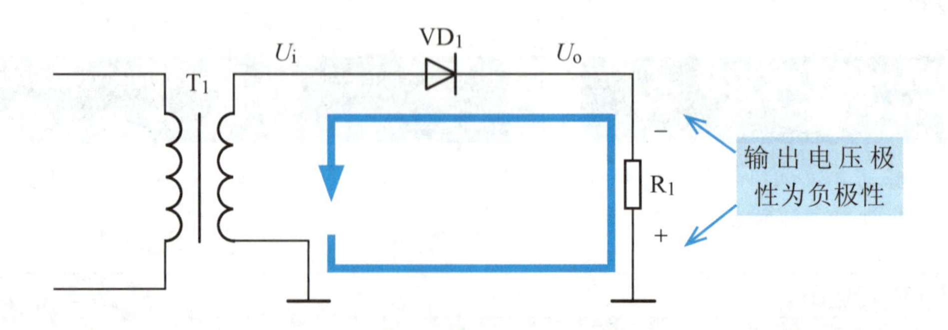

从输出电压 U_O 波形可以看出，输出电压只是保留了交流输入电压的负半周，而将正半周电压去除。交流电压去掉半周后就是单向脉动直流电压，整流电路中的整流二极管就是要去掉交流输入电压的半周。

正、负极性半波整流电路

电子电器中许多情况下需要电源电路能够同时输出正极性和负极性的直流工作电压，正、负极性半波整流电路可以实现这一功能。

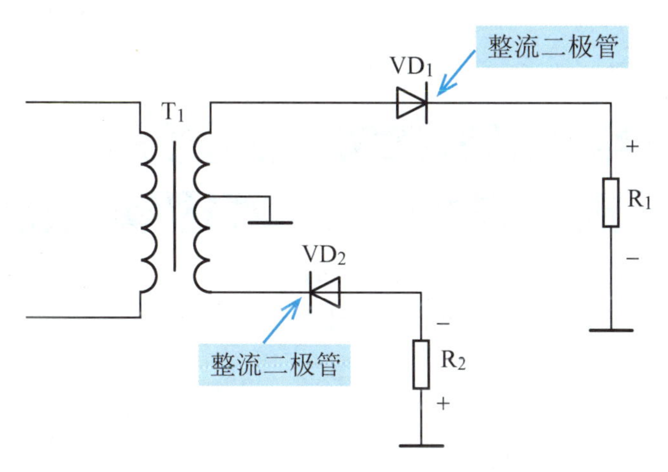

上图是正、负极性半波整流电路。电路中 T_1 是电源变压器，它的二次绕组中有一个抽头，抽头接地，这样抽头之上和之下分成两个绕组，分别输出两组 50Hz 的交流电压。

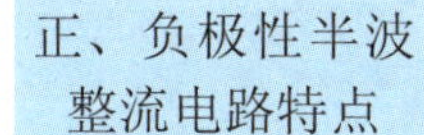

这种电路也是半波整流电路，只是将两种极性的半波整流电路整合在一起

电路分析关键点

确定二次绕组抽头接地，这样将电源变压器二次绕组分成两组，由此可以知道二次绕组可以输出两组交流低电压

同时，确定整流电路类型。确定两组二次绕组构成的半波整流电路，每组绕组回路中只用了一只二极管

二次抽头以上绕组与 VD_1 和 R_1 构成一组半波整流电路

二次抽头以下绕组与 VD_2 和 R_2 构成另一组半波整流电路

最后，分析电流回路。分析两组整流电路工作原理和电路回路，并确定直流输出电压的极性。

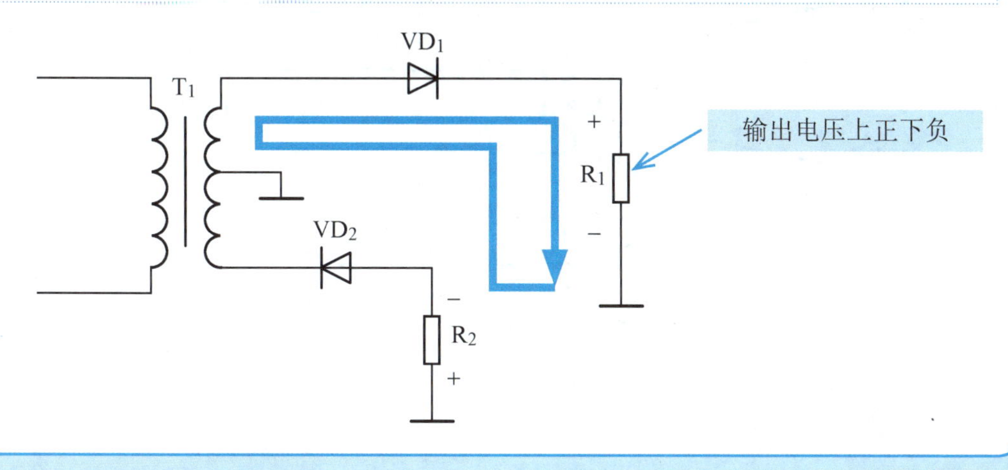

整流二极管 VD_1 导通时的回路电流自上而下地流过负载电阻 R_1，在 R_1 上的电压降方向是上正下负，所以是正极性电压。

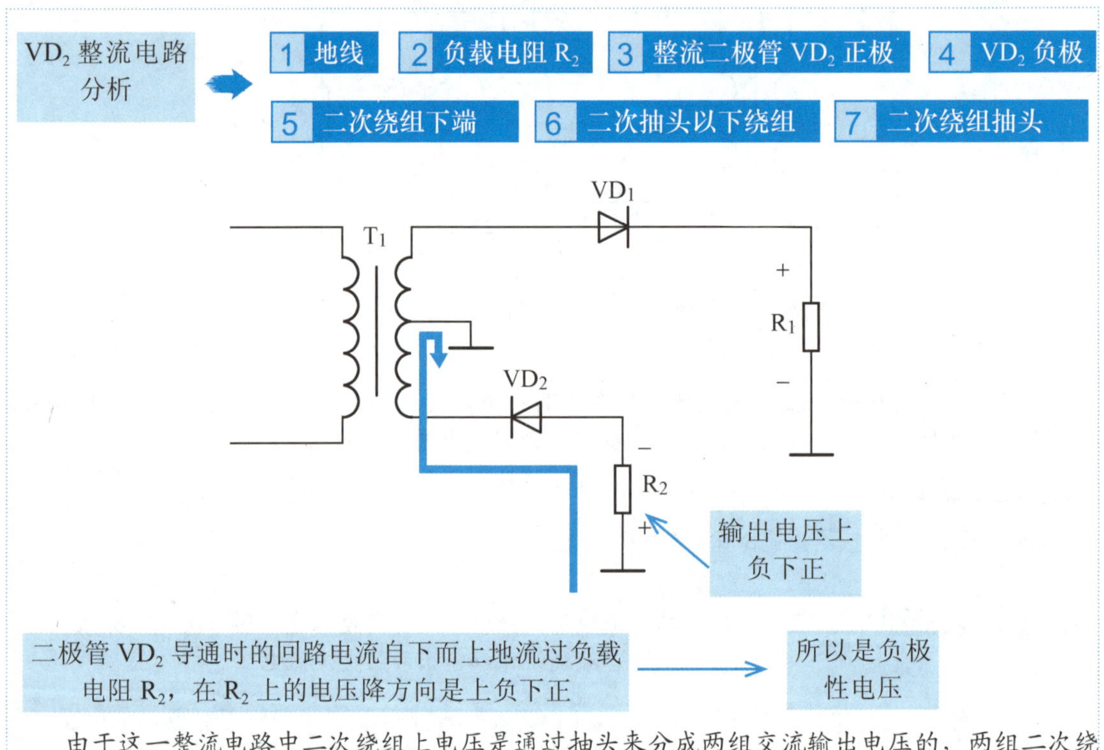

由于这一整流电路中二次绕组上电压是通过抽头来分成两组交流输出电压的，两组二次绕组之间的耦合较紧，相互间容易引起干扰，所以该整流电路的抗干扰能力较差。

两组二次绕组的正、负极性半波整流电路

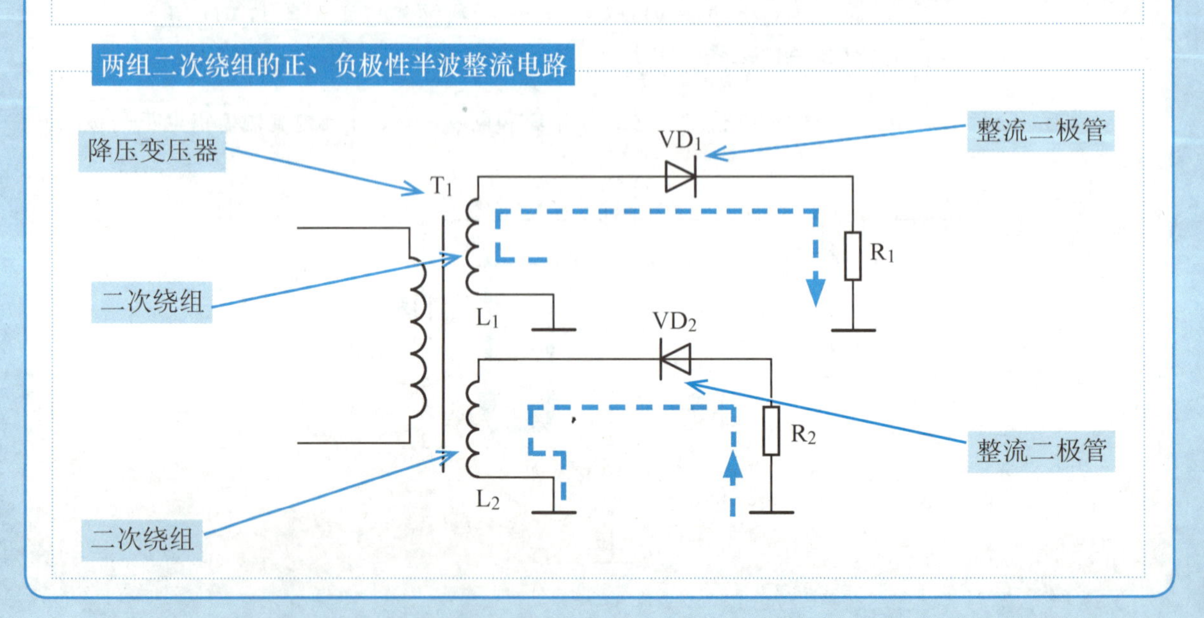

L_1、VD_1、R_1 和 L_2、VD_2、R_2 分别构成两组半波整流电路，R_1 和 R_2 分别是两个整流电路的负载。

VD_1 整流电路分析

电路结构特点 ➡ 电源变压器 T_1 有两组独立的二次绕组 L_1 和 L_2。

两只整流二极管 VD_1 和 VD_2 的连接方法不同，VD_1 正极接绕组 L_1，VD_2 负极接绕组 L_2，所以这是两个能够输出不同极性直流电压的半波整流电路

VD_1 整流电路分析 ➡ 二次绕组 L_1 输出交流电压为正半周期间，正半周交流电压使 VD_1 导通，这样正半周电压加到负载电阻 R_1 上。

流过负载 R_1 的电流回路如下：

1 二次绕组 L_1 的下端 → 2 二次绕组 L_1 → 3 二极管 VD_1 正极 → 4 VD_1 负极 → 5 负载电阻 R_1 → 6 地线

在二次绕组 L_1 输出交流电压的负半周期间，由于加到 VD_1 正极上的电压为负半周电压，VD_1 截止，这时 VD_1 不导通，负载电阻 R_1 没有输出电压。

一个周期内只有交流电压的正半周能够加到负载 R_1 上 → 因此这一半波整流电路只能输出正半周的单向脉动直流电压

VD_2 整流电路分析

流过负载电阻 R_2 的电流回路如下：

1 地线 → 2 负载电阻 R_2 → 3 VD_2 正级 → 4 VD_2 负极 → 5 二次绕组 L_2 上端 → 6 二次绕组 L_2

VD_2 整流电路分析 ➡ 在二次绕组 L_2 输出负半周交流电压期间，负极性电压加到 VD_2 的负极，这样 VD_2 导通，负半周交流电压通过 VD_2 加到负载电阻 R_2 上。

在二次绕组交流电压正半周期间，由于加到 VD_2 负极上的电压为正 → VD_2 截止，负载电阻 R_2 上没有输出电压

在交流电压的一个周期内，只有交流电压的负半周能够加到 R_2，因此这一半波整流电路只能输出负半周的单向脉动直流电压。

3.2.2 全波整流电路

全波整流电路中使用两只整流二极管构成一组整流电路。根据输出的单向脉动直流电压极性的不同，全波整流电路有两种：正极性全波整流电路和负极性全波整流电路。

正极性全波整流电路

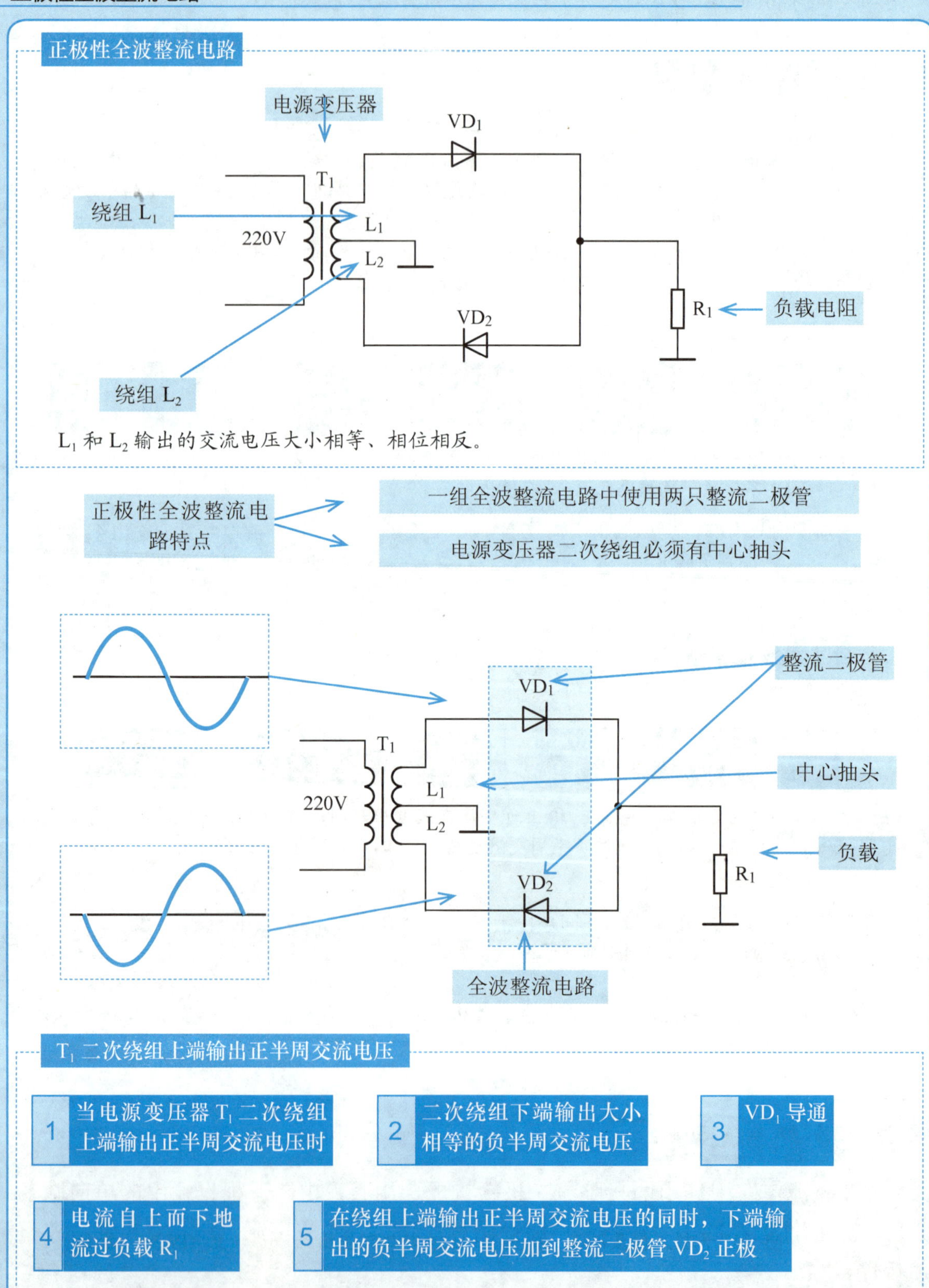

正极性全波整流电路
电源变压器
VD1
T1
绕组 L1
220V
L1
L2
R1
负载电阻
VD2
绕组 L2
L1 和 L2 输出的交流电压大小相等、相位相反。
正极性全波整流电路特点
一组全波整流电路中使用两只整流二极管
电源变压器二次绕组必须有中心抽头
整流二极管
VD1
T1
中心抽头
220V
L1
L2
负载
R1
VD2
全波整流电路
T1 二次绕组上端输出正半周交流电压
1 当电源变压器 T1 二次绕组上端输出正半周交流电压时
2 二次绕组下端输出大小相等的负半周交流电压
3 VD1 导通
4 电流自上而下地流过负载 R1
5 在绕组上端输出正半周交流电压的同时，下端输出的负半周交流电压加到整流二极管 VD2 正极

6 VD_2反向偏置，不能使VD_2导通，VD_2处于截止状态

所以在交流电压为正半周期间，通过VD_1输出正极性单向脉动直流电压。

T_1二次绕组上端输出正半周交流电压

1 T_1二次绕组输出交流电压变化到另一个半周

2 二次绕组上端输出的负半周交流电压加到VD_1正极

3 使VD_1反向偏置，VD_1截止

4 二次绕组下端输出正半周交流电压，给VD_2提供正向偏置电压而使之导通

流过整流电路负载电阻R_1的电流仍然是自上而下，所以也是输出正极性的单向脉动直流电压

交流电第二个周期开始后重复上述整流过程。

这一全波电路的分析过程中要注意的电路细节

整流二极管VD_1导通时的电流回路如下：

1 二次绕组L_1上端

2 整流二极管VD_1正极

3 VD_1负极

4 R_1

5 地端

6 二次绕组中心抽头

7 二次绕组L_1

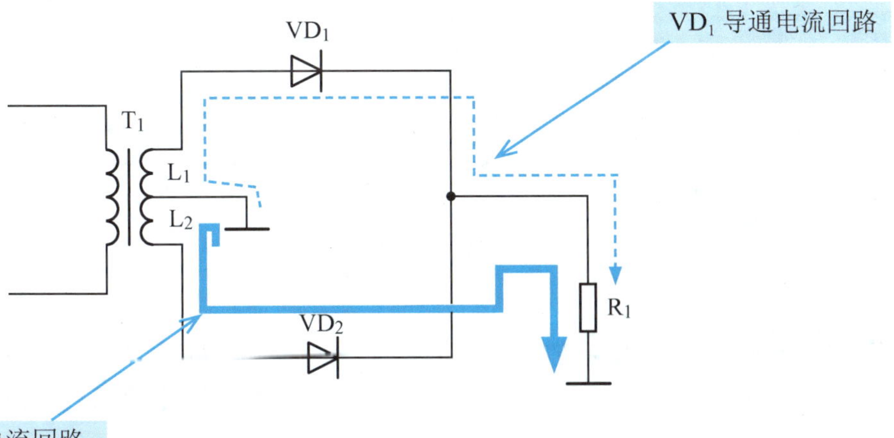

整流二极管VD_2导通时的电流回路如下：

1 二次绕组L_2下端流出

2 整流二极管VD_2正极

3 VD_2负极

4 负载电阻R_1

5 地线

6 二次绕组中心抽头

7 二次绕组L_2

全波整流电路与半波整流电路不同，全波整流电路能够将交流电压的负半周电压转换成负载上的正极性单向脉动直流电压，且将负半周电压转换成正半周（见下页图）。

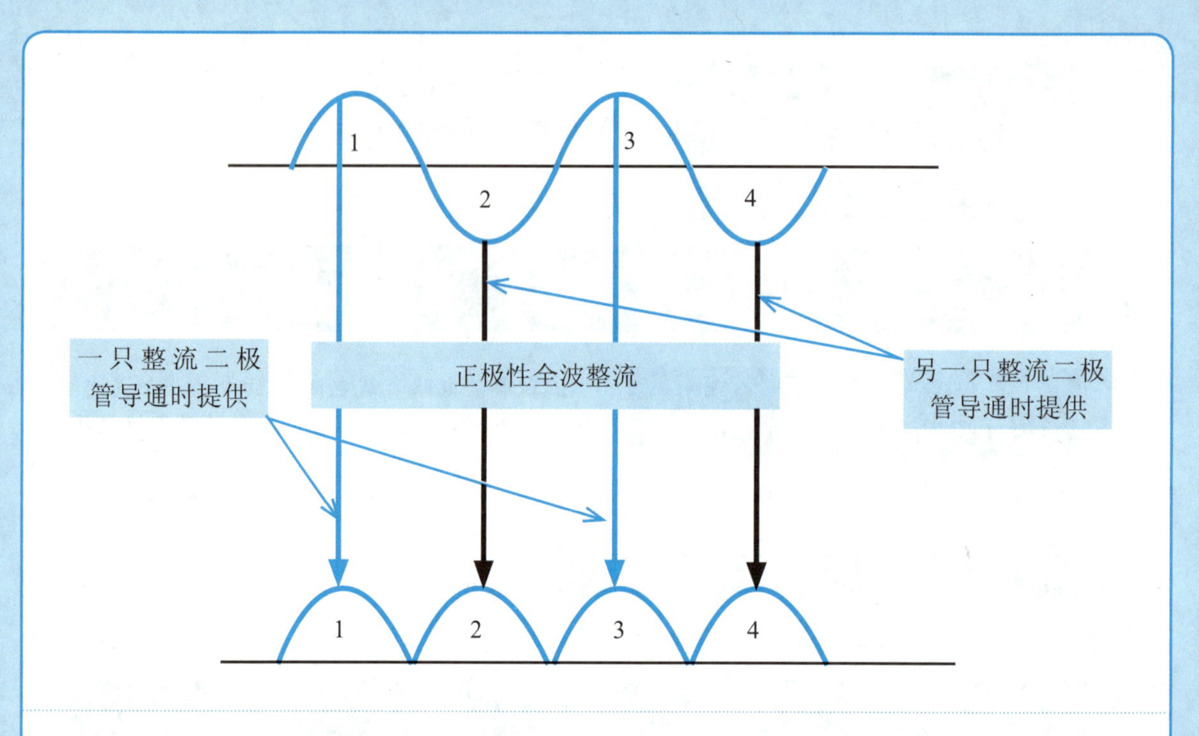

全波整流电路输出的单向脉动直流电压中会有大量的交流成分，其交流成分的频率是交流输入电压的2倍（见下图）。

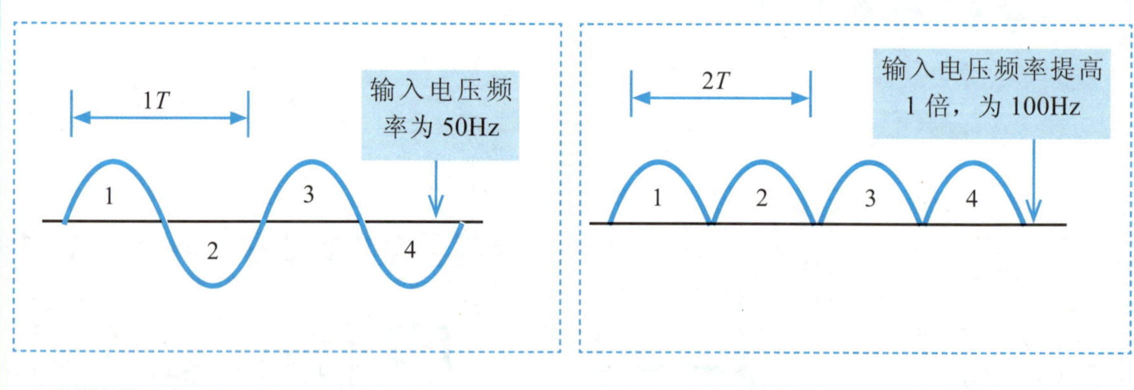

因为将交流输入电压的负半周电压转换成了正半周电压 → 所以频率提高了1倍，为100Hz，全波整流电路的这一特点有利于滤波电路的工作

对滤波电路而言，在滤波电容器的容量一定时，交流电的频率越高，滤波效果越好。

因为交流输入电压的正、负半周都被作为输出电压 → 所以全波整流电路的效率高于半波整流电路

负极性全波整流电路

下图是负极性全波整流电路。电路中的两只整流二极管的负极与电源变压器 T_1 的二次绕组相连。

负极性全波整流电路

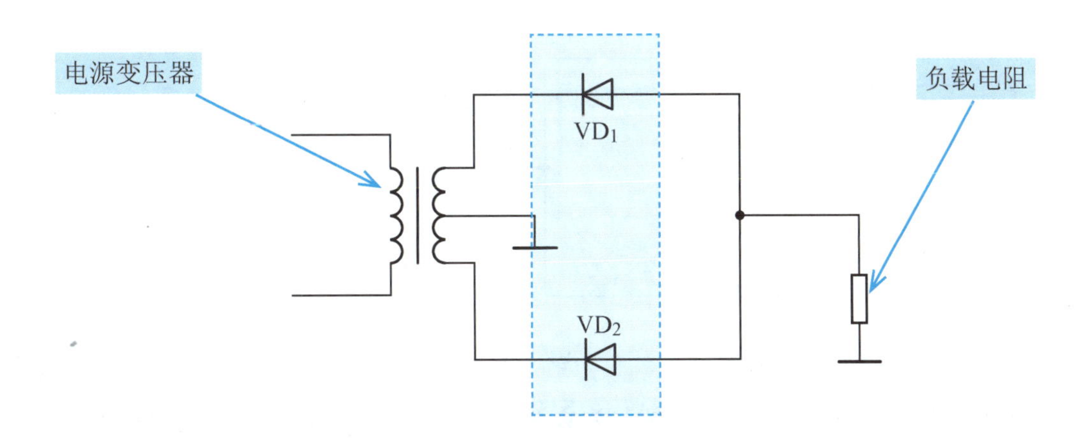

负极性全波整流电路与正极性全波整流电路	都是采用两只整流二极管构成一组整流电路，交流电压输入电路一样，不同之处是负极性全波整流电路两只整流二极管负极与电源变压器的二次绕组两端相连接，而不是正极
负极性全波整流电路的工作原理分析方法	与正极性全波整流电路相同，只是整流二极管导通时电流流向是自下而上地流过负载电路，这一点在理解上有点困难

判断正、负极性直流电压的方法

从地线流出的电流流过整流电路负载电阻时 → 输出的是负极性的单向脉动直流电压 → 而电流经过负载流到地线时，则输出正极性单向脉动直流电压

VD_2 导通电路分析

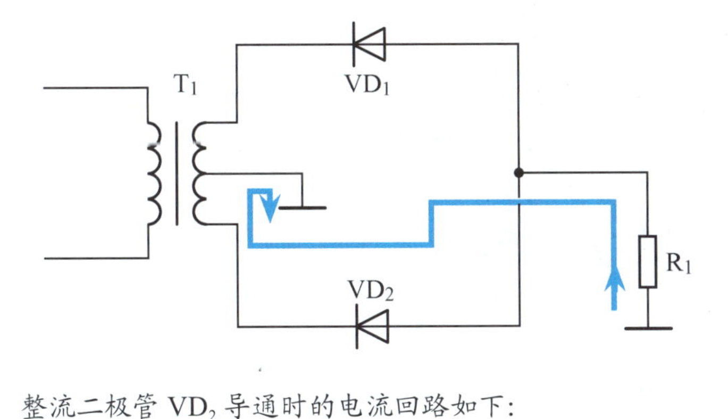

1 当电源变压器 T_1 二次绕组上端输出正半周交流电压时

2 VD_1 截止

3 二次绕组下端输出大小相等的负半周交流电压，使 VD_2 导通

整流二极管 VD_2 导通时的电流回路如下：

1 地线 → 2 负载电阻 R_1 → 3 整流二极管 VD_2 正极 → 4 VD_2 负极 → 5 二次绕组下端 → 6 二次抽头以下绕组 → 7 二次绕组抽头

VD_1 导通电路分析

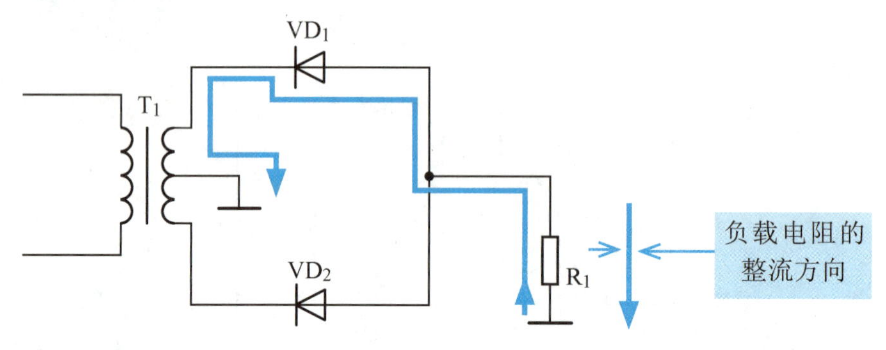

T_1 二次绕组输出的交流电压变化到另一个半周，交流电压使 VD_2 截止，整流二极管 VD_1 导通

二次绕组上端输出负半周交流电压加到 VD_1 负极，给 VD_1 提供正向偏置电压，VD_1 导通。

整流二极管 VD_1 导通时的电流回路如下：

1 地线 → 2 负载电阻 R_1 → 3 整流二极管 VD_1 正极 → 4 VD_1 负极 → 5 二次绕组上端 → 6 二次抽头以上绕组 → 7 二次绕组抽头

电路分析细节

全波整流电路输出正极性还是负极性单向脉动直流电压，主要取决于整流二极管的连接方式。

整流二极管正极接电源变压器二次绕组时 → 输出正极性的单向脉动直流电压

整流二极管负极接电源变压器二次绕组时 → 输出负极性的单向脉动直流电压

在全波整流电路中，无论是正极性还是负极性的整流电路，电源变压器的二次绕组一定要有中心抽头，否则就不能构成全波整流电路（见下图）。

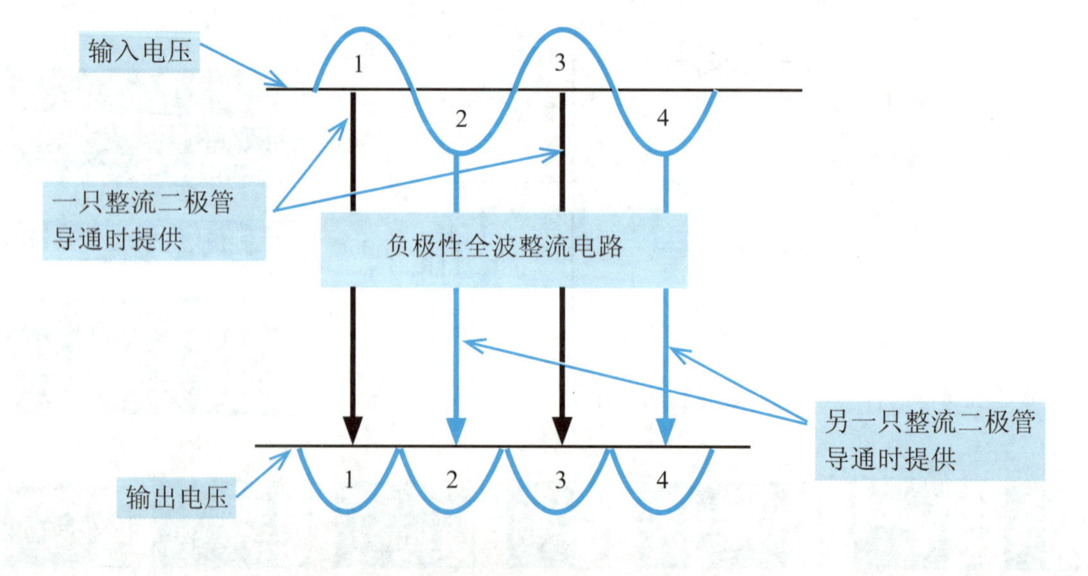

正、负极性全波整流电路

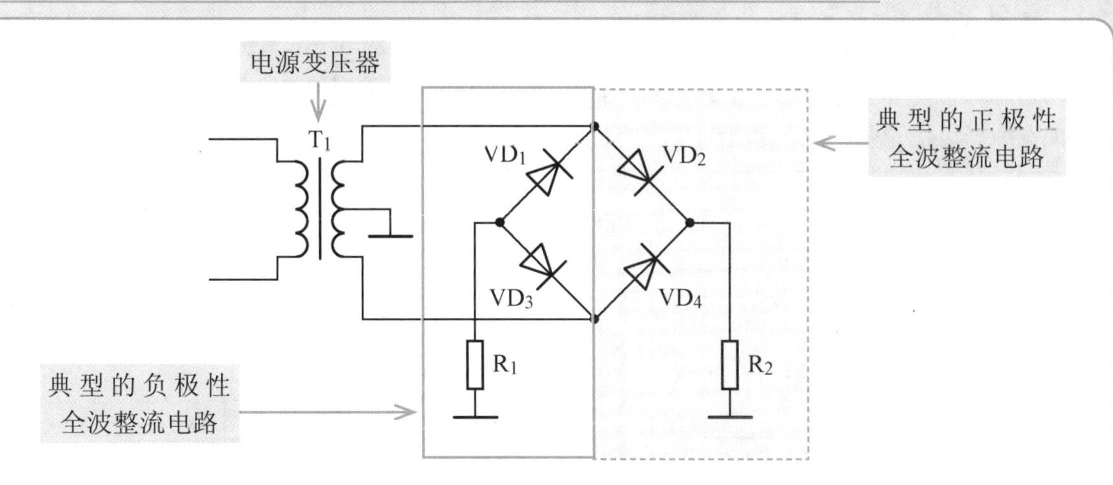

上图中两组全波整流电路共用二次绕组。

确定整流电路输出电压极性的方法

两只整流二极管（VD_2 和 VD_4）负极相连的是正极性输出端，两只整流二极管（VD_1 和 VD_3）正极相连的是负极性输出端

正极性整流电路分析

正极性整流电路的电流回路如下：

1 电源变压器二次绕组上端输出正半周电压期间
2 VD_2 导通
3 T_1 二次绕组上端
4 VD_2 正极
5 VD_2 负极
6 负载电阻 R_2
7 地线
8 T_1 的二次绕组抽头
9 二次抽头以上绕组
10 交流电压变化到另一个半周后，电源变压器二次绕组上端输出负半周电压
11 VD_2 截止
12 T_1 二次绕组下端
13 VD_4 正极
14 VD_4 负极
15 负载电阻 R_2
16 地线
17 T_1 的二次绕组抽头
18 二次抽头以下绕组

流过负载电阻 R_2 的电流方向是自上而下，输出正极性单向脉动直流电压。

负极性整流电路分析

负极性整流电路的电流回路如下：

1 电源变压器二次绕组下端输出负半周电压加到 VD_3 负极
2 向 VD_3 提供正向偏置电压，使之导通
3 地端
4 负载电阻 R_1
5 VD_3 正极
6 VD_3 负极
7 T_1 二次绕组下端
8 二次绕组抽头以下绕组
9 二次绕组抽头
10 地线
11 当 T_1 二次绕组上的交流输出电压变化到另一个半周时
12 二次绕组上端为负半周交流电压，使 VD_1 导通
13 负载电阻 R_1
14 VD_1 正极
15 VD_1 负极
16 T_1 二次绕组上端
17 二次绕组抽头以上绕组
18 二次绕组抽头
19 地线

流过负载电阻 R_1 的电流方向是自下而上，输出负极性单向脉动直流电压。

3.2.3 桥式整流电路

桥式整流电路是电源电路中应用最广泛的一种整流电路。桥式整流电路中使用4只整流二极管构成一组整流电路。根据输出的单向脉动直流电压极性的不同，桥式整流电路有两种：正极性桥式整流电路和负极性桥式整流电路。

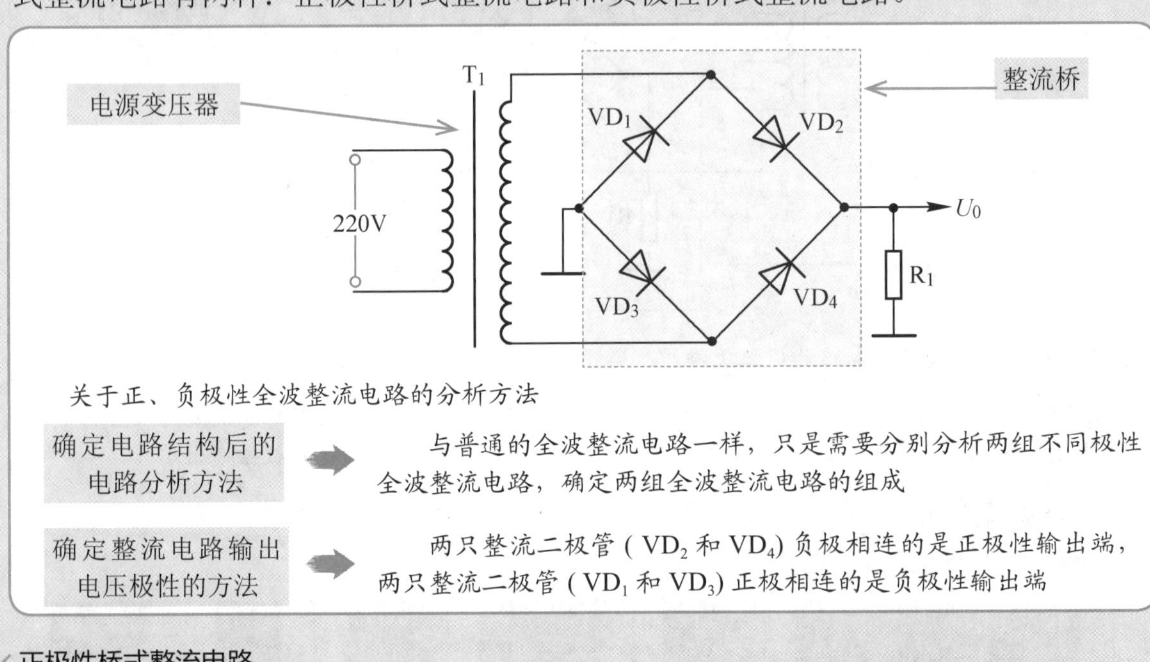

正极性桥式整流电路

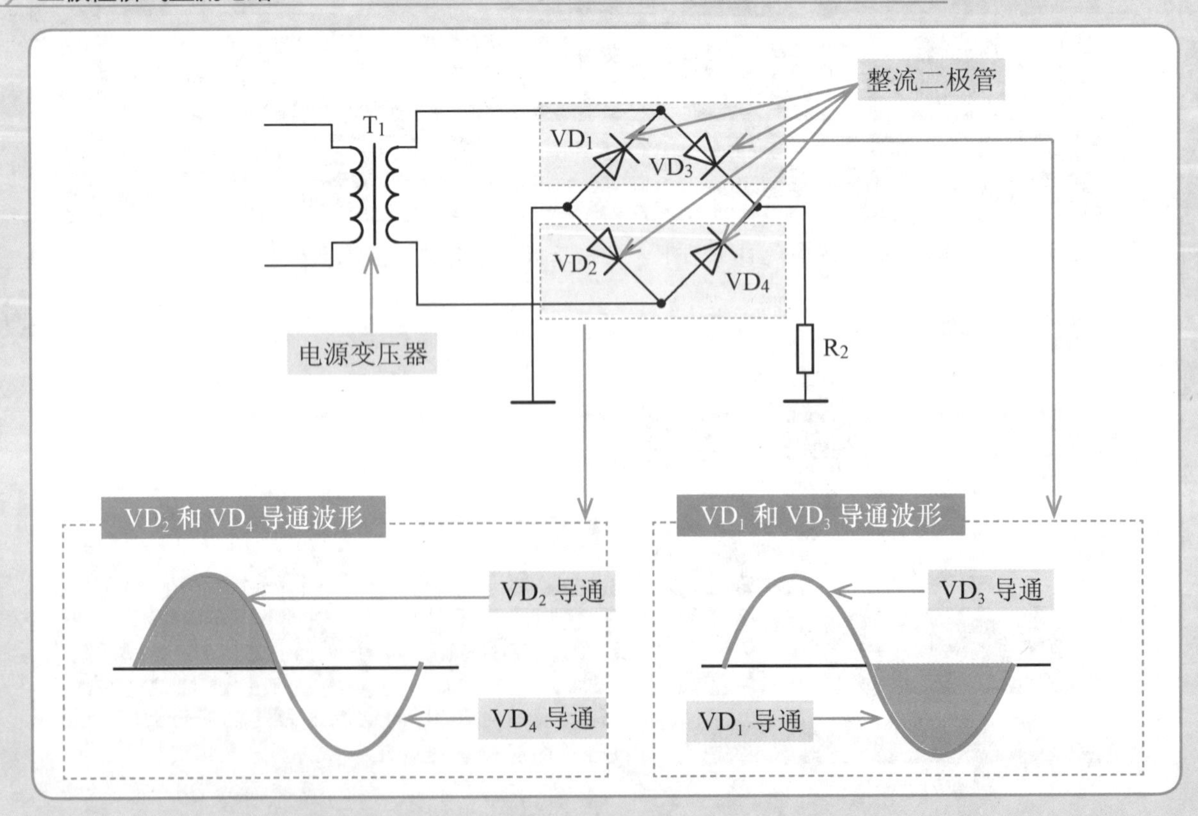

桥式整流电路的特征和工作特点

桥式整流电路具有下列几个明显的电路特征和工作特点。

关于整流二极管	每一组桥式整流电路中要用 4 只整流二极管，或用一只桥堆（一种 4 只整流二极管组装在一起的器件）
关于变压器抽头	电源变压器二次绕组不需要抽头

正半周电路分析

T_1 二次绕组上端为正半周时下端为负半周，上端为负半周时下端为正半周，如上图中二次绕组交流输出电压波形所示。正半周的电流回路如下：

1. 当 T_1 二次绕组上端为正半周时
2. 上端的正半周电压同时加在整流二极管 VD_1 负极和 VD_3 正极
3. 给 VD_1 加反向偏置电压而使之截止
4. 给 VD_3 加正向偏置电压而使之导通
5. 与此同时，T_1 二次绕组下端的负半周电压同时加到 VD_2 负极和 VD_4 正极
6. 给 VD_4 加反向偏置电压而使之截止
7. 给 VD_2 加正向偏置电压而使之导通
8. 由上述分析可知，T_1 二次绕组上端为正半用、下端为负半周期间，VD_3 和 VD_2 同时导通

负半周电路分析

T_1 二次绕组两端的输出电压变化到另一个半周时，二次绕组上端为负半周电压，下端为正半周电压。负半周的电流回路如下：

1. 二次绕组上端的负半周电压加到 VD_3 正极
2. 给 VD_3 反向偏置电压而使之截止
3. 这一电压同时加到 VD_1 负极
4. 给 VD_1 加正向偏置电压而使之导通
5. 同时，T_1 二次绕组下端的正半周电压同时加到 VD_2 负极和 VD_4 正极
6. 给 VD_2 加反向偏置电压而使之截止
7. 给 VD_4 加正向偏置电压而使之导通

当 T_1 二次绕组上端为负半周、下端为正半周时，VD_1 和 VD_4 同时导通。

在典型的正极性桥式整流电路分析过程中，需要了解下列几个电路分析的细节。

整流二极管 VD_3 和 VD_2 导通电流回路

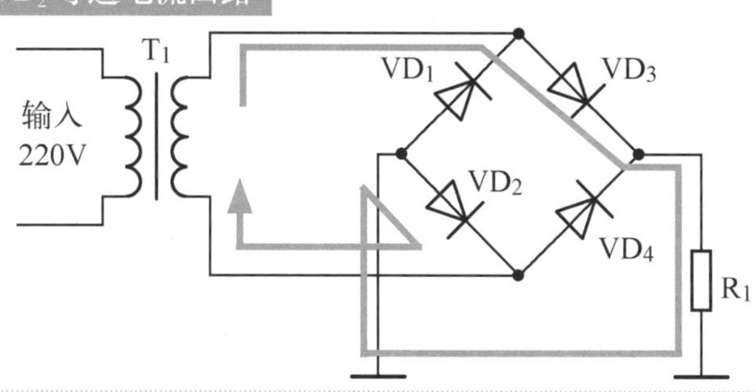

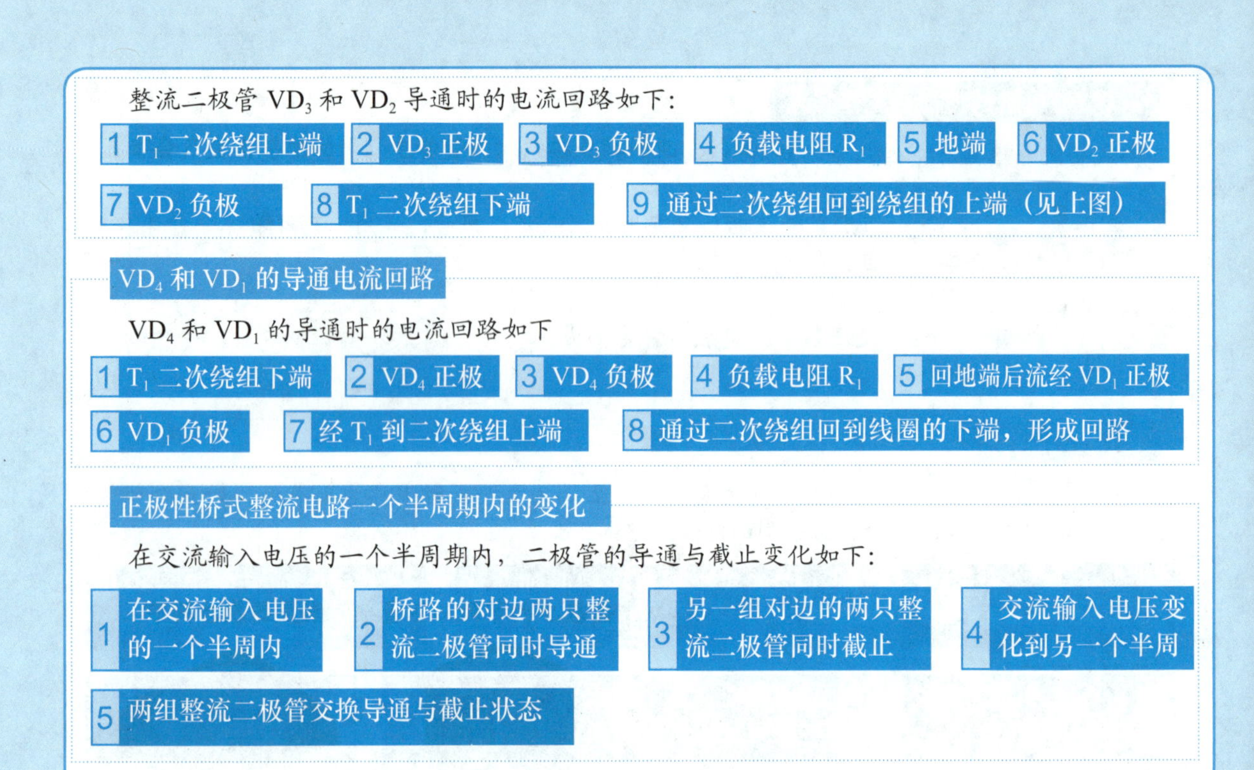

负极性桥式整流电路

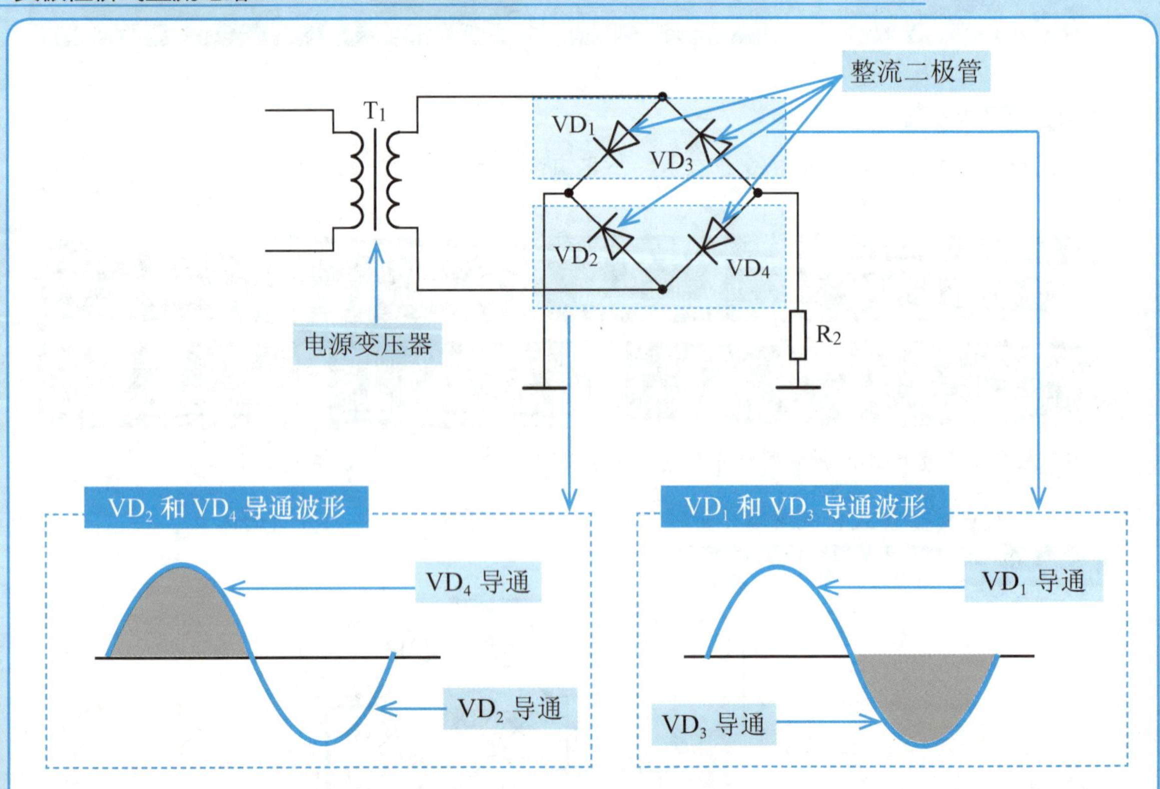

电路结构与正极性电路基本相同，只是桥式整流电路的接地引脚和直流电压输出引脚不同，两只整流二极管负极相连处接地，两只整流二极管正极相连处作为负极性直流电压输出端，与

正极性桥式整流电路恰好相反。

正半周电路分析

1. 电源变压器 T_1 二次绕组上端输出正半周交流电压时
2. VD_1 导通
3. VD_3 截止
4. 同时，二次绕组下端输出负半周电压，使 VD_4 导通，VD_2 截止

负半周电路分析

1. 二次绕组的交流电压变化到另一半周后
2. 二次绕组上端输出负半周交流电压
3. VD_3 导通，VD_1 截止
4. 二次绕组下端输出正半周电压，使 VD_2 导通，VD_4 截止

VD_1 和 VD_4 两只整流二极管导通时的电流回路如下：

1. 二次绕组上端

2. VD_1 正极

3. VD_1 负极

4. 地端
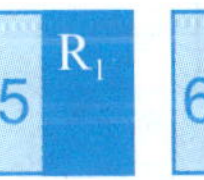
5. R_1

6. VD_4 正极

7. VD_4 负极
8. 二次绕组下端通过二次绕组构成回路

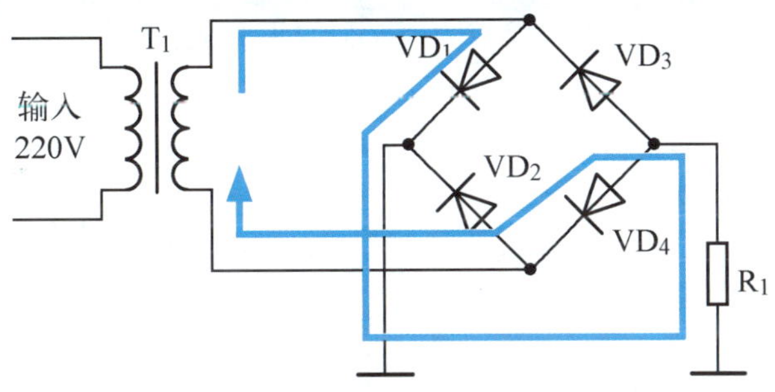

由于整流电流自下而上地流过 R_1，所以输出负极性电压。

VD_2 和 VD_3 两只整流二极管导通时的电流回路如下：

1. 二次绕组下端

2. VD_2 正极

3. VD_2 负极

4. 地端

5. R_1

6. VD_3 正极

7. VD_3 负极
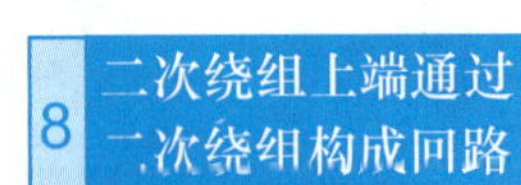
8. 二次绕组上端通过二次绕组构成回路

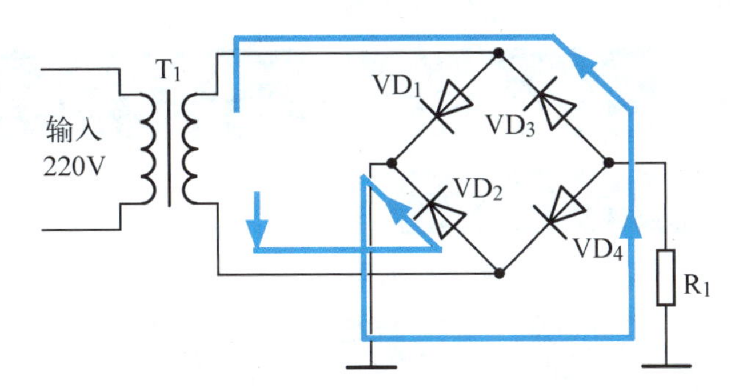

由于整流电流自下而上地流过 R_1，所以输出负极性电压。

关于电阻 R_1 → 流过整流电路负载电阻 R_1 的电流从地端流出，自下而上地流过 R_1，所以输出负极性直流电压

判断整流电路极性的方法 → 两只整流二极管负极相连处接地时为负极性电路，两只整流二极管正极相连处接地时为正极性电路

3.2.4 倍压整流电路

倍压整流电路至少使用两只整流二极管构成一组整流电路，这时构成的是 2 倍压整流电路，如果使用 3 只整流二极管可以构成 3 倍压整流电路等。

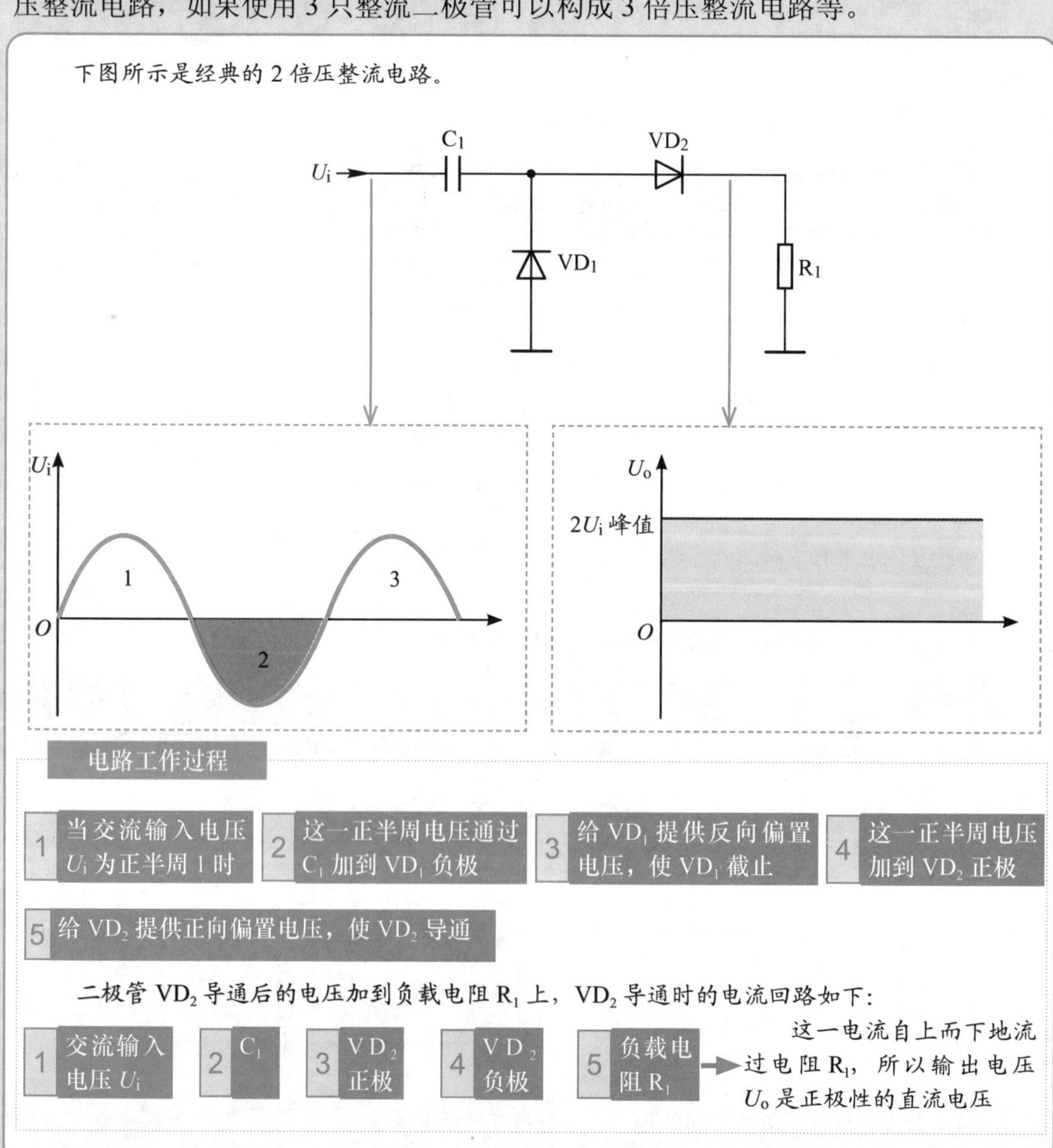

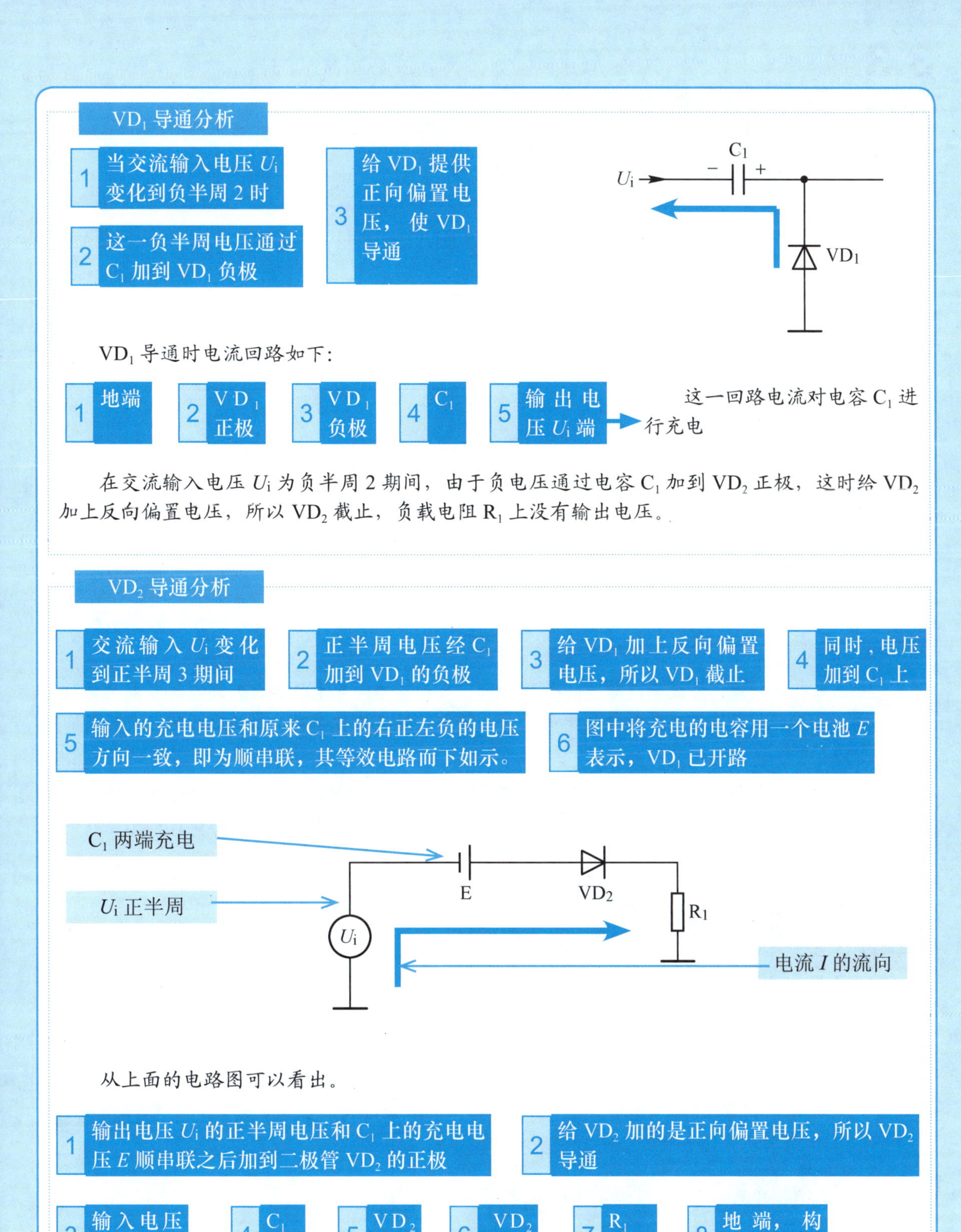

VD_1 导通分析

1 当交流输入电压 U_i 变化到负半周 2 时

2 这一负半周电压通过 C_1 加到 VD_1 负极

3 给 VD_1 提供正向偏置电压，使 VD_1 导通

VD_1 导通时电流回路如下：

1 地端 → 2 VD_1 正极 → 3 VD_1 负极 → 4 C_1 → 5 输出电压 U_i 端 → 这一回路电流对电容 C_1 进行充电

在交流输入电压 U_i 为负半周 2 期间，由于负电压通过电容 C_1 加到 VD_2 正极，这时给 VD_2 加上反向偏置电压，所以 VD_2 截止，负载电阻 R_1 上没有输出电压。

VD_2 导通分析

1 交流输入 U_i 变化到正半周 3 期间

2 正半周电压经 C_1 加到 VD_1 的负极

3 给 VD_1 加上反向偏置电压，所以 VD_1 截止

4 同时，电压加到 C_1 上

5 输入的充电电压和原来 C_1 上的右正左负的电压方向一致，即为顺串联，其等效电路而下如示。

6 图中将充电的电容用一个电池 E 表示，VD_1 已开路

从上面的电路图可以看出。

1 输出电压 U_i 的正半周电压和 C_1 上的充电电压 E 顺串联之后加到二极管 VD_2 的正极

2 给 VD_2 加的是正向偏置电压，所以 VD_2 导通

3 输入电压 U_i 端 → 4 C_1 → 5 VD_2 正极 → 6 VD_2 负极 → 7 R_1 → 8 地端，构成回路

从上面的电路图可以看到，电流自上而下地流过负载电阻 R_1，所以输出的是正极性直流电压。

3.3 稳压二极管应用电路

3.3.1 普通二极管构成的直流稳压电路

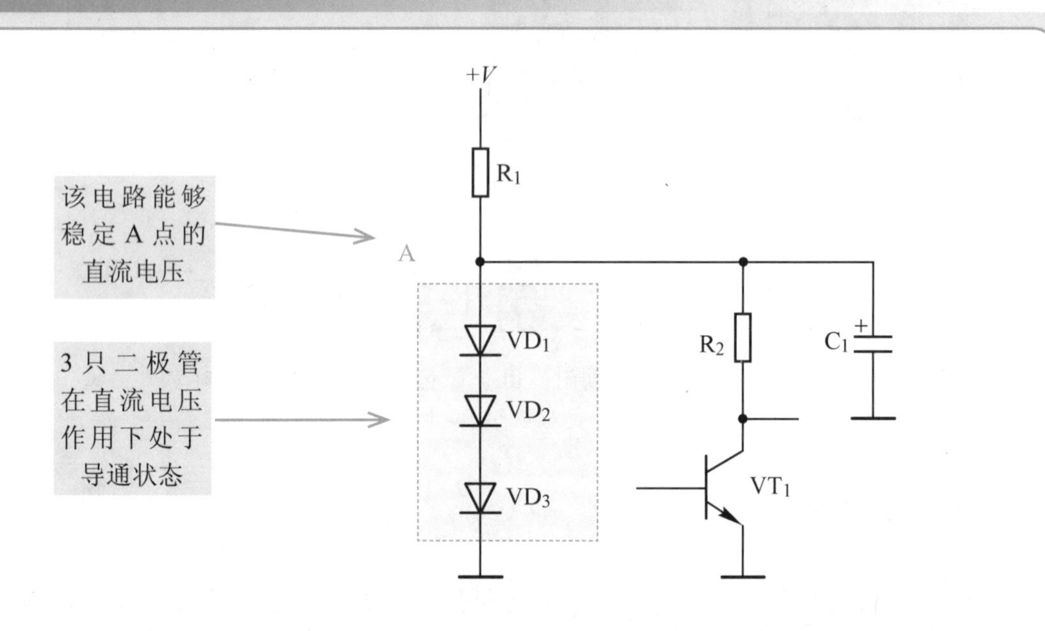

如本章开头所述，二极管内部是一个PN结，PN结除单向导电特性之外还有许多其他特性，其中之一是二极管导通后其管压降基本不变。对常用的硅二极管而言，导通后正极与负极之间的电压降为0.6V。

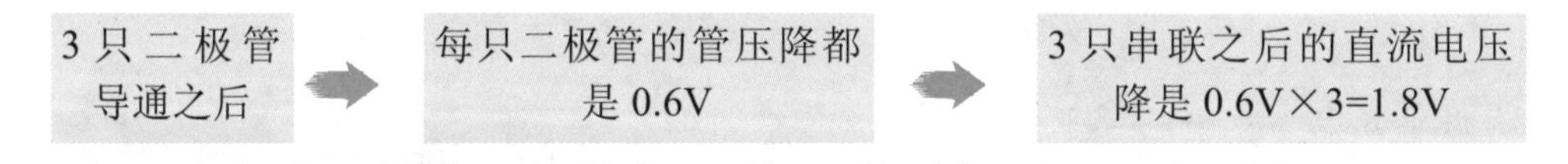

3.3.2 稳压二极管应用电路

直流稳压电路

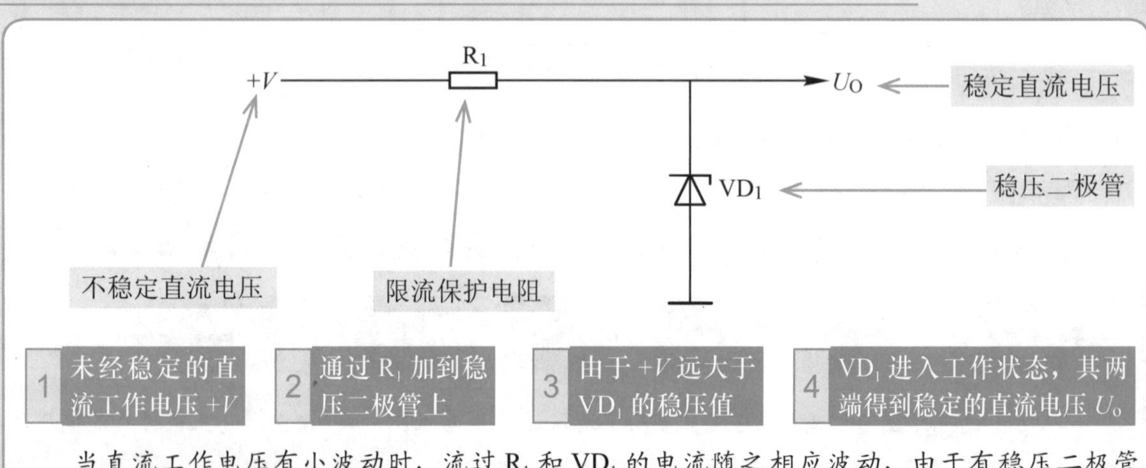

当直流工作电压有小波动时，流过R_1和VD_1的电流随之相应波动，由于有稳压二极管VD_1，直流电压$+V$有小波动时电压降会在电阻R_1上。

浪涌保护电路

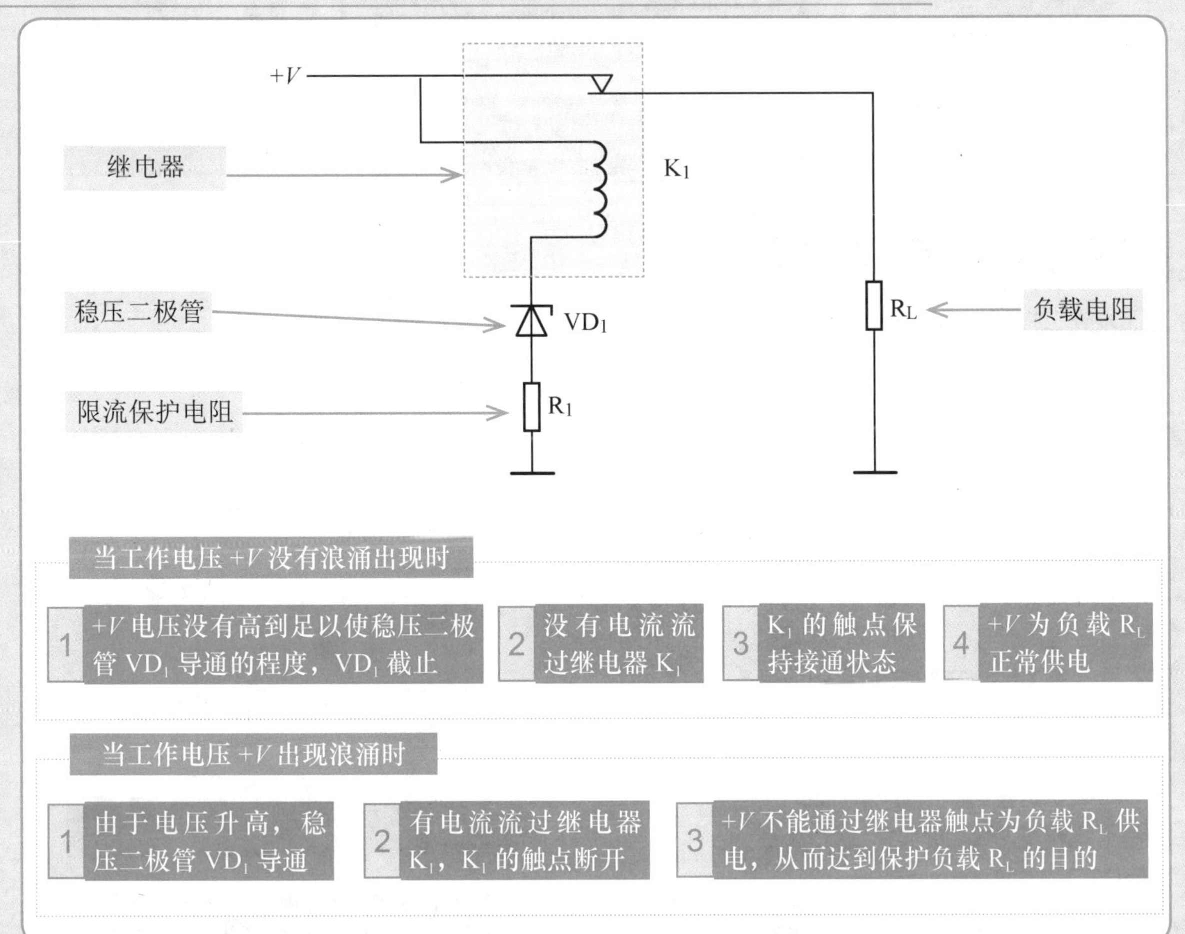

过电压保护电路

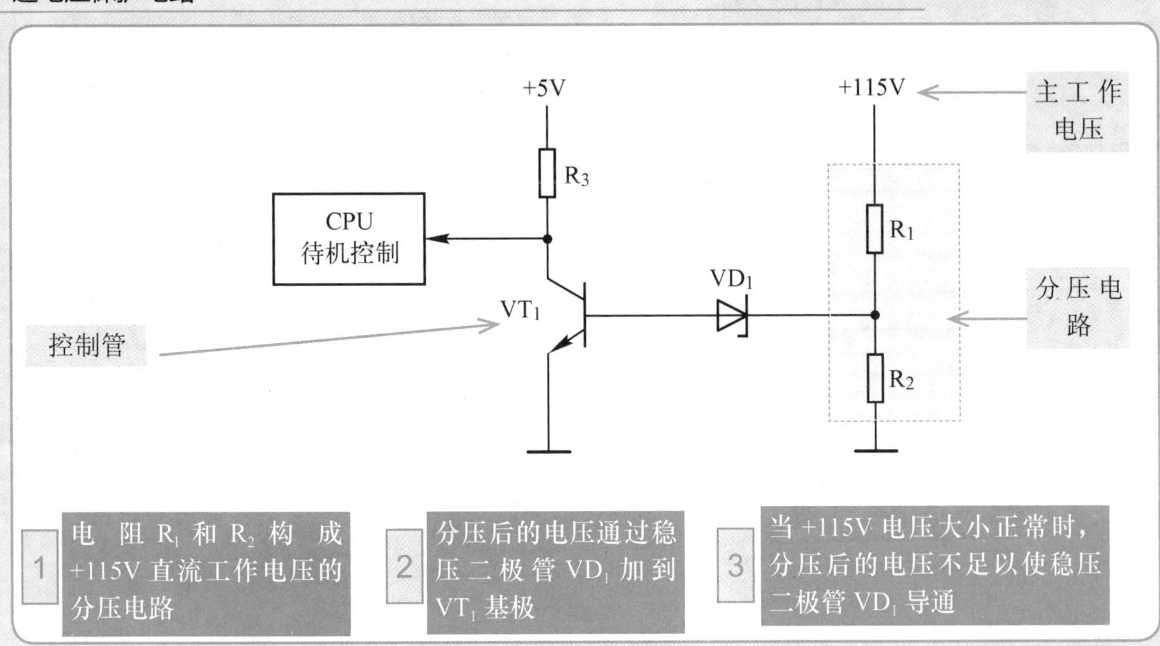

4 这时 VT_1 基极电压为 0V，VT_1 截止

5 VT_1 集电极为高电平，此时待机保护电路不动作（此为应用于电视机的电路）

6 当 +115V 过高时

7 R_1 和 R_2 分压后的电压足以使稳压二极管 VD_1 导通

8 这时 VT_1 饱和导通，其集电极为低电平，通过待机控制线的控制使电视机进入待机保护状态

3.3.3 发光二极管应用电路

直流发光二极管指示电路

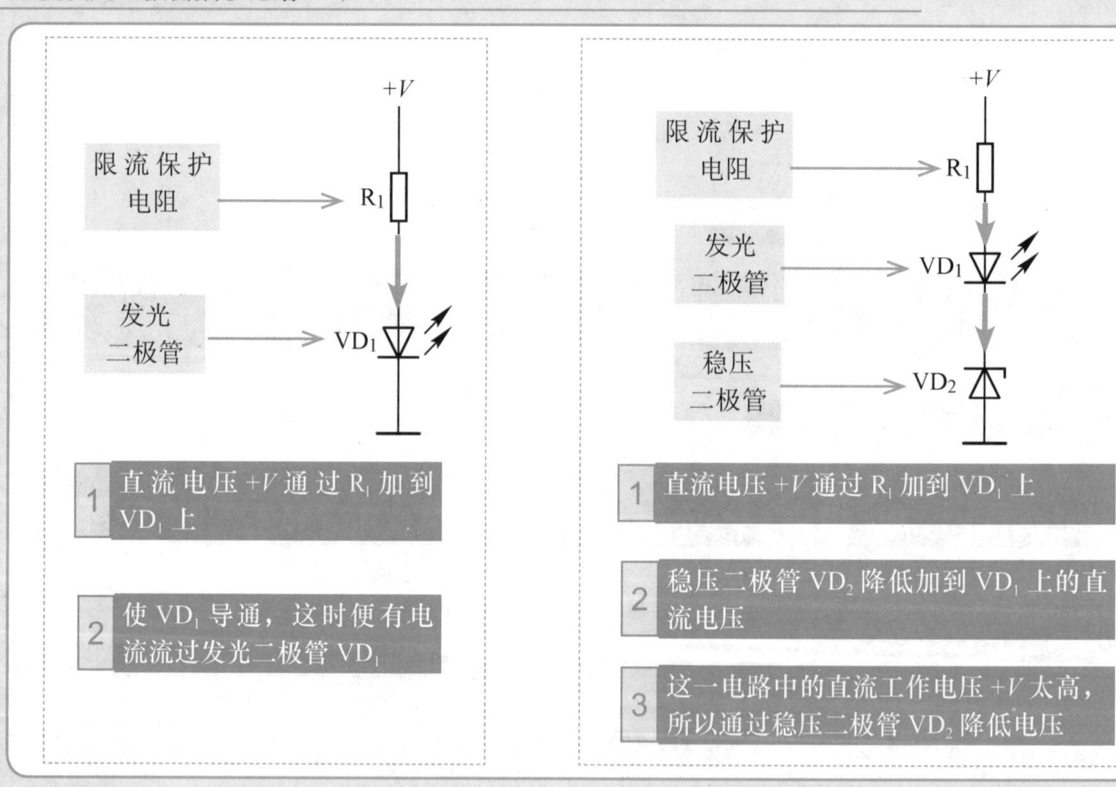

采用单色发光二极管构成的电源指示灯电路

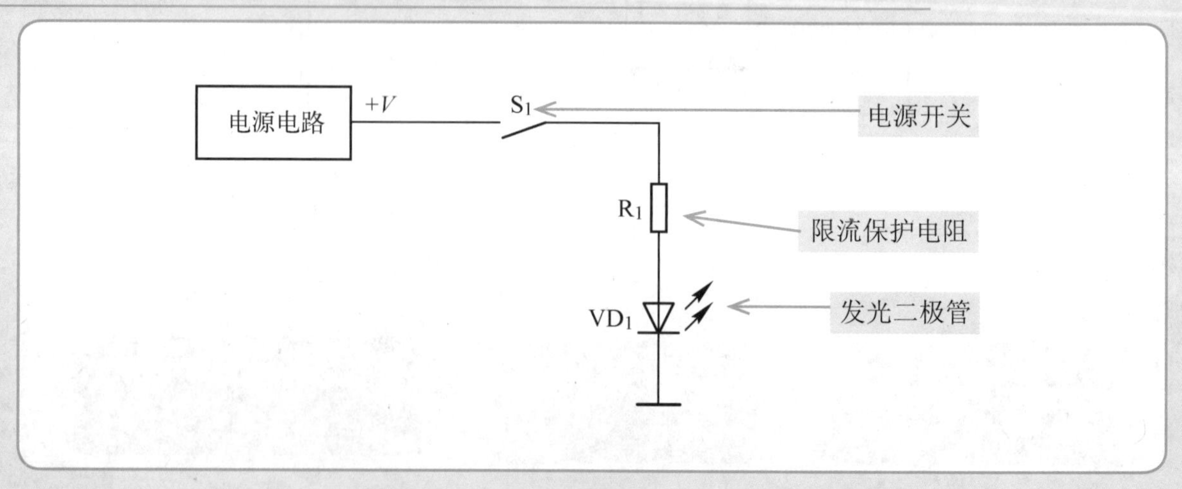

1 开关 S_1 接通后

2 直流电压 $+V$ 经 S_1 和 R_1 加到 VD_1 的正极上

3 VD_1 的负极直接接地

4 这样给 VD_1 加正向偏置电压，有电流流过 VL_1

5 所以 VD_1 发光指示，表明电路中有正常的直流电压 $+V$

6 S_1 断开时

7 由于 $+V$ 不能加到 VD_1 上

8 没有电流流过 VD_1，VD_1 不能发光

当 $+V$ 变大时，流过 VD_1 的电流增大，所以 VD_1 发出的光更强；当 $+V$ 变小时，流过 VD_1 的电流变小，所以 VD_1 发出的光比较弱。

交流发光二极管指示灯

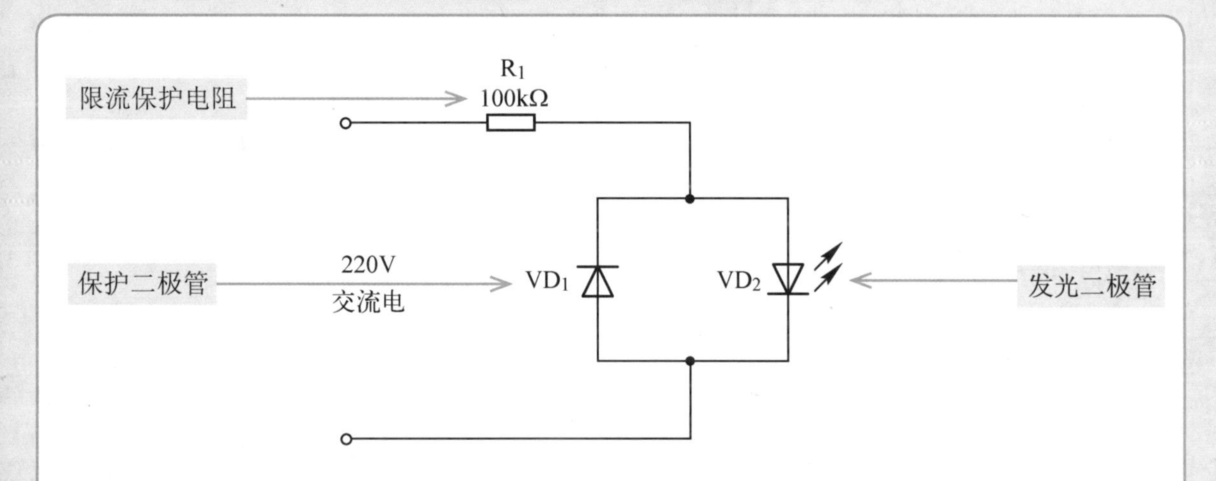

1 在 220V 交流电正半周期间

2 交流电通过 R_1 加到发光二极管 VD_2 正极并导通发光

3 保护二极管 VD_1 处于反向截止状态

4 在 220V 交流电负半周期间

5 交流电通过 R_1 加到保护二极管 VD_1 正极，VD_1 导通

6 导通后两端的 0.6V 管压降加到发光二极管 VD_2 上，使发光二极管两端的反向电压很小，达到保护发光二极管的目的

具有电容降压的交流发光二极管指示灯电路

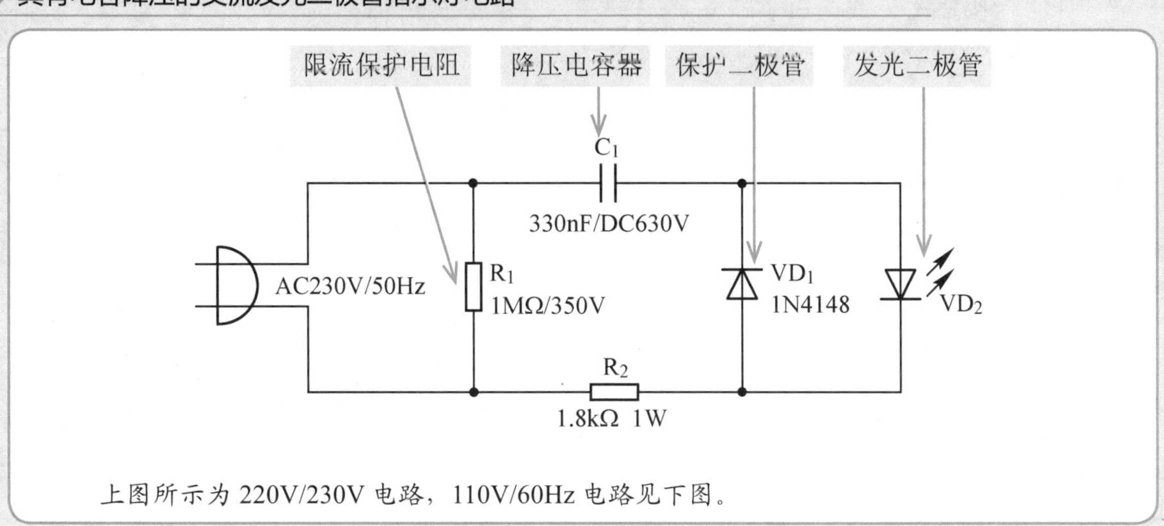

上图所示为 220V/230V 电路，110V/60Hz 电路见下图。

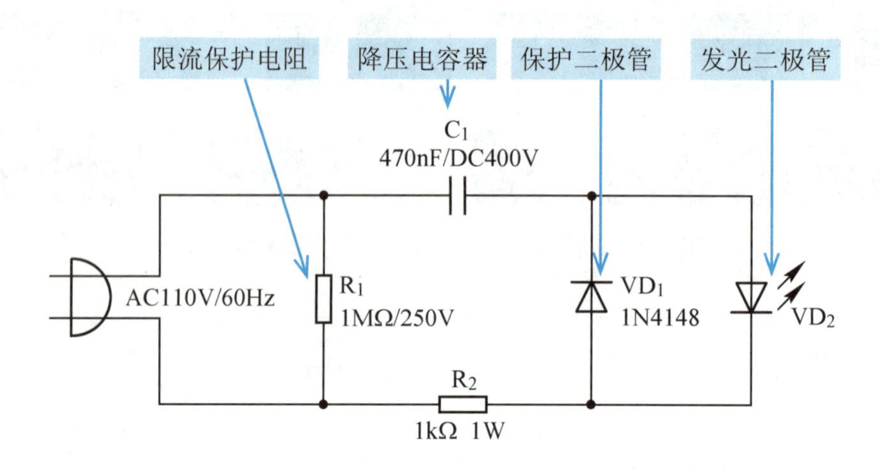

电容器 C_1 利用容抗进行降压，这样加到发光二极管上的交流电压减小，可以减小限流保护电阻 R_1 的阻值，这样可以减小整个指示灯电路的耗电量。

常见 LED 按键指示电路

发光二极管驱动电路

当 LED 用作电源指示灯时，采用的工作电流是直流电流。当用来指示一些小信号时，LED 的工作电流仅为几毫安，因为这些信号太小，无法直接驱动 LED 发光，所以要加一级 LED 驱动电路。

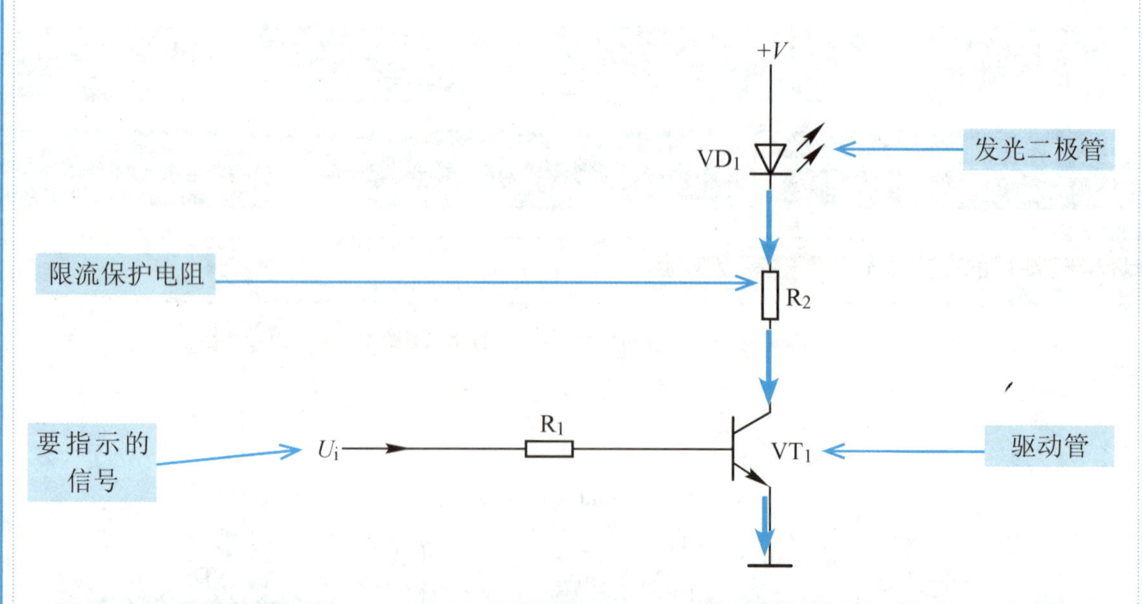

1 输入信号 U_i 经 R_1 加到 VT_1 基极，VT_1 导通

2 VT_1 导通后，其集电极电流流过 VD_1

3 VT_1 集电极电流就是流过 VD_1 的电流，这一电流使 VD_1 发光指示

注意：使 VD_1 发光的电流由直流工作电压 $+V$ 提供，而不是输入信号 U_i，U_i 只是控制了流过 VD_1 的电流。

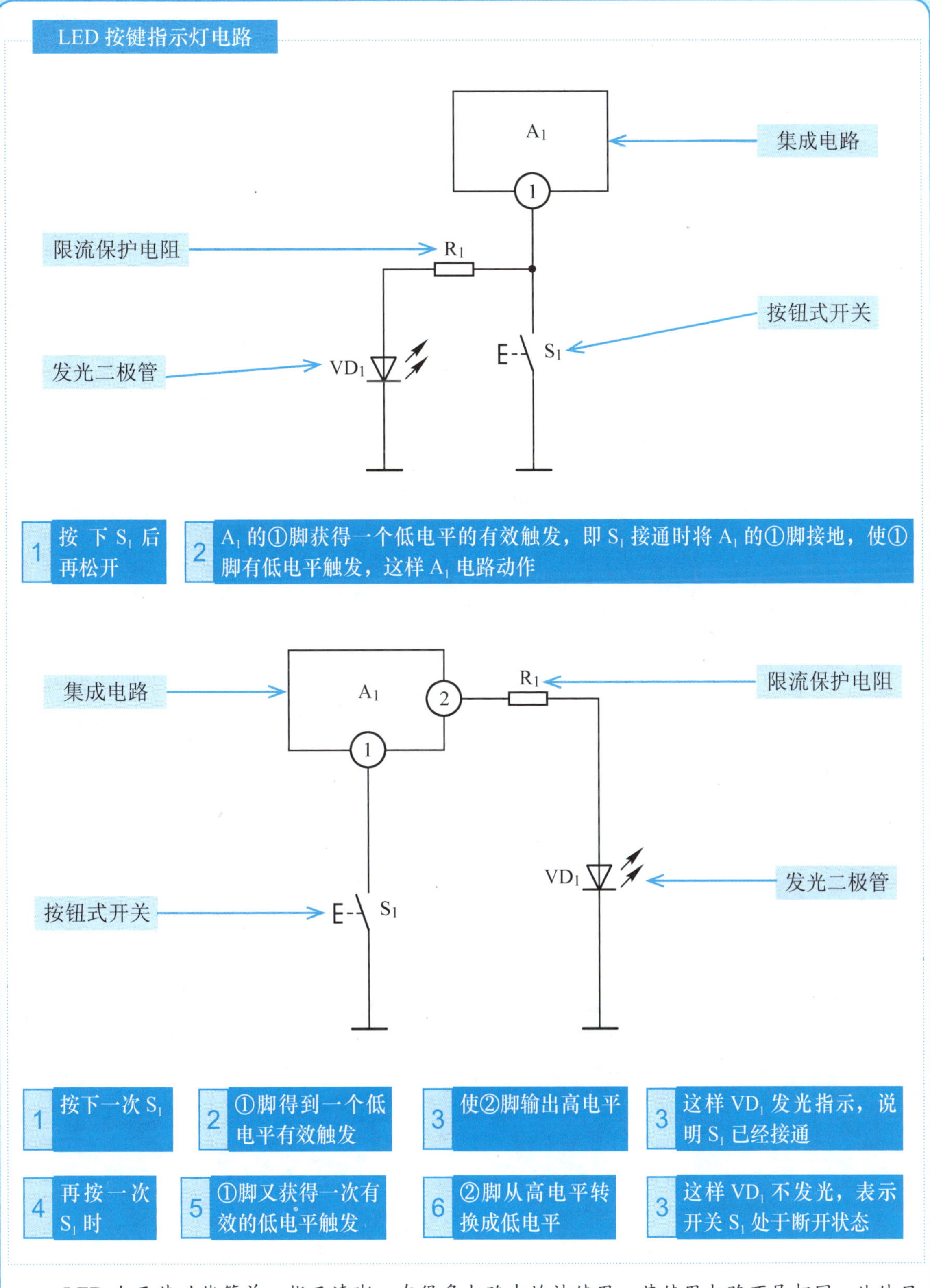

LED 由于其功能简单、指示清晰，在很多电路中均被使用。其使用电路不尽相同，此处只讲述常用的几种电路。

第4章

电感器和变压器类元器件典型应用电路

4.1 电感器及其典型应用电路

4.1.1 识别电感器

一般的电感器是用漆包线、纱包线或镀银铜线等在绝缘管上绕一定的圈数（N）而构成的，所以又称电感线圈。根据绕制的支架不同，电感器可分为空心电感器（无支架）、磁芯电感器（磁性材料支架）和铁芯电感器（硅钢片支架）。

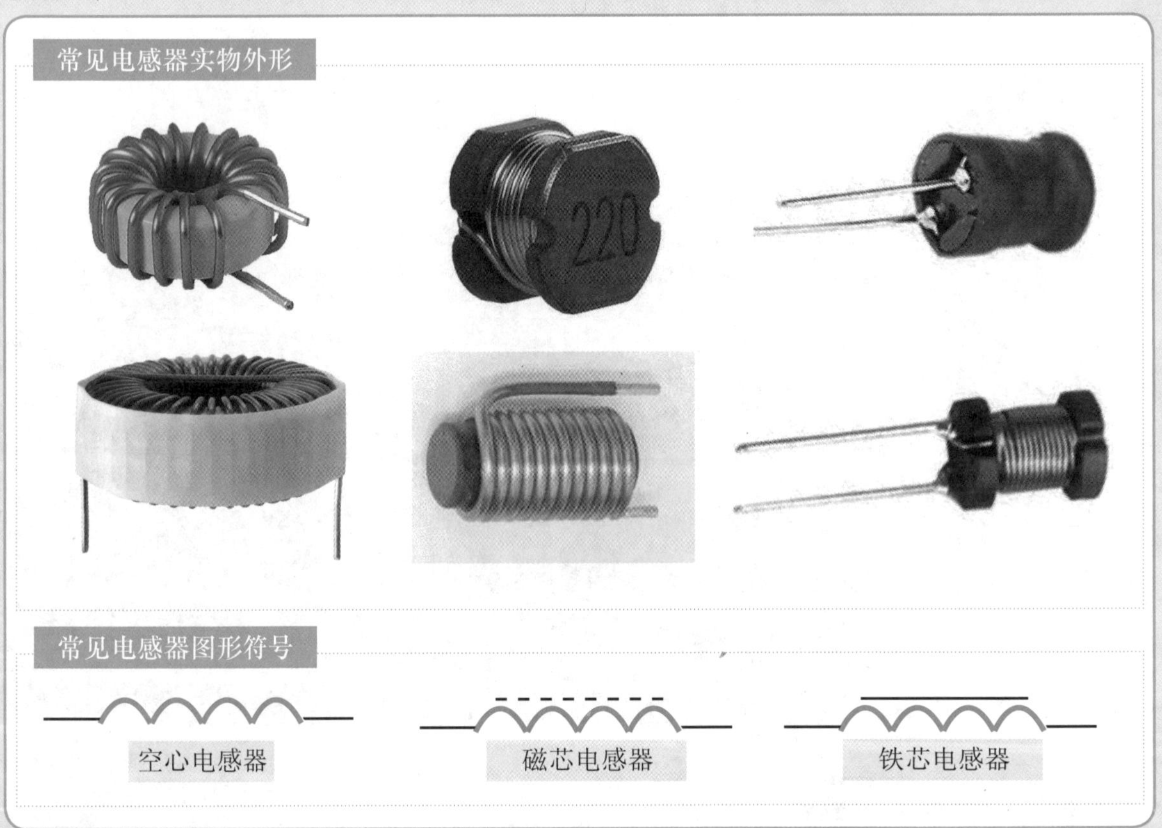

电感器的标注方法

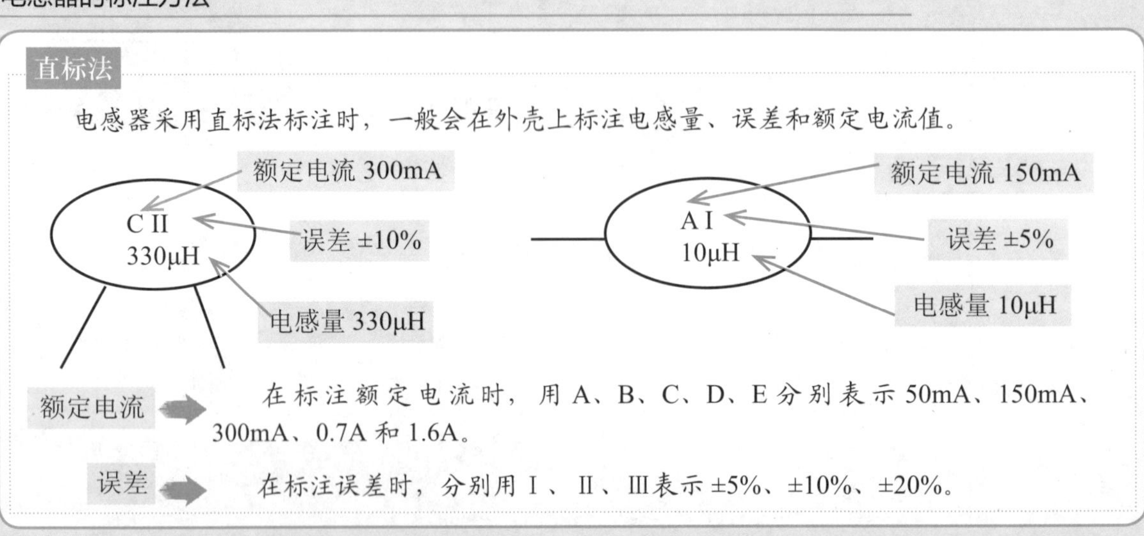

色标法

色标法是采用色点或色环标在电感器上来表示电感量和误差的方法。色码电感器采用色标法标注，其电感量和误差标注方法同色环电阻器，单位为 μH。

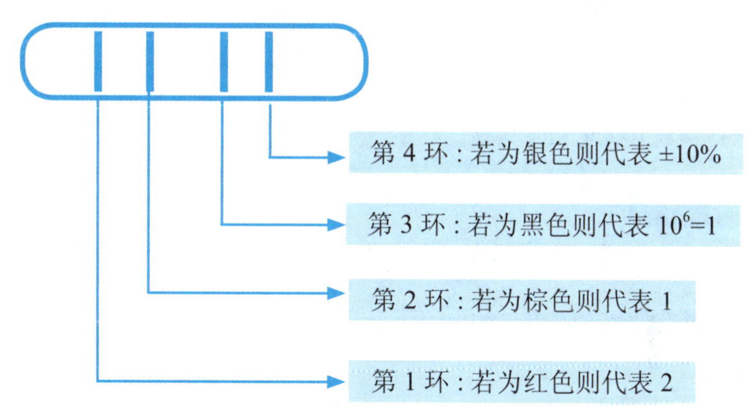

图中的色码电感器上标注“红、棕、黑、银”表示电感量为 21μH，误差为 ±10%。

电感器的主要参数

电感器的主要参数有电感量、误差、品质因数和额定电流等。

电感量

电感器由线圈组成，当电感器通过电流时就会产生磁场，电流越大，产生的磁场越强，穿过电感器的磁场（又称为磁通量 Φ）就越大，其关系如下

电感量 → $L=\dfrac{\Phi}{I}$ ← 磁通量 Φ

电感量的基本单位为亨利（简称亨），用字母“H”表示，此外还有毫亨（mH）和微亨（μH），它们之间的关系是

$$1\text{H}=10^3\text{mH}=10^6\mu\text{H}$$

实际上，电感器的电感量大小主要与线圈的匝数（圈数）、绕制方式和磁芯材料等有关。线圈匝数越多、绕制的线圈越密集，电感量就越大；有磁芯的电感器比无磁芯的电感器电感量大；电感器的磁芯磁导率越高，电感量也就越大。

误差

误差是指电感器上标称电感量与实际电感量的差距。

精度要求高的电路 → 电感器的允许误差范围通常为 ±0.2% ~ ±0.5%。

一般电路 → 可采用误差为 ±10% ~ ±15% 的电感器。

品质因数（Q 值）

品质因数也称 Q 值，是指当电感器两端加某一频率的交流电压时，其感抗 X_L（$X_L=2\pi fL$）与直流电阻 R 的比值。

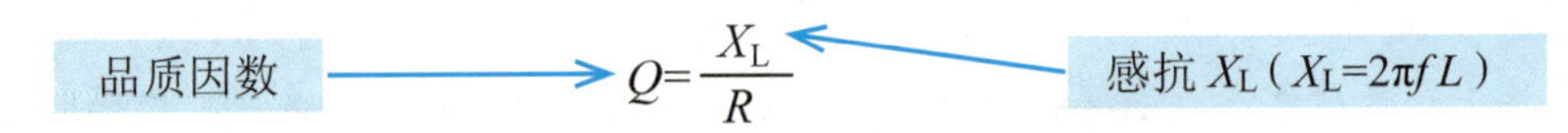

感抗越大或直流电阻越小

品质因数就越大

电感器对交流信号的阻碍称为感抗，其单位为欧姆（Ω）。电感器的感抗大小与电感量有关，电感量越大，感抗越大。提高品质因数既可通过提高电感器的电感量来实现，也可通过减小电感器线圈的直流电阻来实现。

额定电流

额定电流是指电感器在正常工作时允许通过的最大电流值。

电感器在使用时，流过的电流不能超过额定电流 → 否则电感器就会因发热而使性能参数发生改变，甚至会因过电流而烧坏

电感器的特点

电感器“通直阻交”性质

电感器的“通直阻交”是指电感器对通过的直流信号阻碍很小，直流信号可以很容易地通过电感器，而交流信号通过时会受到较大的阻碍。这种阻碍被称为阻抗：

$$X_L=2\pi fL$$

交流信号的频率越高 → 电感器对交流信号的感抗越大 → 对交流信号的阻碍也越大

$$X_L=2\pi fL=2\times3.14\times50\times200\times10^{-3}\Omega=62.8\Omega$$

电感器“阻碍变化的电流”性质

当变化的电流流过电感器时，电感器会产生自感电动势来阻碍变化的电流。下面用两个电路来说明电感器的这个性质。

开关闭合，灯光慢慢亮起来

当开关 S 闭合时，会发现灯泡不是马上亮起来，而是慢慢亮起来。

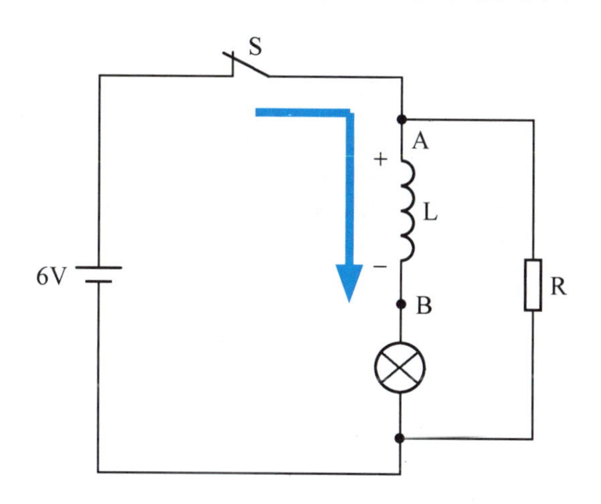

1 当开关闭合后，有电流流过电感器

2 这是一个增大的电流（从无到有），电感器马上产生自感电动势来阻碍电流增大，其极性是 A 正 B 负

3 该电动势使 A 点电位上升

4 电流从 A 点流入较困难，也就是说电感器产生的这种电动势对电流有阻碍作用

5 正是由于这种阻碍作用，流过电感器的电流不能一下子增大，所以灯泡慢慢变亮，当电流不再增大时

6 电感器上的电动势消失，灯泡亮度也就不变了

开关断开，灯光慢慢熄灭

如果将开关 S 断开，会发现灯泡不是马上熄灭，而是慢慢暗下来。

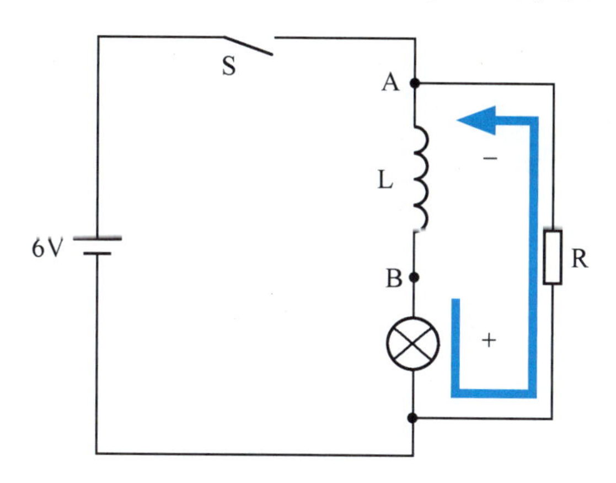

1 当开关断开后，流过电感器的电流突然变为 0A

2 电感器马上产生 A 负 B 正的自感电动势

3 电流由电感器 B(正) 点

4 经灯泡和电阻器 R

5 到达电感器 A(负) 点

6 开关断开后，该电流维持灯泡继续发光

7 随着电感器上的电动势逐渐降低，流过灯泡的电流慢慢减小，灯泡慢慢变暗

从上面的电路分析可知，只要流过电感器的电流发生变化（无论是增大还是减小），电感器都会产生自感电动势，电动势的方向总是阻碍电流的变化。

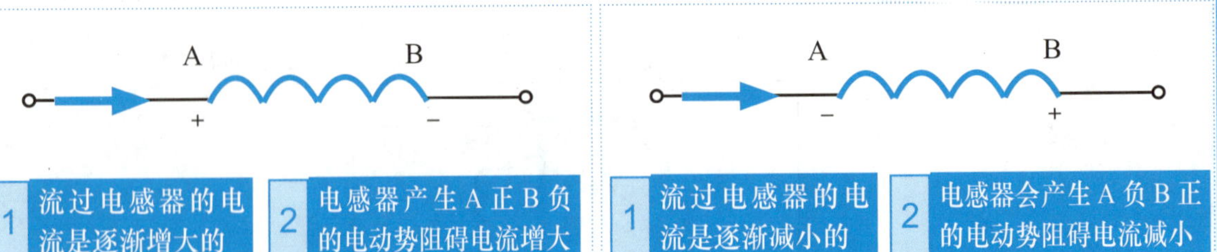

电感器的分类

可调电感器

可调电感器是指电感量可以调节的电感器。

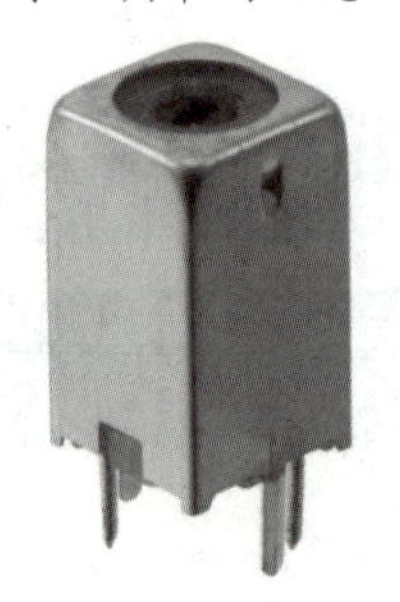

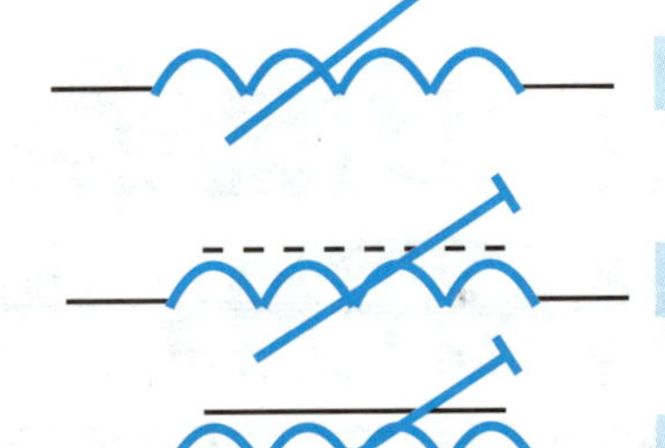

可调电感器

可调磁芯电感器

可调铁芯电感器

高频扼流圈

高频扼流圈又称高频阻流圈，它是一种电感量很小的电感器，常用在高频电路中。

空　心

磁　芯

低频扼流圈

低频扼流圈又称低频阻流圈，是一种电感量很大的电感器，常用在低频电路（如音频电路和电源滤波电路）中。

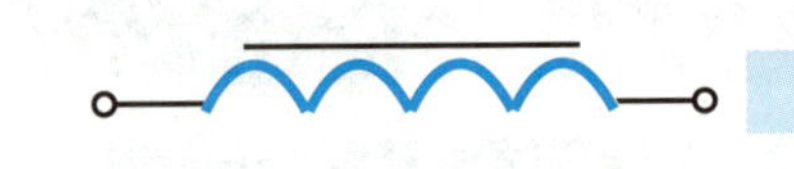

铁　芯

色码电感器

色码电感器是一种高频电感线圈，它是在磁芯上绕上一定匝数的漆包线，再用环氧树脂或塑料封装而制成的。

工作频率范围在 10kHz ～ 200MHz，电感量在 0.1 ～ 3300μH

具有固定电感量的电感器，其电感量标注与识读方法与色环电阻器相同，但色码电感器的电感量单位为 μH

4.1.2 分频电路中的分频电感电路

单 6dB 型二分频扬声器电路

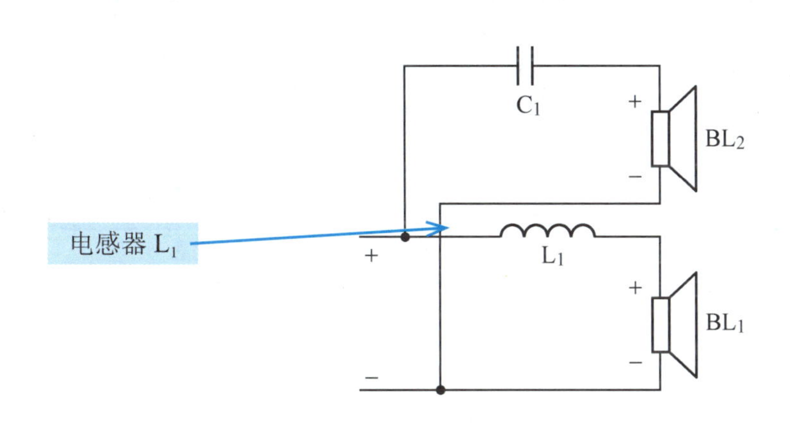

电感器 L_1 通过适当选取 L_1 的电感量大小，可以让中频和低频段信号通过，但不让高频段信号通过，这样更好地保证了 BL_1 工作在中频和低频段。

这种电路中的 L_1 对高音和低音有 6dB 的衰减效果，所以称为 6dB 型二分频扬声器电路。

单 12dB 型二分频扬声器电路

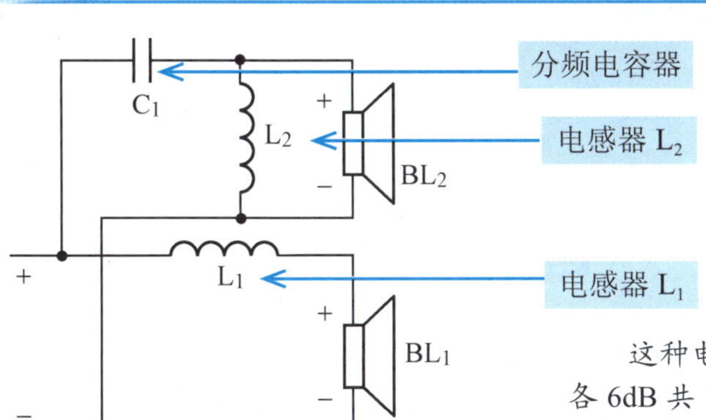

相比上一个电路，此电路中让 L_2 将中频和低频段信号旁路，这样高音扬声器回路有两次选频过程，即先由分频电容器 C_1 选频，再由分频电感器 L_2 选频。

这种电路中的 L_2 和 C_1 对中频、低频段具有各 6dB 共 12dB 的衰减效果，所以为 12dB 型二分频扬声器电路。

双 12dB 型二分顿扬声器电路

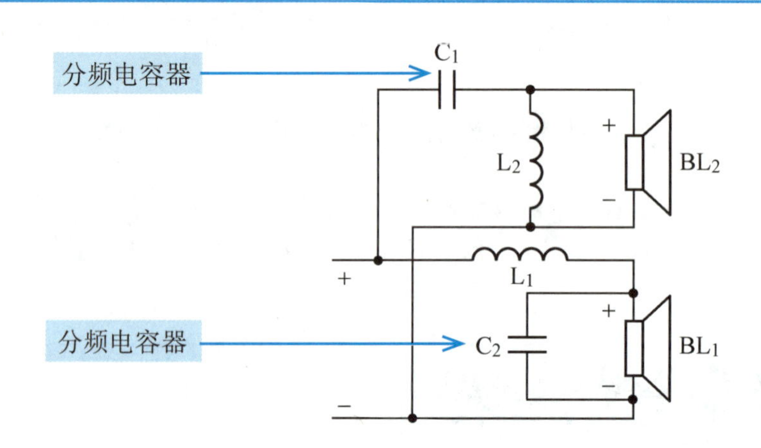

该电路在单 12dB 型二分顿扬声器电路基础上，在低音扬声器 BL_1 上并联分频电容器 C_2。

C_2 将从 L_1 过来的剩余的高频段信号旁路  BL_1 更好地工作在中频和低频段  这样 C_2 与 L_1 也具有 12dB 的衰减效果

6dB 型三分频扬声器电路

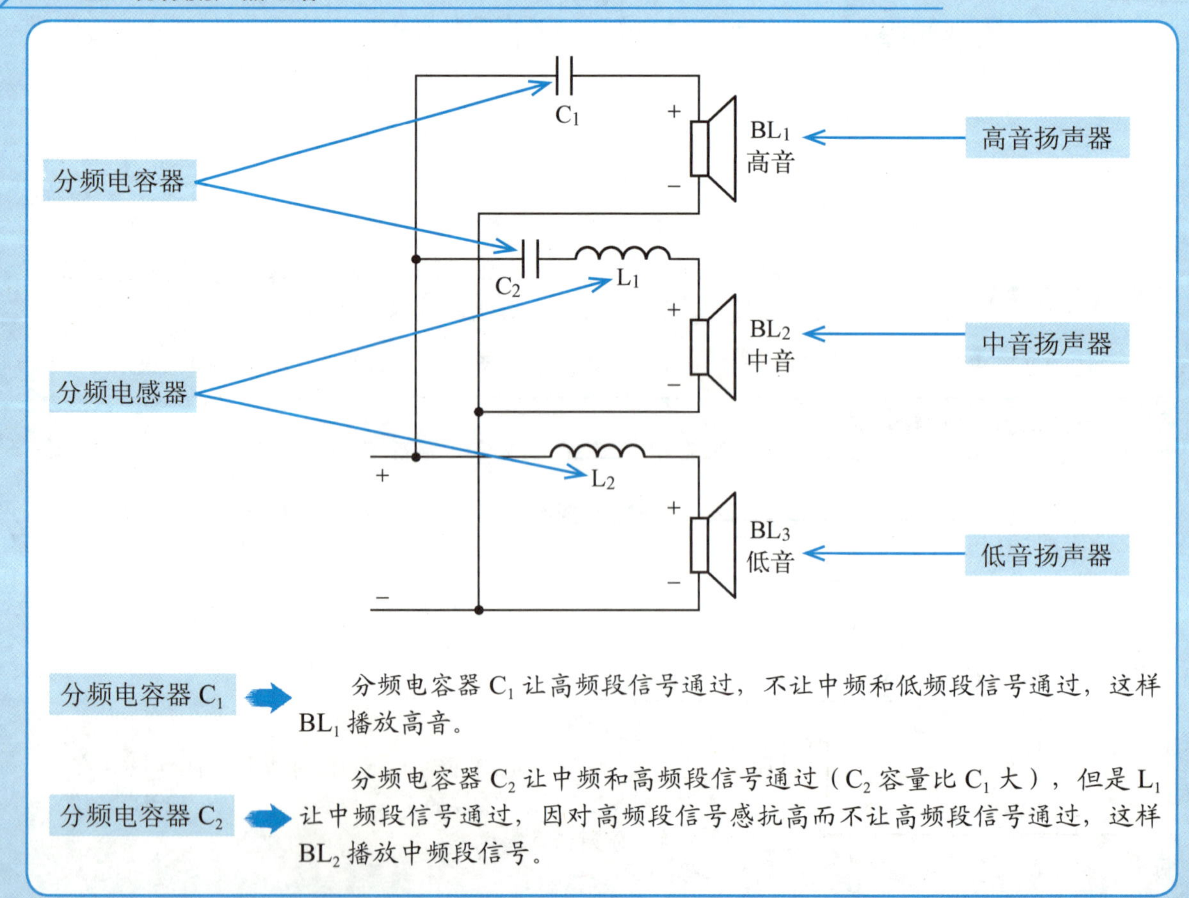

分频电容器 C_1 ➡ 分频电容器 C_1 让高频段信号通过，不让中频和低频段信号通过，这样 BL_1 播放高音。

分频电容器 C_2 ➡ 分频电容器 C_2 让中频和高频段信号通过（C_2 容量比 C_1 大），但是 L_1 让中频段信号通过，因对高频段信号感抗高而不让高频段信号通过，这样 BL_2 播放中频段信号。

分频电感器 L_2 → L_2只让低频段信号通过，不让高频和中频段信号，这样BL_3播放低频段信号。

4.1.3 电源电路中的电感滤波电路

π形LC滤波电路

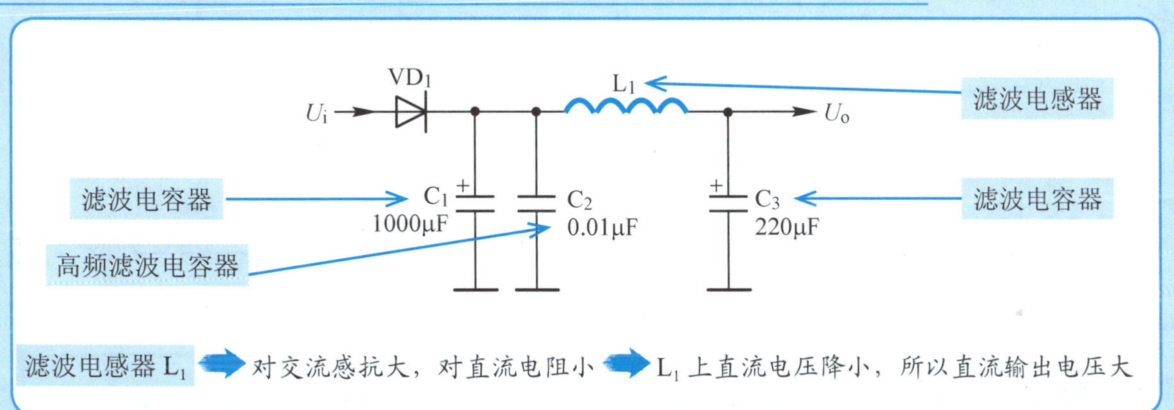

滤波电感器 L_1 → 对交流感抗大，对直流电阻小 → L_1上直流电压降小，所以直流输出电压大

直流等效电路

下图所示电路是π形LC滤波电路的直流等效电路，电感器L_1的直流电阻小到为零，所以就用一根导线代替。

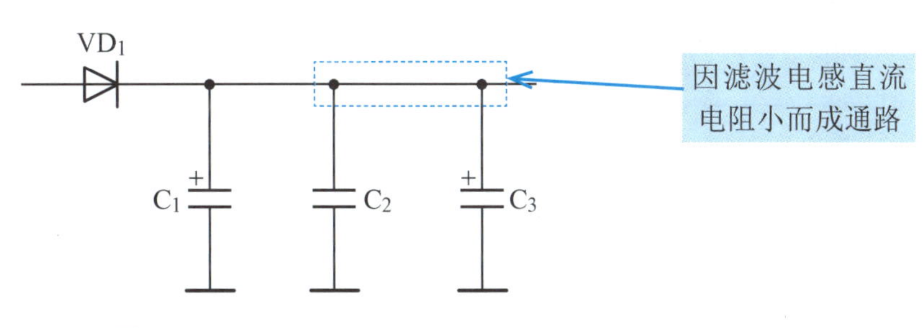

交流等效电路

下图所示电路是π形LC滤波电路的交流等效电路。

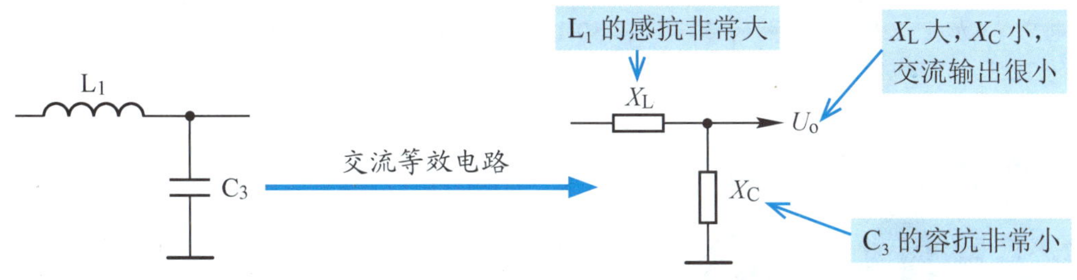

对交流成分而言，因为电感器L_1感抗的存在，且这一电感很大，这一感抗与电容器C_3的容抗（容抗非常小）构成分压衰减电路（见交流等效电路）对交流成分有很大的衰减作用，达到滤波的目的。

4.1.4 共模和差模电感器电路

所谓共模信号就是两个大小相等、方向相同的信号；所谓差模信号就是两个大小相等、方向相反的信号。

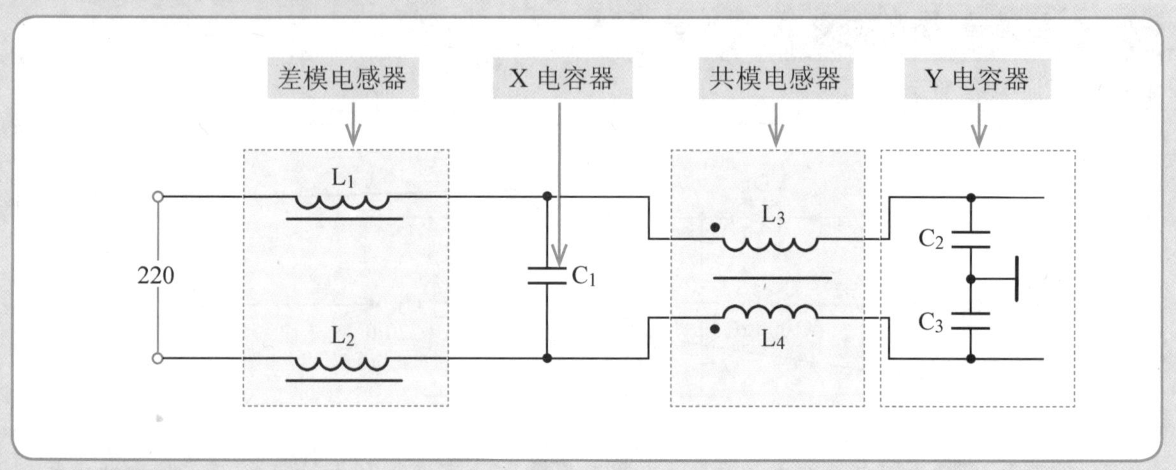

共模电感器电路

开关电源产生的共模噪声频率范围为 10kHz ～ 50MHz，甚至更高。要有效衰减这些噪声，要求在这个频率范围内共模电感器能够提供足够高的感抗。

差模电流流过共模电感器分析

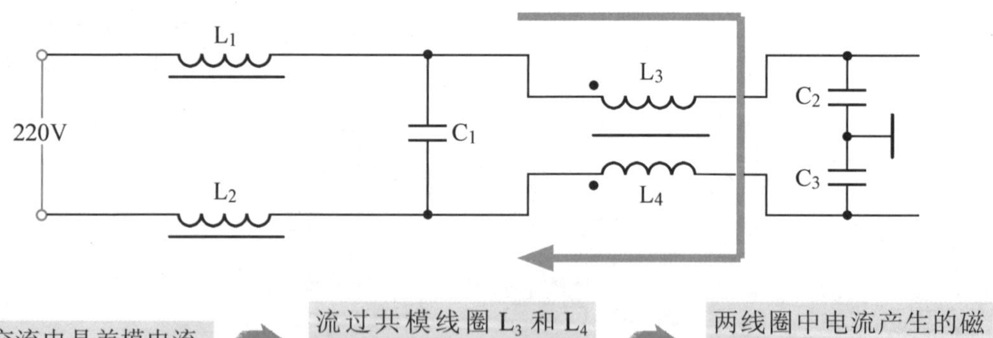

220V 交流电是差模电流 → 流过共模线圈 L_3 和 L_4 的方向如图中实线所示 → 两线圈中电流产生的磁场因方向相反而抵消

这时正常信号电流主要受线圈电阻的影响（这一影响很小），以及少量因漏感造成的阻尼（电感），加上 220V 交流电的频率只有 50Hz，共模电感器电感量不大，所以共模电感器对正常的 220V 交流电感抗很小，不影响 220V 交流电对整机的供电。

共模电流流过共模电感器分析

由于共模电流在共模电感器中为同方向 → 线圈 L_3 和 L_4 内产生同方向的磁场如下图所示 → 增大了线圈 L_3、L_4 的电感量

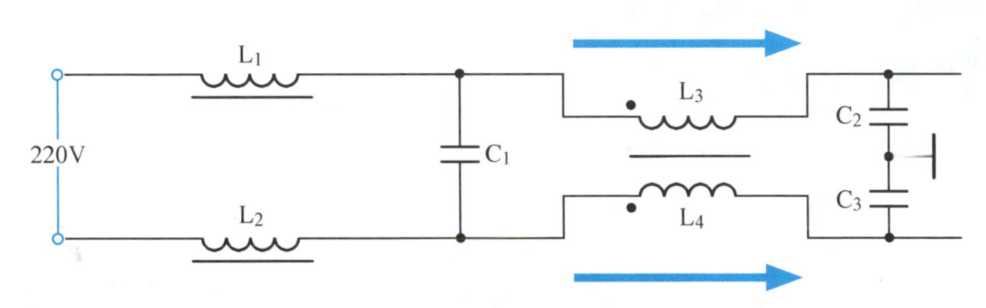

增大了 L_3、L_4 的电感量，即增大了 L_3、L_4 对共模电流的感抗，使共模电流受到了更大的抑制，达到了衰减共模电流的目的，起到了抑制共模干扰噪声的作用。加上两只 Y 电容器 C_2 和 C_3 对共模干扰噪声的滤波作用，共模干扰得到了明显的抑制。

差模电感器电路

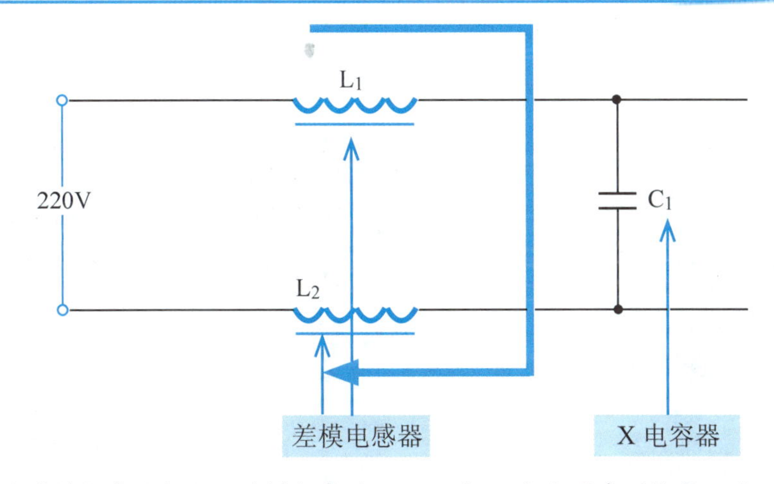

上图所示是差模电感器电路，差模电感器 L_1、L_2 与 X 电容器串联构成回路。

因为 L_1、L_2 对差模高频干扰的感抗大 → X 电容器 C_1 对高频干扰的容抗小 → 将差模干扰噪声滤除，而不能加到后面的电路中，以达到抑制差模高频干扰噪声的目的

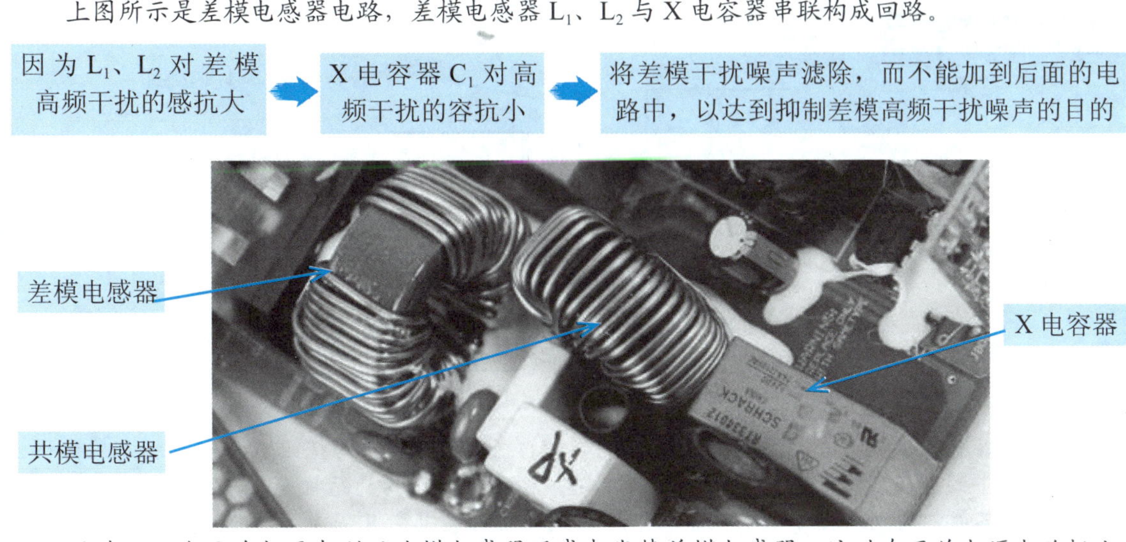

另外，一些开关电源中利用共模电感器漏感来代替差模电感器，这时在开关电源电路板上就看不到差模电感器。

4.2 变压器及其典型应用电路

4.2.1 识别变压器

电源变压器

E 形电源变压器

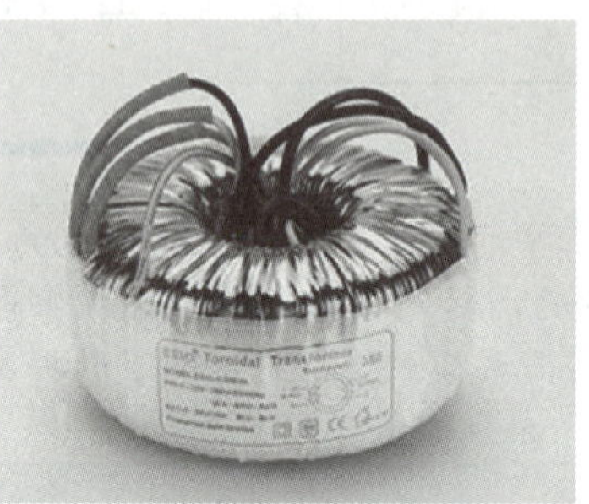

环形电源变压器

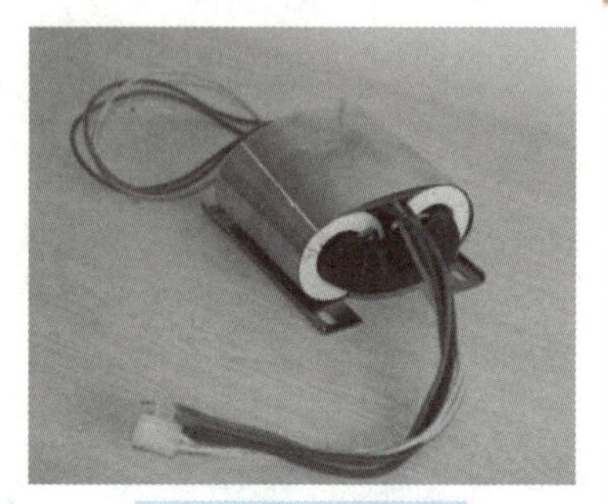

R 形电源变压器

音频变压器

音频输入变压器

音频输出变压器

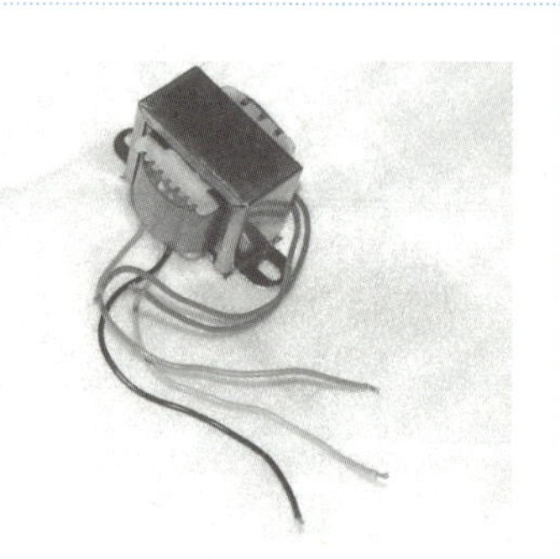

线间变压器

变压器的电路符号

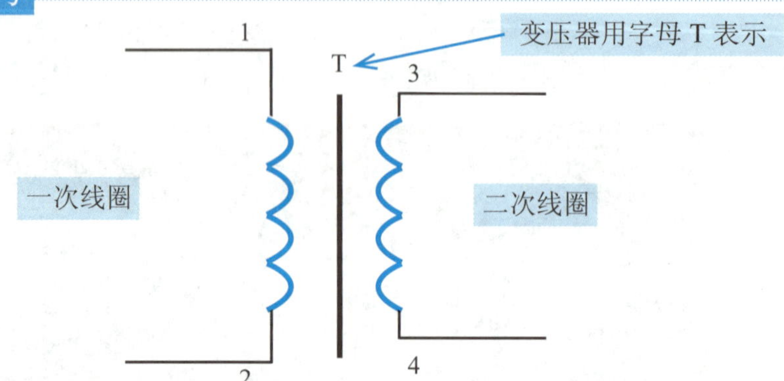

变压器有两组线圈，1、2 为一次线圈（这里的线圈又可以称为绕组），3、4 为二次线圈。电路符号中的垂直实线表示这一变压器有铁芯。但各种变压器的结构是不同的，所以其电路符号也有所不同。在电路符号中变压器用字母 B 或 T 表示，其中 T 是英文 Transformer（变压器）的缩写。

电路符号	解　　读
T 1 2 3 4 5 6 一次侧 二次侧1 二次侧2	该变压器有两组二次线圈，3、4为一组，5、6为另一组。电路符号中虚线表示变压器一次线圈和二次线圈之间没有屏蔽层。屏蔽层一端接线路中的地线（绝不能两端同时接地），起抗干扰作用，这种变压器主要作为电源变压器
T 1 2 3 4 一次侧 二次侧	一次线圈和二次线圈一端画有黑点，是同名端的标记，表示有黑点端的电压极性相同，同名端点的电压同时增大或同时减小
T 1 2 3 4 一次侧 二次侧	变压器一次侧与二次侧之间没有实线，表示这种变压器没有铁芯
T 1 2 3 4 5 一次侧 二次侧	变压器的二次线圈有抽头，即4脚是二次线圈3~5之间的抽头。可以有两种情况：一是当3和4之间匝数等于4和5之间匝数时，4脚称为中心抽头；二是当3和4与4和5之间匝数不等时，4脚是非中心抽头
T 1 2 3 4 5 一次侧 二次侧	一次线圈有一个抽头2，可以输入不同大小电压的交流电
T 1 2 3	这种变压器只有一个线圈，2是它的抽头。这是一个自耦变压器。若2和3之间为一次线圈，1~3之间为二次线圈，则它是升压变压器；当1~3之间为一次线圈时，2和3之间为二次线圈，则它是降压变压器

变压器标注方法识别

变压器的参数表示方法通常用直标法，各种用途变压器标注的具体内容不相同，无统一的格式，下面举几例加以说明。

输出引脚标识

音频输出变压器二次线圈引脚处标出8Ω

变压器的二次线圈负载阻抗应为8Ω

也就是说只能接阻抗为8Ω的负载

电源变压器标识

DB-50-2

DB: 表示电源变压器

50: 表示额定功率为50V·A

2: 表示产品的序号

线圈上标识

有的电源变压器在外壳上标出变压器电路符号(各线圈的结构)，然后在各线圈符号上标出电压数值，说明各线圈的输出电压。

变压比 n

变压比 n 由下式计算：

$n=N_1$（一次匝数）$/N_2$（二次匝数）$=U_1$（一次电压）$/U_2$（二次电压）

变压比参数表示是降压变压器还是升压变压器，还是1:1变压器。

变压比 $n<1$ 是升压变压器 → 一次线圈匝数少于二次线圈匝数。在一些点火器中用这种变压器

变压比 $n>1$ 是降压变压器 → 一次线圈匝数多于二次线圈匝数。普通的电源变压器是这种变压器

变压比 $n=1$ 是1:1变压器 → 一次线圈匝数等于二次线圈匝数。隔离变压器是这种变压器

频率响应

频率响应参数是衡量变压器传输不同频率信号能力的重要参数。

在低频和高频段 → 由于各种原因（一次绕组的电感、漏感等）会造成变压器传输信号的能力下降（信号能量损耗），使频率响应变差

额定功率

额定功率是指在规定频率和电压下，变压器长时间工作而不超过规定温升的最大输出功率，单位为V·A（伏安），一般不用W（瓦特）表示，这是因为在额定功率中会有部分无功功率。

绝缘电阻

绝缘电阻的大小不仅关系到变压器的性能和质量，在电源变压器中还与人身安全有关，所以这是一项安全性能参数。

理想的变压器在一次和二次线圈之间（自耦变压器除外），各线圈与铁芯之间应完全绝缘，但实际上做不到这一点。绝缘电阻由试验结果获得：

$$绝缘电阻=\frac{施加电压(V)}{产生漏电流(\mu A)}(M\Omega)$$

绝缘电阻用1kV绝缘电阻表（摇表）测量时，电阻应在10MΩ以上。

温升

温升指变压器通电后，其温度上升到稳定值时，比环境温度高出的数值。此值越小变压器工作越安全。

效率

变压器在工作时对电能有损耗，用效率来表示变压器对电能的损耗程度。效率用 % 表示，它的定义如下：

$$效率=\frac{输出功率}{输入功率}\times 100\%$$

变压器不可避免地存在各种形式的损耗。显然，损耗越小，变压器的效率越高，变压器的质量越好。

4.2.2 电源变压器典型应用电路

典型的电源变压器电路

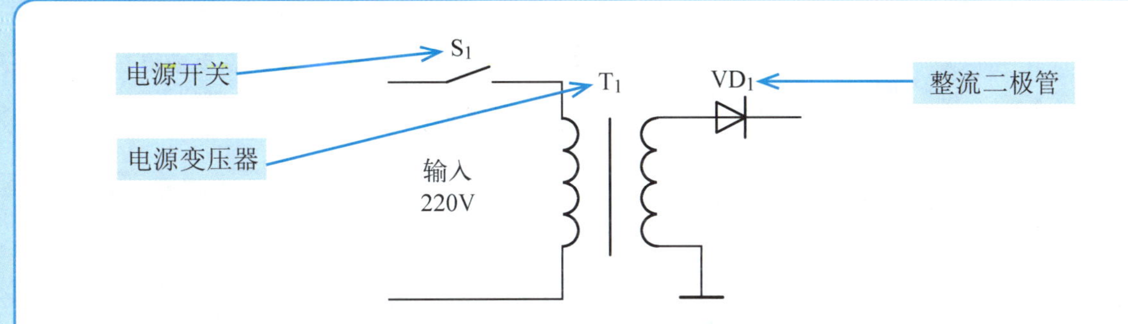

1 电源开关 S_1 闭合时

2 220V 交流市电电压经 S_1(图中未闭合)加到电源变压器 T_1 的一次绕组两端

3 交流电流从 T_1 二次绕组的上端流入，从二次绕组的下端流出

在 T_1 一次绕组中有交流电流时 → T_1 二次绕组两端输出一个较低的交流电压 → T_1 将 220V 交流市电电压降低到合适的低电压

电路中的电源变压器只有一组一次绕组，所以 T_1 输出个交流电压，这一电压直接加到整流二极管 VD_1。如下图所示，变压器将输出电压加到 VD_1 上的电路。

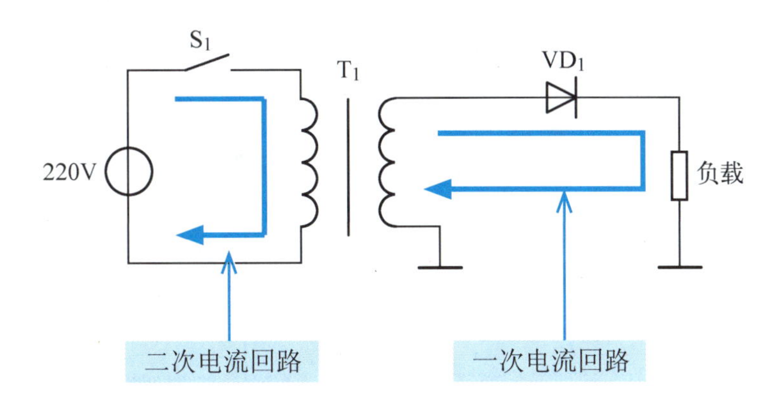

在看如上所示的电路时，这一电源变压器降压电路工作原理分析主要抓住下列两个关键点。

看清电源变压器有几组二次绕组

上面的电源变压器降压电路中 T_1 只有一组二次绕组，所以是最简单的电源变压器降压电路。

找出二组绕组的哪一个端接地线

找出接地绕组，这一点对检修电源变压器降压电路的故障十分重要，因为在电源变压器电路故障检修过程中主要使用测量电压的方法，而在测量电压过程中找出电路的地线相当重要。

二次抽头变压器电路

电源变压器的一次绕组结构的变化 ➡ 主要出现在能够使用 220V/110V 交流市电电压的电子电器中

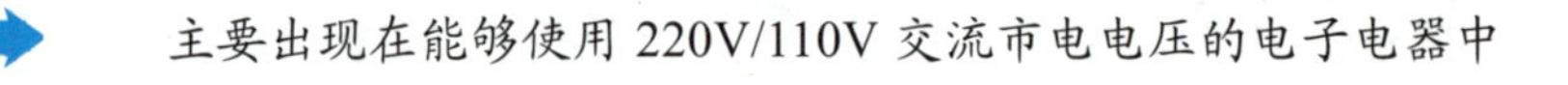

电源变压器二次绕组结构的变化 ➡ 如二次绕组的抽头变化、多个二次绕组等，这也是电源变压器降压电路的主要变化电路

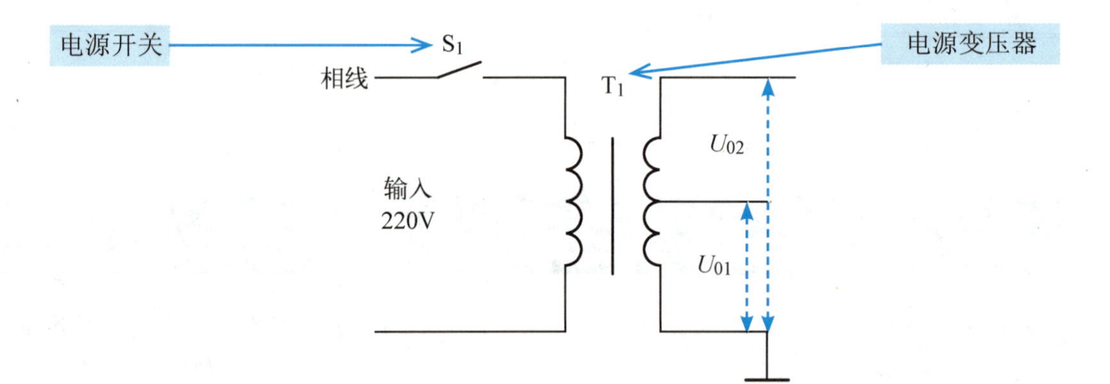

观察上图中的 T_1 就会发现，这一电路中的 T_1 一次绕组结构与上面的电路一样，但二次绕组不同，二次绕组有抽头，且二次绕组下端接地线，这样它有两组交流输出电压，即电路中的 U_{01} 和 U_{02}，其两组波形分别如下所示。

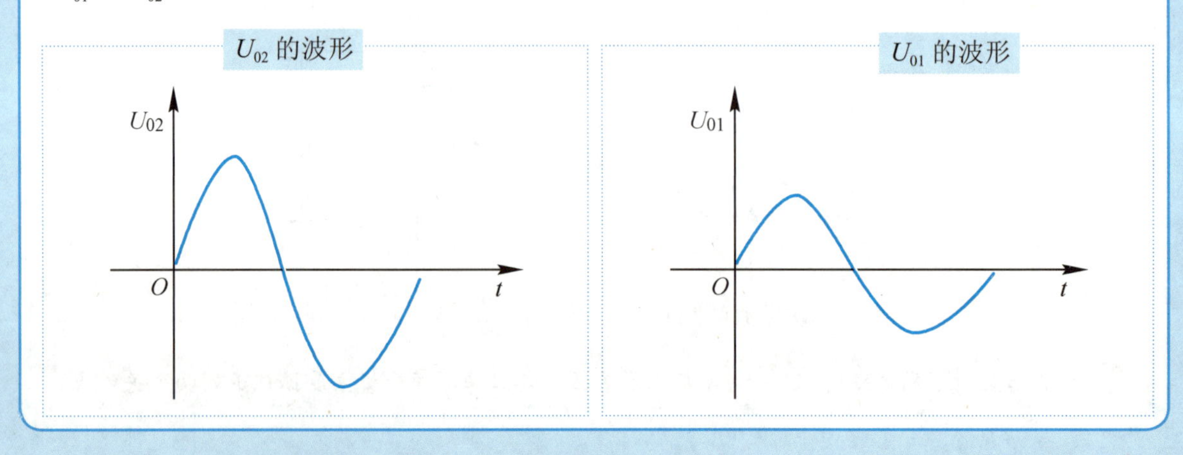

下图为另一种二次绕组带抽头的电源变压器电路。

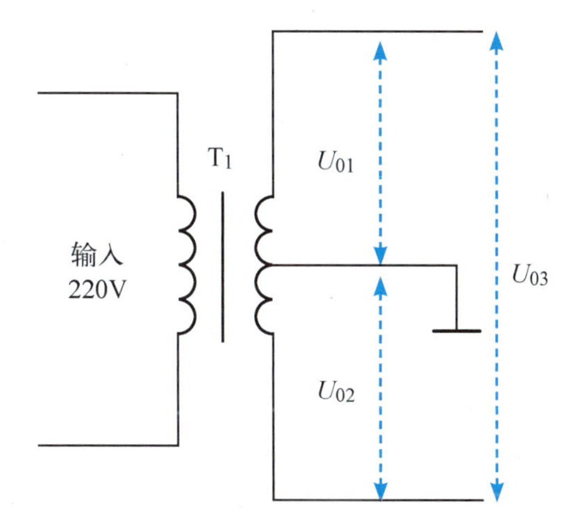

电源变压器 T_1 有一组二次绕组，二次绕组设有一个抽头，抽头接地线，所以也能够输出两组交流电压，这两个交流电压可以直接加到各自的整流电路中。由于抽头设在二次绕组的中间，所以抽头接地后抽头以上绕组和抽头以下绕组之间能够分别输出两个相位不同的交流电压，如图中输出电压 U_{01}、U_{02} 波形所示。

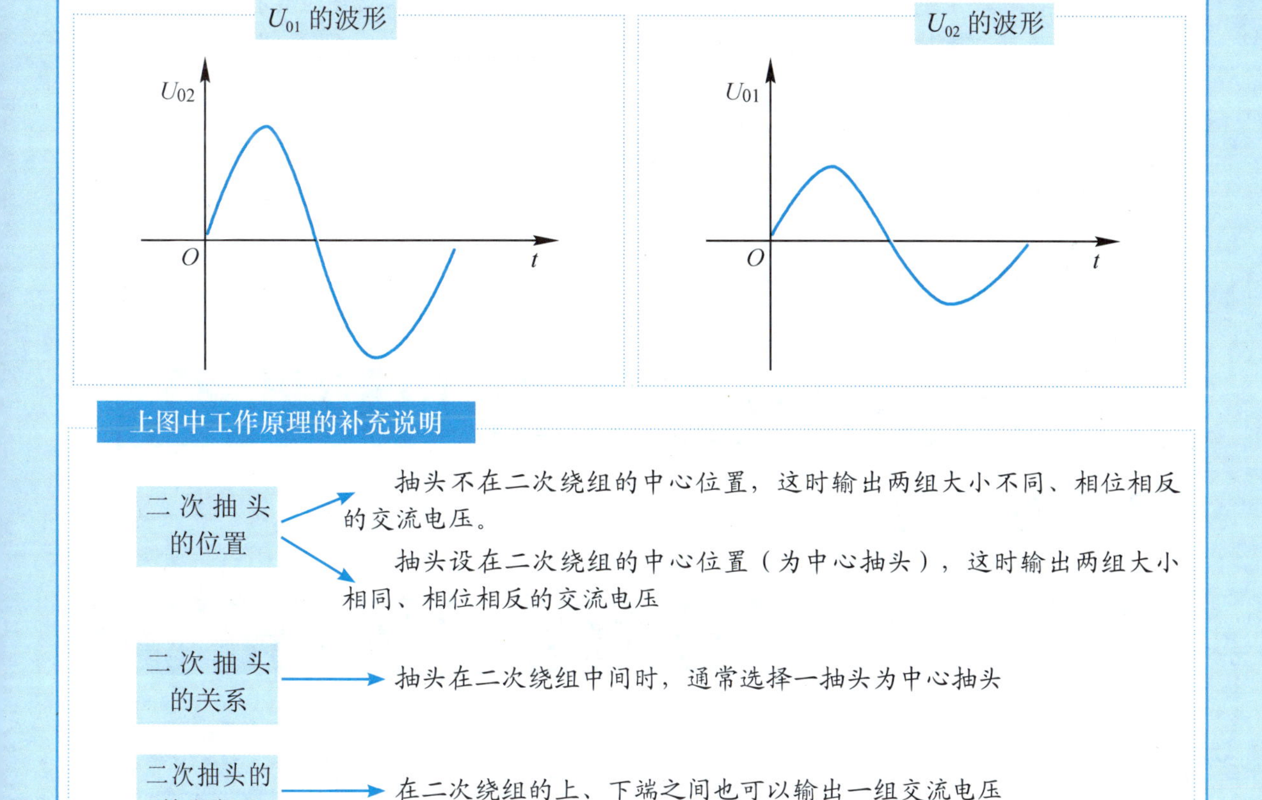

具有交流输入电压转换装置的电源变压器电路

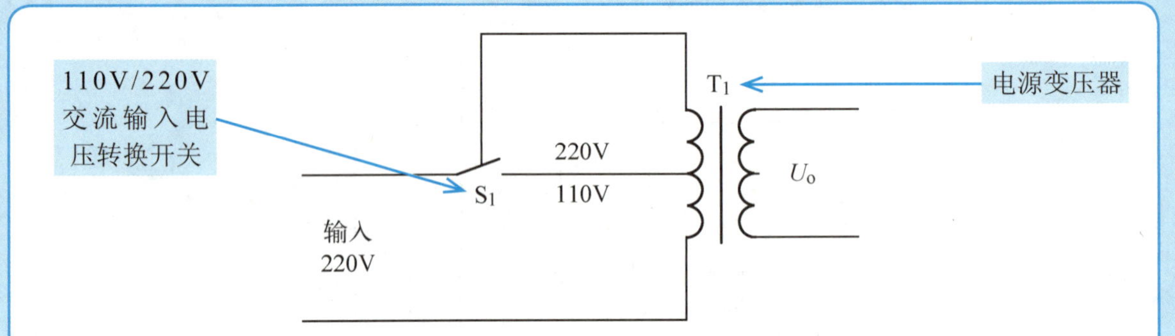

110V/220V 交流输入电压转换开关 ➡ 这是一个工作在 110V/220V 交流市电电压下的电源转换开关，是一个机械式开关，为单刀双掷式开关

电源变压器 ➡ 交流电压转换电路主要是电源变压器一次绕组设置抽头

交流电压转换原理

关于交流电压转换原理主要说明如下。

电源变压器 ➡ 变压器有一个特性，即一次绕组和二次绕组每伏电压的匝数相同

电源变压器每 10 匝电压 ➡ 假设电源变压器一次绕组共有 2200 匝，二次绕组共有 50 匝，二次绕组输出 5V 交流电压，也就是每 10 匝线圈 1V，一次绕组和二次绕组一样也是每 10 匝线圈 1V

电源变压器一次的抽头 ➡ 这种电路中的电源变压器一次侧设有抽头，不同的交流输入电压接一次绕组的不同位置，就能保证电源变压器二次侧输出的交流电压相同

220V 输入时的电路

在交流市电为 220V 的地区使用时：

1. 交流电压转换开关 S_1 在图示的“220V”位置上
2. 220V 交流电压加到 T_1 全部的一次绕组上
3. T_1 二次侧输出交流电压为 U_o

110V 输入时的电路

在交流市电为 110V 的地区使用时：

1. 交流电压转换开关 S_1 转换到图示 110V 位置时
2. 110V 交流电压加到 T_1 的一部分一次绕组上
3. 二次绕组输出的交流电压为 U_o，大小不变，实现交流电压的转换

开关变压器电路

在交流市电为 220V 的地区使用时开关变压器有如下特点：

开关变压器工作特点

工作频率高 → 工频变压器的工作频率为 50Hz，而开关变压器工作频率在几十千赫以上

高额磁芯 → 由于开关变压器的工作频率高，所以不使用低频铁芯，而采用高频磁芯

脉冲式工作 → 工额变压器一次输入为 220V、50Hz 交流电，而开关变压器工作在脉冲状态下

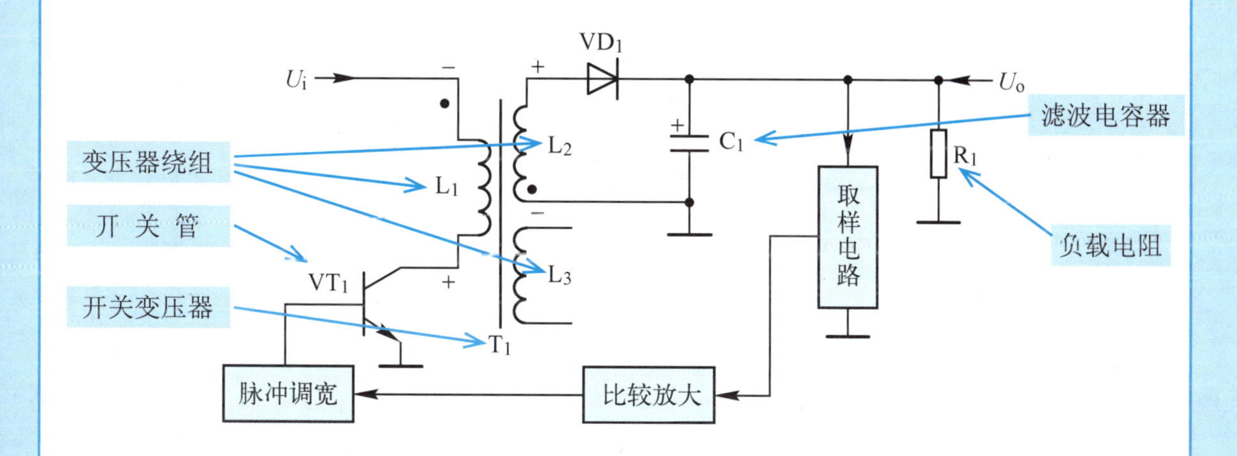

VT_1 基极开关脉冲为高电平时电路分析

1. VT_1 导通
2. 输入电压 U_i 产生的电流通过 L_1 和导通的 VT_1 构成回路
3. 此时将电能以磁能的形式储存在 L_1 中

从电路中 L_1 和 L_2 的同名端标记可以知道，由于此时 VT_1 集电极为低电平，所以 VD_1 正极为低电平，VD_1 截止，此期间由电容中的储能为负载提供能量。

VT_1 基极开关脉冲为低电平时电路分析

1. VT_1 截止，L_1 产生反向电动势
2. L_1 极性为上负下正，这一脉冲电压由变压器耦合到二次绕组 L_2
3. 二次绕组 L_2 极性为上正下负，即这一电动势使 VD_1 导通
4. 电动势产生的电流流过 VD_1
5. 对 C_1 充电，此期间完成将 L_1 中的磁能转换成 C_1 中的电能。

改变 VT_1 基极脉冲的特性，便可以改变稳压电路输出电压的大小。

4.2.3 音频输入/输出应用电路

音频输入应用电路

下图所示为音频输入变压器电路，电路中的 T_1 是音频输入变压器，它有两组独立的二次绕组，能够分别输出两组音频信号电压。

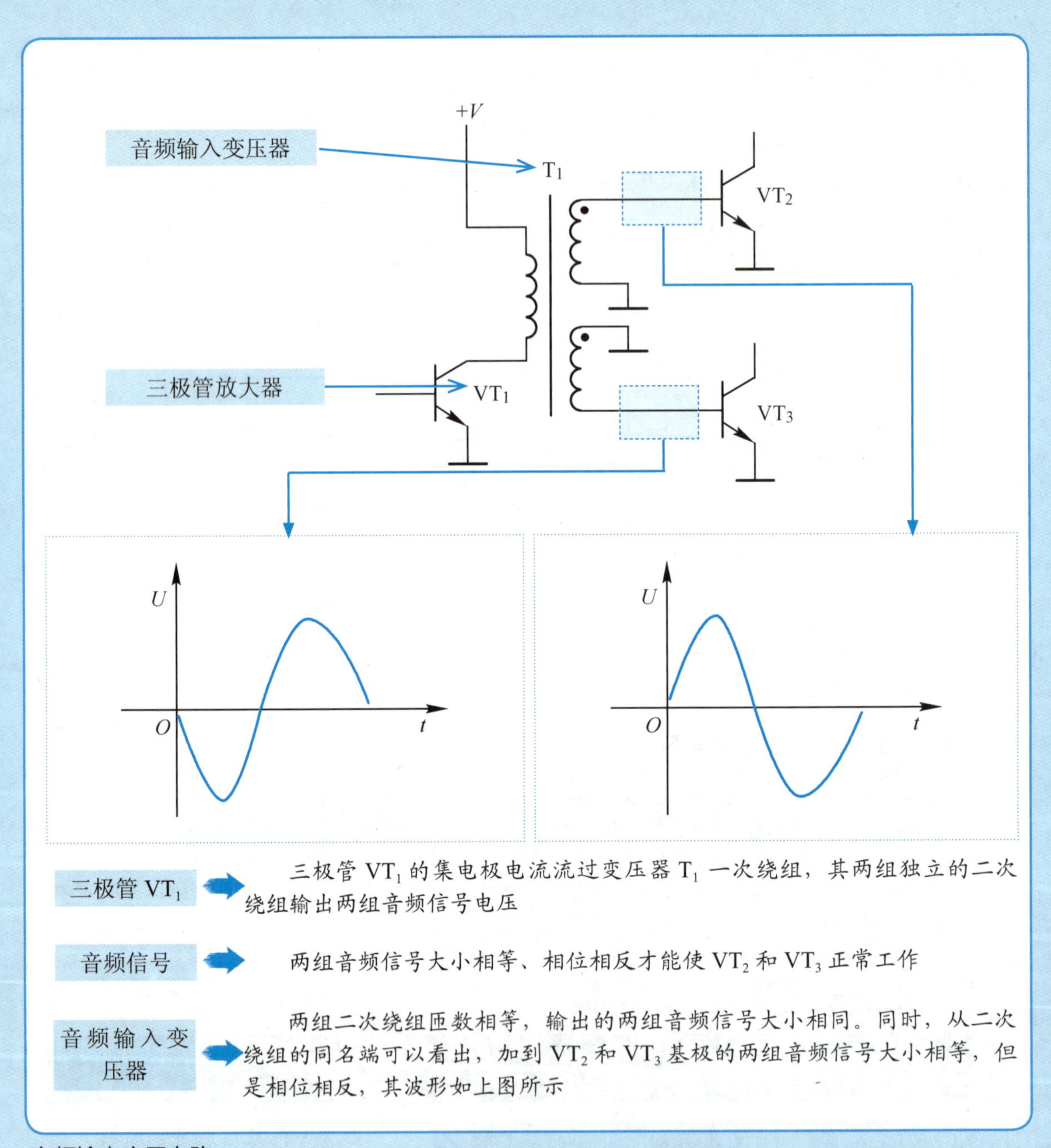

三极管 VT_1 → 三极管 VT_1 的集电极电流流过变压器 T_1 一次绕组，其两组独立的二次绕组输出两组音频信号电压

音频信号 → 两组音频信号大小相等、相位相反才能使 VT_2 和 VT_3 正常工作

音频输入变压器 → 两组二次绕组匝数相等，输出的两组音频信号大小相同。同时，从二次绕组的同名端可以看出，加到 VT_2 和 VT_3 基极的两组音频信号大小相等，但是相位相反，其波形如上图所示

音频输出应用电路

如下图所示为音频输出耦合变压器电路。

T_2 为输出耦合变压器 → 一次绕组具有中心抽头，它的作用是耦合、隔直和阻抗变换，要注意 T_2 一次绕组对某一只三极管而言只有一半绕组有效

VT_2/VT_3 为放大管 → 只用了D和F之间的绕组，对 VT_3 而言，只用了E和F之间的绕组。所以，要分析这一输出耦合变压器的阻抗变换作用时，一次绕组只有一半的匝数有效

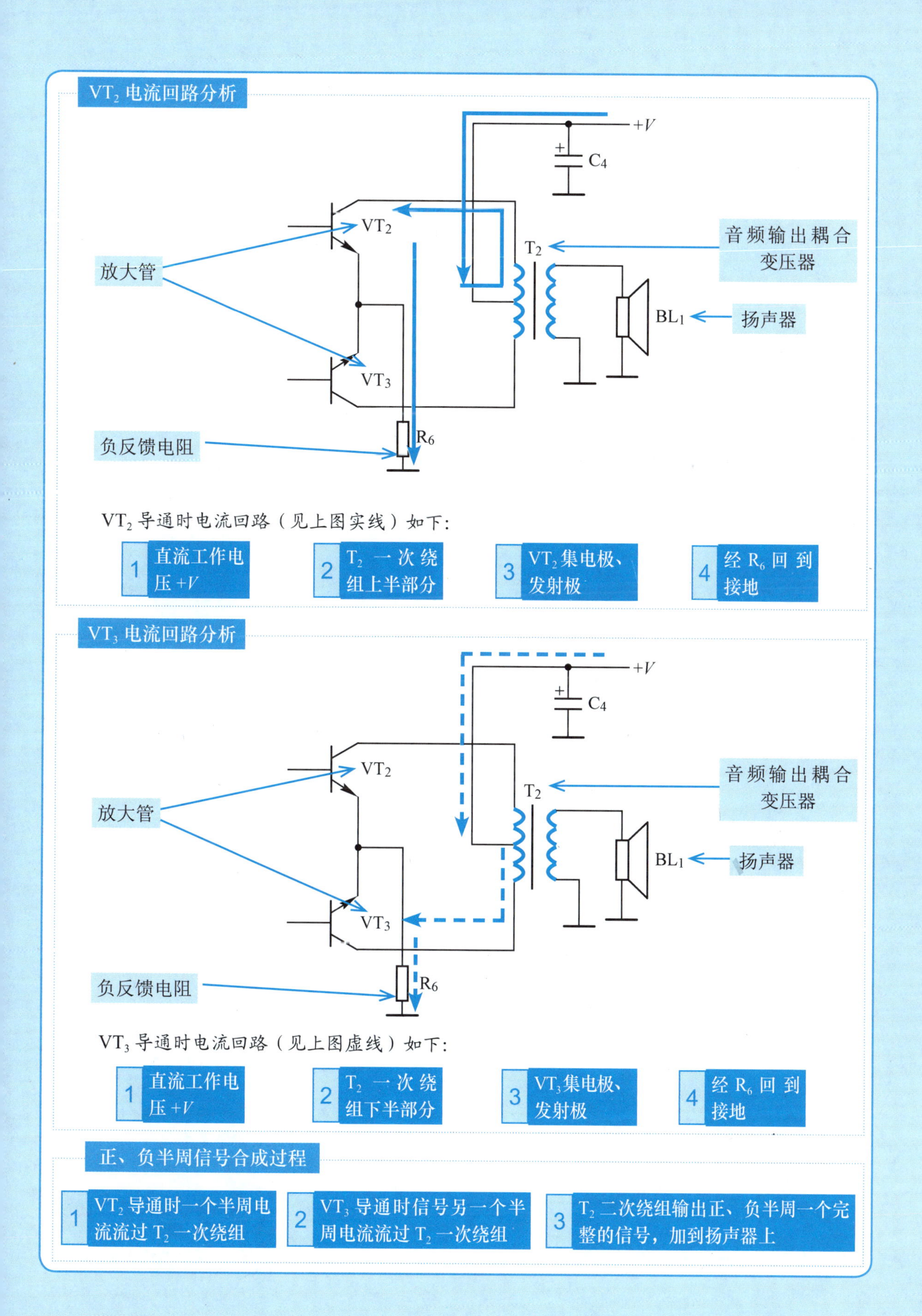
VT₂ 电流回路分析
+V
C4
VT2
T2
音频输出耦合变压器
放大管
BL1
扬声器
VT3
负反馈电阻
R6
VT₂ 导通时电流回路（见上图实线）如下：
1 直流工作电压 +V
2 T₂ 一次绕组上半部分
3 VT₂ 集电极、发射极
4 经 R₆ 回到接地
VT₃ 电流回路分析
+V
C4
VT2
T2
音频输出耦合变压器
放大管
BL1
扬声器
VT3
负反馈电阻
R6
VT₃ 导通时电流回路（见上图虚线）如下：
1 直流工作电压 +V
2 T₂ 一次绕组下半部分
3 VT₃ 集电极、发射极
4 经 R₆ 回到接地
正、负半周信号合成过程
1 VT₂ 导通时一个半周电流流过 T₂ 一次绕组
2 VT₃ 导通时信号另一个半周电流流过 T₂ 一次绕组
3 T₂ 二次绕组输出正、负半周一个完整的信号，加到扬声器上

第5章

晶体管及其典型应用电路

5.1 晶体管基础

5.1.1 晶体管的特性

晶体三极管又称晶体管，是一种具有放大功能的半导体器件。

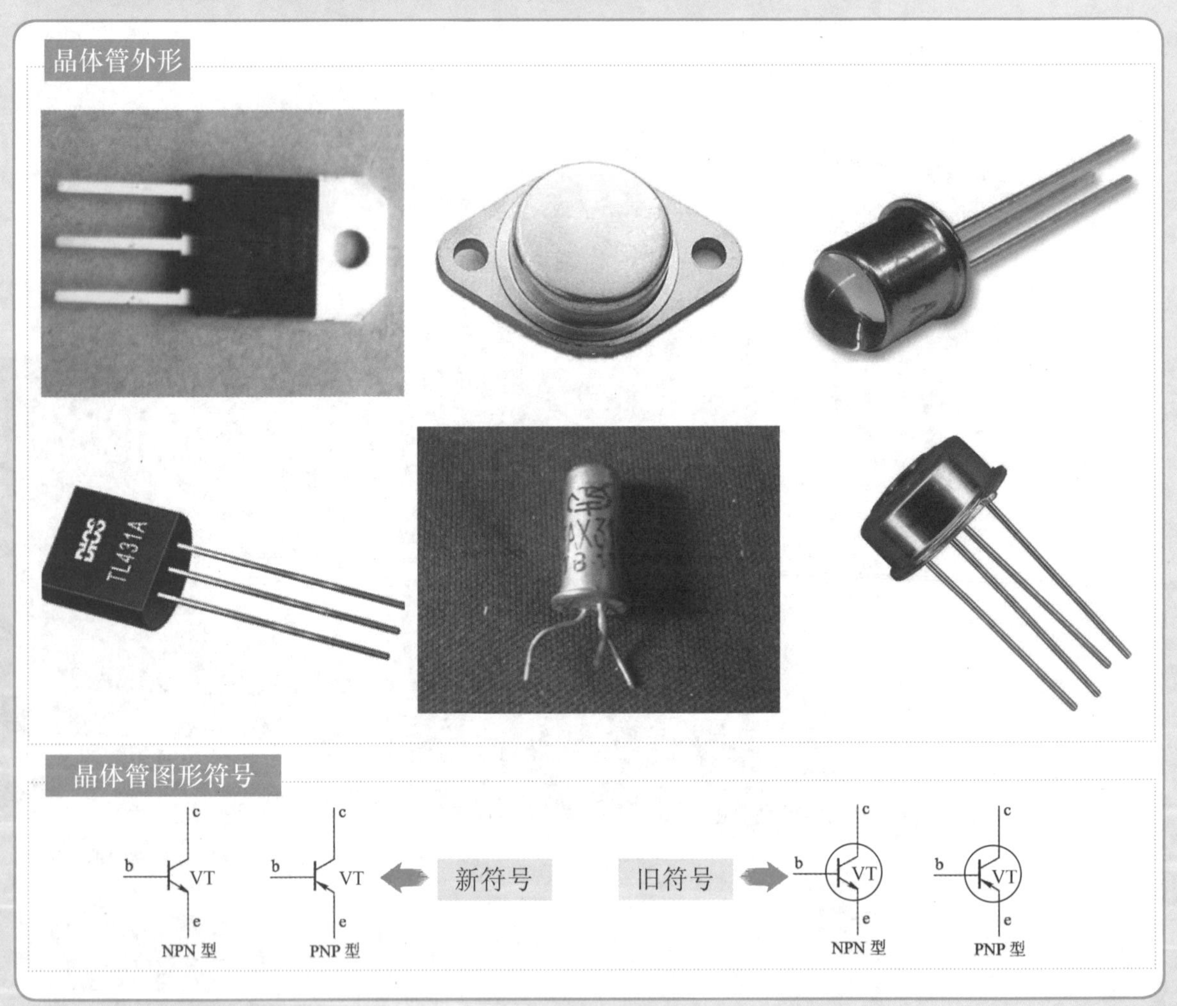

PNP 型晶体管电流、电压的规律

单独的晶体管是无法正常工作的，在电路中需要为它的各极提供电压，让它内部有电流流过，这样的晶体管才具有放大能力。为晶体管各极提供电压的电路称为偏置电路。

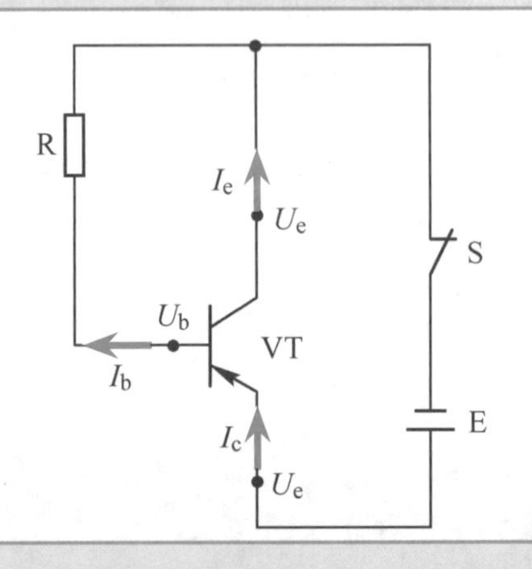

1. 当闭合电源开关 S 后，电流马上流过晶体管，使其导通
2. 流经发射极的电流称为 I_e 电流
3. 流经基极的电流称为 I_b 电流
4. 流经集电极的电流称为 I_c 电流

I_e 电流的流向如下：

1 从电源的正极输出电流

2 电流流入晶体管 VT 的发射极

3 电流在晶体管内部分为两路

4 一路从 VT 的基极流出，此为 I_b 电流

4 一路从 VT 的集电极流出，此为 I_c 电流

I_b 电流的流向如下：

1 VT 基极流出电流

2 电流流经电阻 R

3 开关 S

4 流到电源的负极

I_c 电流的流向如下：

1 VT 集电极流出的电流

2 经开关 S

3 流到电源的负极

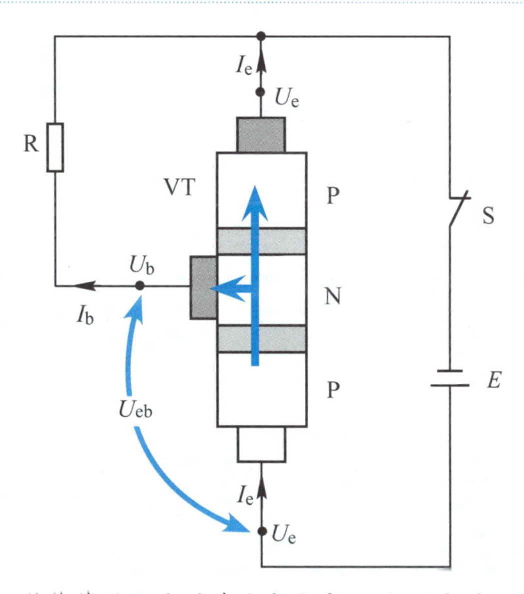

从上图可以看出，流入晶体管的 I_e 电流在内部分成 I_b 和 I_c 电流，即发射极流入的 I_e 电流在内部分成 I_b 和 I_c 电流分别从基极和集电极流出。PNP 型晶体管的 I_e、I_b、I_c 电流的关系为

$$I_b+I_c=I_e$$

电压关系

从上面两幅电路图可以看出，PNP 型晶体管 VT 的发射极直接接电源的正极，集电极直接接电源的负极，基极通过电阻 R 接电源的负极。PNP 型晶体管 U_e、U_b、U_c 电压之间的关系为

$$U_e>U_b>U_c$$

$U_e > U_b$ → 发射区的电压较基区的电压高，两区之间的发射结（PN 结）导通，这样发射区大量的电荷才能穿过发射结到达基区。晶体管发射极与基极之间的电压（电位差）U_{eb}（$U_{eb}=U_e-U_b$）称为发射结正向电压

$U_b > U_c$ ➡ 可以使集电区电压较基区电压低，这样才能使集电区有足够的吸引力（电压越低，对正电荷吸引力越大），将基区内的大量电荷吸引穿过集电结而到达集电区

NPN 型晶体管的电流、电压规律

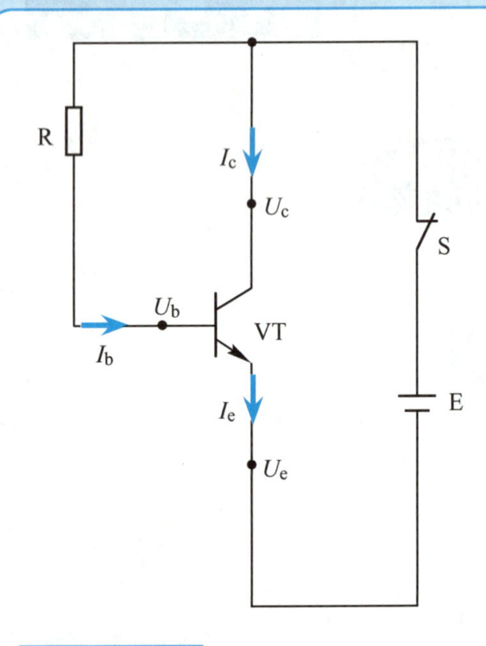

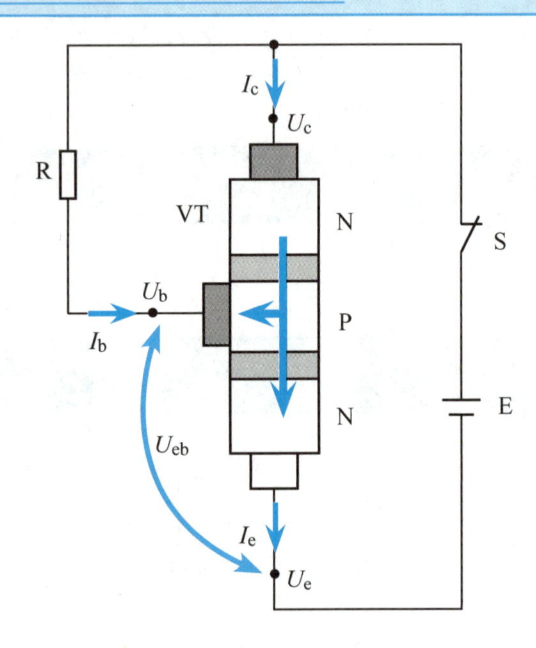

电流关系

1 当开关 S 闭合后 → 2 电源输出的电流马上流过晶体管，晶体管导通 → 3 流经发射极的电流称为 I_e 电流，流经基极的电流称为 I_b 电流，流经集电极的电流称为 I_c 电流

I_b、I_c、I_e 电流的途径分别如下：

I_b 的电流 ➡ 1 从电源的正极输出电流 → 2 开关 S → 3 电阻 R → 4 电流流入晶体管 VT 的基极，流入基区

I_c 的电流 ➡ 1 从电源的正极输出电流 → 2 流入晶体管 VT 的集电极 → 3 到达集电区，流入基区

I_e 的电流 ➡ 1 晶体管基极和集电极流入的 I_b、I_c 在基区汇合 → 2 发射区 → 3 电流从发射极输出 → 4 电源的负极

经过上面的分析不难看出，NPN 型晶体管 I_e、I_b、I_c 电流的关系是：$I_b + I_c = I_e$，并且 I_c 电流要远大于 I_b 电流。

电压关系

NPN 型晶体管的集电极接电源的正极，发射极接电源的负极，基极通过电阻接电源的正极。故 NPN 型晶体管 U_e、U_b、U_c 电压之间的关系是

$$U_e < U_b < U_c$$

$U_c > U_b$ ➡ 可以使基区电压较集电区电压低，这样基区才能将集电区的电荷吸引穿过集电结而到达基区

$U_b > U_e$ ➡ 可以使发射区的电压较基极的电压低，两区之间的发射结（PN 结）导通，基区的电荷才能穿过发射结到达发射区

晶体管工作状态（截止、放大和饱和）

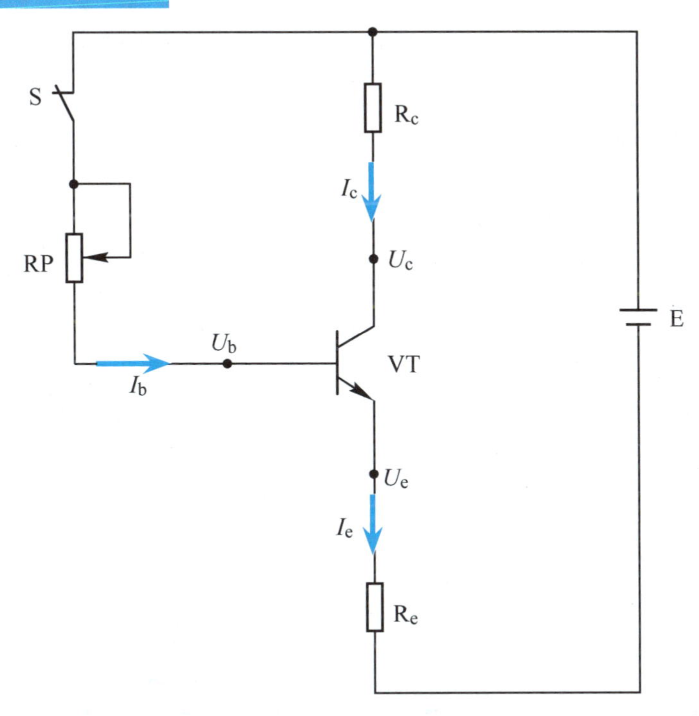

1 当开关 S 处于断开状态时

2 晶体管 VT 的基极供电切断，无 I_b 电流流入

3 晶体管内部无法导通，I_c 电流无法流入晶体管，晶体管发射极也就没有 I_e 电流流出

截止状态 ➡ 晶体管无 I_b、I_c、I_e 电流流过的状态（即 I_b、I_c、I_e 都为 0A）称为截止状态

4 当开关 S 闭合后

5 晶体管 VT 的基极有 I_b 电流流入

6 晶体管内部导通，I_c 电流从集电极流入晶体管

7 在内部 I_b、I_c 电流汇成 I_e 电流流出

8 此时调节电位器 RP

9 I_b 电流变化，I_c 电流也会随之变化

10 当RP滑动端下移时，其阻值减小

11 I_b 电流增大，I_c 也增大，两者满足 $I_c=\beta I_b$ 的关系

放大状态 ➡ 晶体管有 I_b、I_c、I_e 电流流过且满足 $I_c=\beta I_b$ 的状态称为放大状态

12 在开关 S 处于闭合状态时

13 将电位器 RP 的阻值不断调小

14 晶体管 VT 的基极电流 I_b 就会不断增大，I_c 电流也随之增大

15 当 I_b、I_c 增大到一定程度

16 I_b 再增大，I_c 不会随之再增大，而是保持不变，此时 $I_c < \beta I_b$

饱和状态 ➡ 晶体管有很大的 I_b、I_c、I_e 电流流过且满足 $I_c < \beta I_b$ 的状态称为饱和状态

截止状态 → 当晶体管处于截止状态时，无 I_b、I_c、I_e 电流通过

放大状态 → 当晶体管处于放大状态时，有 I_b、I_c、I_e 电流通过，并且 I_b 变化时 I_c 也会变化（即 I_b 电流可以控制 I_c 电流），晶体管具有放大功能

饱和状态 → 当晶体管处于饱和状态时，有很大的 I_b、I_c、I_e 电流通过，I_b 变化时 I_c 不会变化（即 I_b 电流无法控制 I_c 电流）

晶体管有 3 种工作状态，处于不同状态时可以实现不同的功能。当晶体管处于放大状态时，可以对信号进行放大；当晶体管处于饱和与截止状态时，可以当电子开关使用。

放大状态的应用

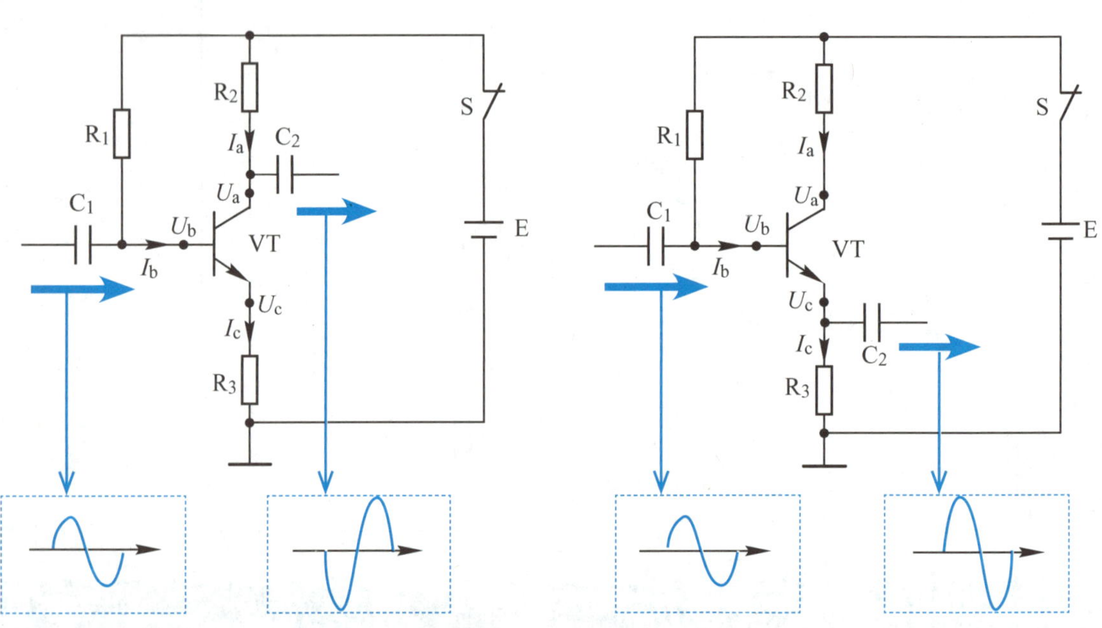

电阻 R_1 的阻值很大，流进晶体管基极的电流 I_b 较小，从集电极流入的 I_c 电流也不是很大，I_b 电流变化时 I_c 也会随之变化，故晶体管处于放大状态。

1 当闭合开关 S 后

2 有 I_b 电流通过 R_1

3 流入晶体管 VT 的基极

4 马上有 I_c 电流流入 VT 的集电极

5 从 VT 的发射极流出 I_e 电流

6 晶体管有正常大小的 I_b、I_c、I_e 流过，处于放大状态

7 这时如果将一个微弱的交流信号经 C_1 送到晶体管的基极

8 经放大后从集电极输出，该信号经 C_2 送往后级电路

饱和截止状态的应用

1 当闭合开关 S 后

2 有 I_b 电流通过 S_1、R 流入晶体管 VT 的基极

3 马上有 I_c 电流流入 VT 的集电极

4 从发射极输出 I_e 电流，由于 R 的阻值很小

5 VT 基极电压很高

6 I_b 电流很大，I_c 电流也很大，并且 $I_c<\beta I_b$，晶体管处于饱和状态

7 晶体管进入饱和状态后，从集电极流入、发射极流出的电流很大

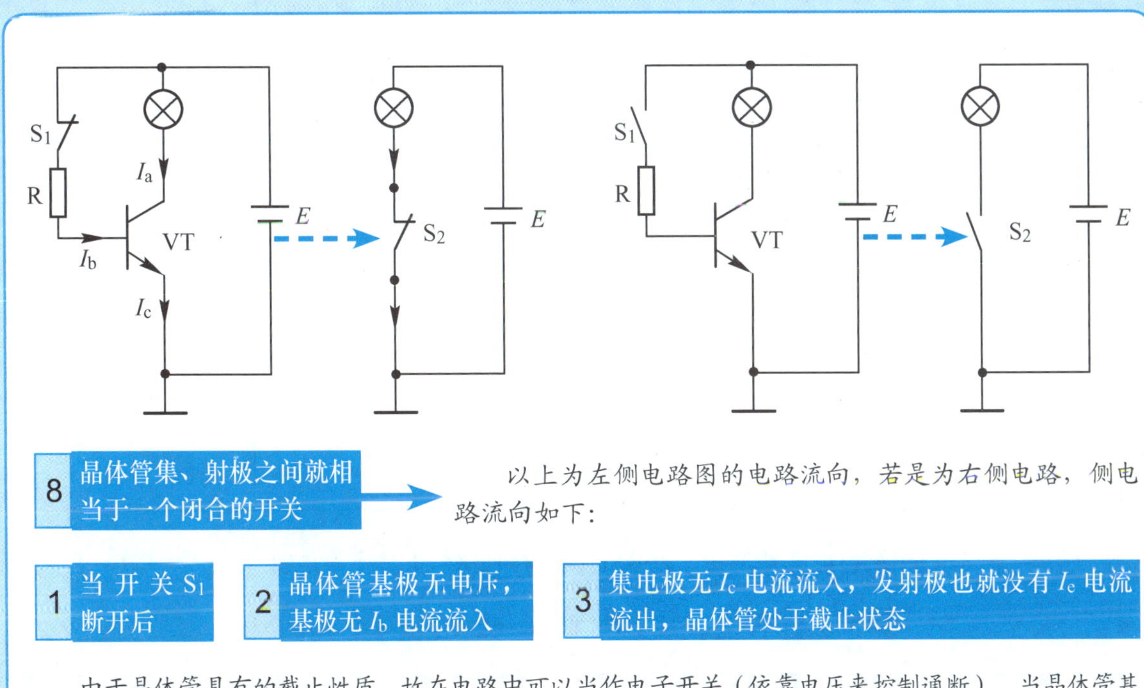

由于晶体管具有的截止性质，故在电路中可以当作电子开关（依靠电压来控制通断）。当晶体管基极加较高的电压时，集电极和发射极之间导通；当晶体管基极不加电压时，集电极、发射极之间断开。

5.1.2 晶体管的分类

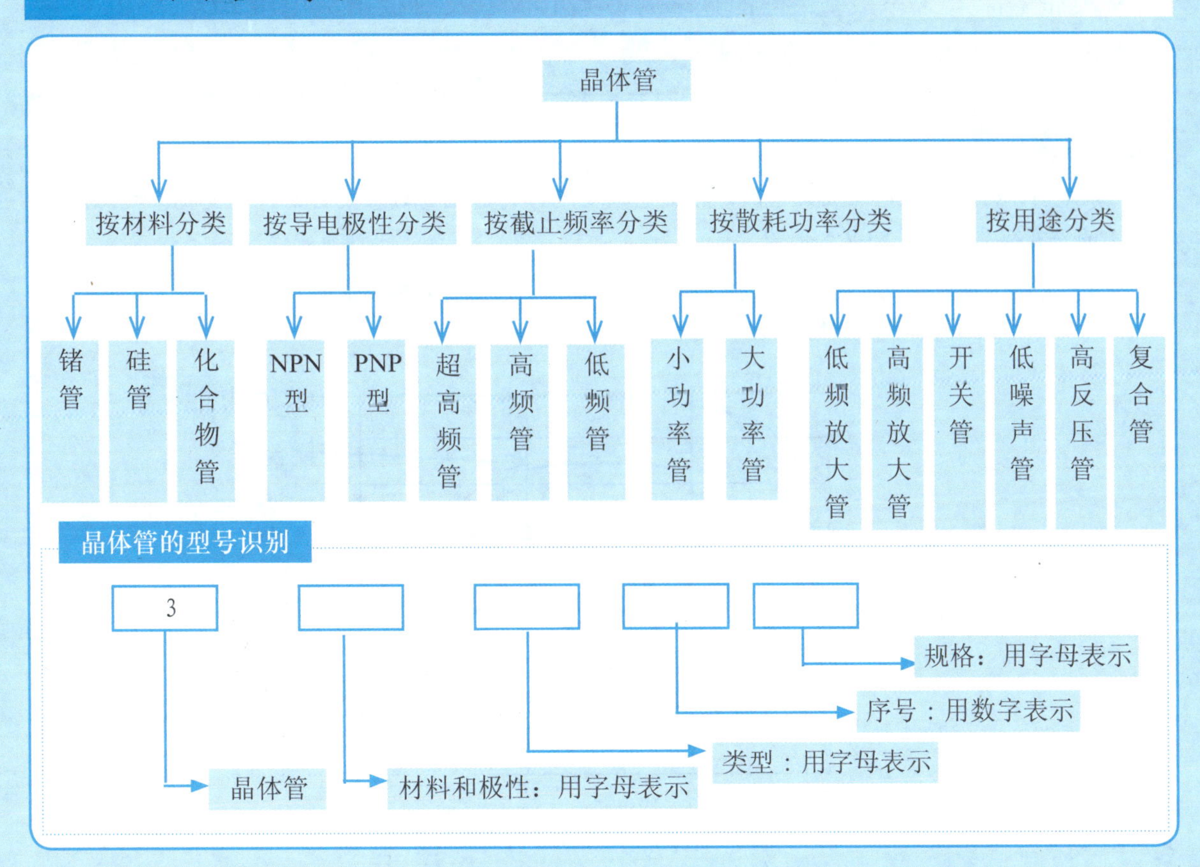

第一部分	第二部分	第三部分	第四部分	第五部分
3	A：PNP 型锗材料	X：低频小功率管	序号	规格（可缺）
	B：NPN 型锗材料	G：高频小功率管		
	C：PNP 型硅材料	D：低频大功率管		
	D：NPN 型硅材料	A：高频大功率管		
	E：化合物材料	K：开关管		
		T：闸流管		
		J：结型场效应管		
		O：MOS 场效应管		
		U：光电管		

3AX31 → 为 PNP 型锗材料低频小功率晶体管

3DG6B → 为 NPN 型硅材料高频小功率晶体管

5.1.3 晶体管的性能参数

晶体管的参数很多，包括直流参数、交流参数、极限参数 3 类，但一般使用时只需关注电流放大系数 β、特征频率 f_T、集电极 – 发射极击穿电压 BU_{CEO}、集电极最大电流 I_{CM} 和集电极最大功耗 P_{CM} 等。

电流放大系数

β 是晶体管的交流电流放大系数，指集电极电流 I_c 的变化量与基极电流 I_b 的变化量之比，反映了晶体管对交流信号的放大能力。

h_{FE} 是晶体管的直流电流放大系数（也可用 β 表示），指集电极电流 I_c 与基极电流 I_b 的比值，反映了晶体管对直流信号的放大能力。

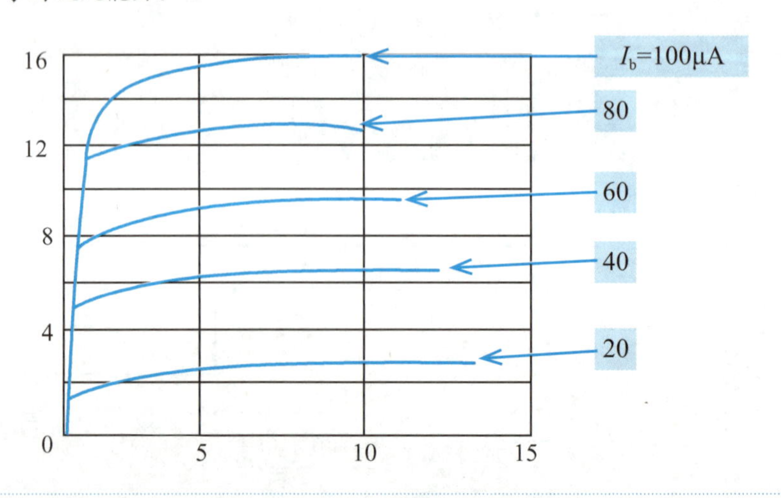

上图所示为 3DG6 管的输出特性曲线，当 I_b 从 40μA 上升到 60μA 时，相应的 I_c 从 6μA 上升到 9μA，其电流放大系数为

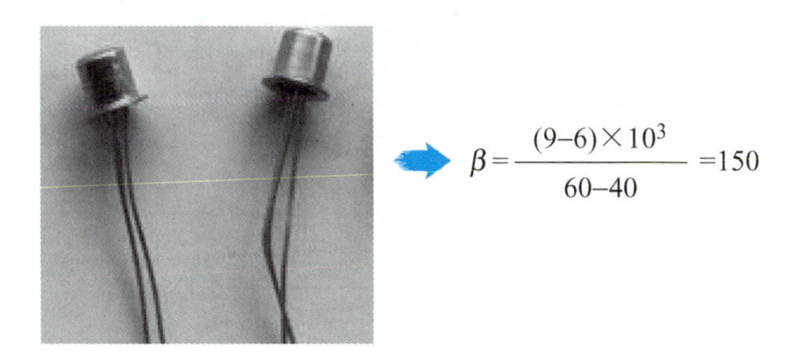

特征频率

晶体管的电流放大系数 β 与工作频率有关，工作频率超过一定值时，β 值开始下降。当 β 值下降为 1 时，所对应的频率即为特征频率 f_T。

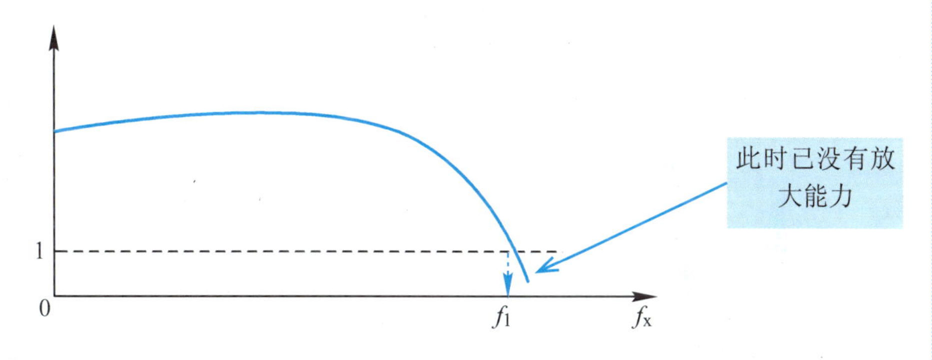

集射极击穿电压

集电极－发射极击穿电压 BU_{CEO} 是晶体管的一项极限参数。

BU_{CEO} → 是指基极开路时，所允许加在集电极与发射极之间的最大电压。一旦工作电压超过 BU_{CEO}，晶体管将可能被击穿

集电极最大电流

集电极最大电流 I_{CM} 也是晶体管的一项极限参数。

I_{CM} → 是指晶体管正常工作时，集电极所允许通过的最大电流。晶体管的工作电流不应超过 I_{CM}

集电极最大功耗

集电极最大功耗 P_{CM} 是晶体管的又一项极限参数。

P_{CM} → 是指晶体管性能不变坏时所允许的最大集电极耗散功率。使用时，晶体管实际功耗应小于 P_{CM} 并留有一定余量，以防烧管

5.2 晶体管典型应用电路

5.2.1 晶体管固定式偏置电路

固定式偏置电阻的电路特征是：固定式偏置电阻的一根引脚必须与晶体管基极直接相连，另一根引脚与正电源端或地线端直接相连。

典型固定式偏量电路

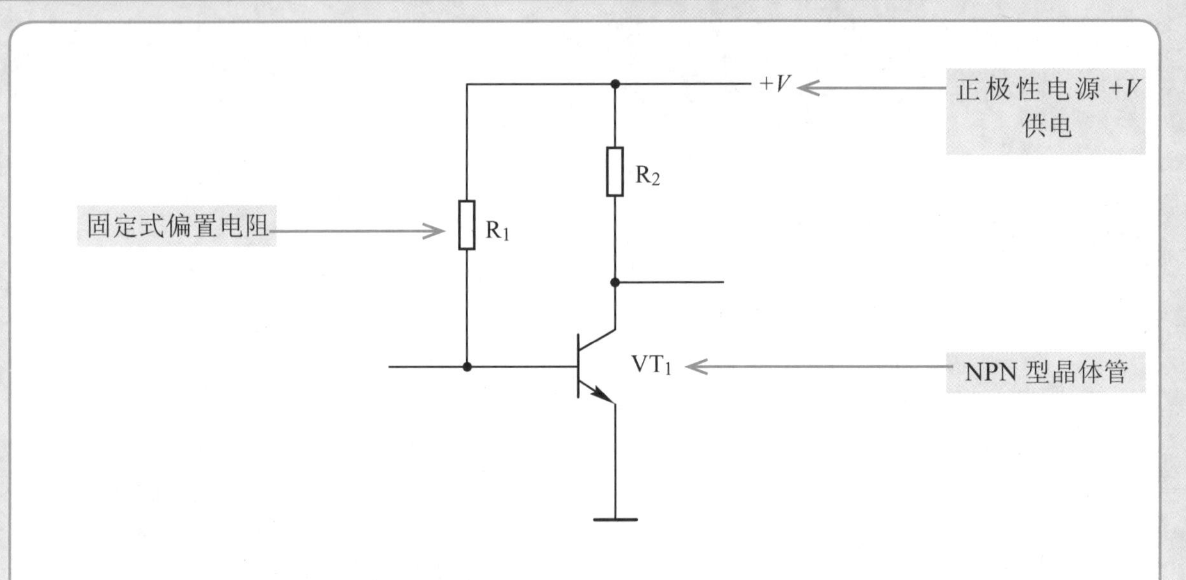

固定式偏置电阻 ➡ 在直流工作电压 $+V$ 和电阻 R_1 的阻值大小确定后，流入晶体管基极的电流就是确定的，所以 R_1 称为固定式偏置电阻

电流回路如下：

1 直流工作电压 $+V$ 产生的直流电流 → 2 通过 R_1 流入晶体管 VT_1 内部 → 3 晶体管 VT_1 基极 → 4 VT_1 发射极 → 5 地线

无论是采用正极性直流电源还是负极性直流电源，也无论是 NPN 型晶体管还是 PNP 型晶体管，其固定式偏置电阻只有一个。

负极性电源供电 NPN 型晶体管固定式偏置电路

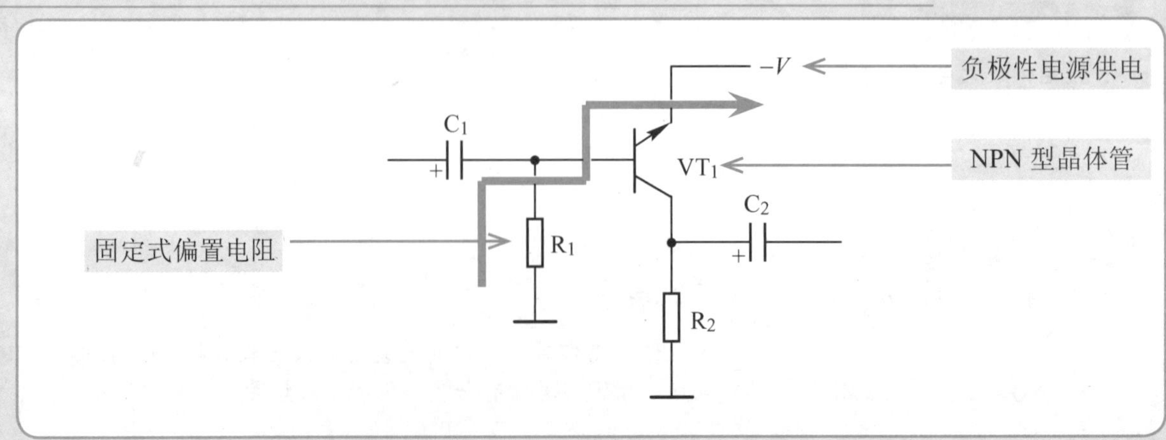

固定式偏置电阻　R_1 是基极偏置电阻。R_1 构成 VT_1 的固定式基极偏置电路，可以为 VT_1 提供基极电流

基极电流从地线（即电路的正极端）经电阻 R_1 流入晶体管 VT_1 基极。

1 在负极性电源供电电路中，电路地线的直流电压最高

2 VT_1 发射极接负极性电源 $-V$ 端

3 VT_1 基极电压高于发射极电压，给 VT_1 发射结提供正向偏置电压

正极性电源供电的 PNP 型晶体管固定式偏置电路

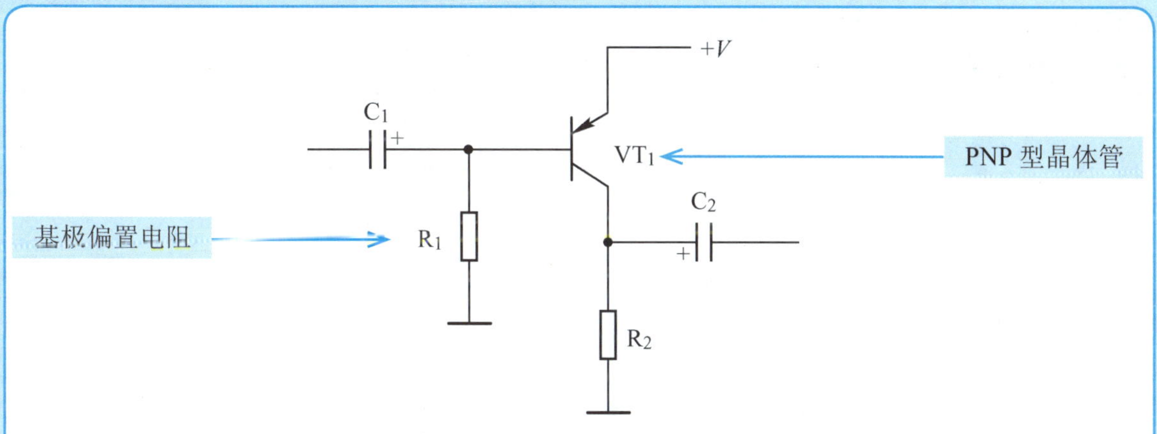

基极偏置电阻　R_1 的一端与晶体管基极相连，另一端与地线相连，根据电阻 R_1 的这一电路特征，在电路中可以方便地确定哪个电阻是固定式偏置电阻

电流回路如下：

1 基极电流从正极性电源 $+V$ 端流入发射极

2 从基极流出再经电阻 R_1 到达地线

地线在这一电路中的直流电压最低，而 VT_1 发射极接正极性电压 $+V$ 端，这样 VT_1 发射极电压高于基极电压，为 VT_1 发射结提供正向偏置电压。

负极性电源供电的 PNP 型晶体管固定式偏置电路

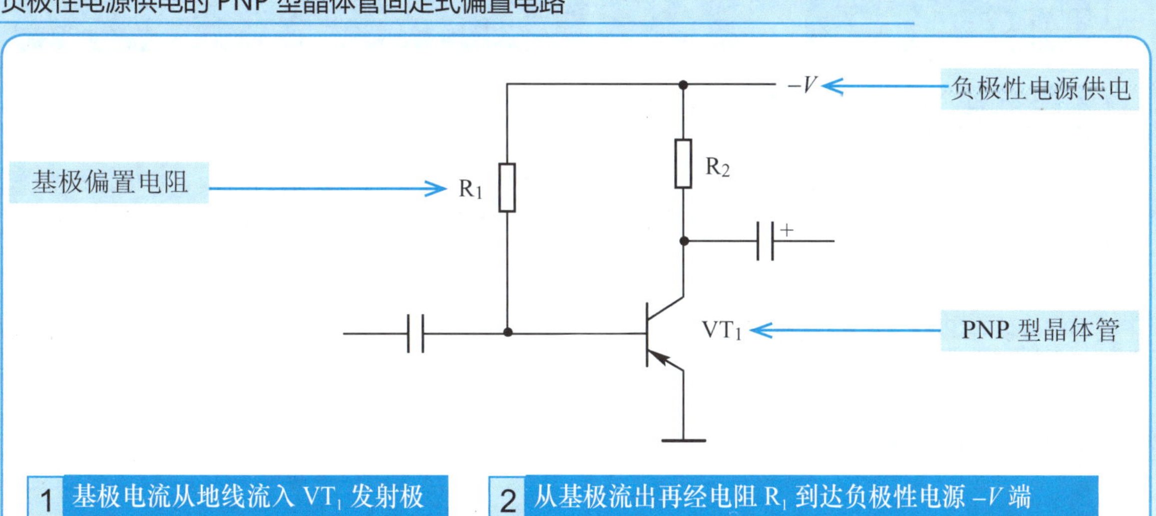

1 基极电流从地线流入 VT_1 发射极

2 从基极流出再经电阻 R_1 到达负极性电源 $-V$ 端

基极偏置电阻

R_1 的一端与晶体管基极相连，另一端与负电源 $-V$ 相连，根据电阻 R_1 这一电路特征，在电路中可以方便地确定哪个电阻是固定式偏置电阻

地线在这一电路中的直流电压最高，而 VT_1 发射极接地线，这样 VT_1 发射极电压高于基极电压，给 VT_1 发射结提供正向偏置电压。

5.2.2 晶体管分压式偏置电路

分压式偏置电路是常见的另一种晶体管偏置电路。这种偏置电路的形式固定，所以识别方法相当简单。

典型分压式偏置电路

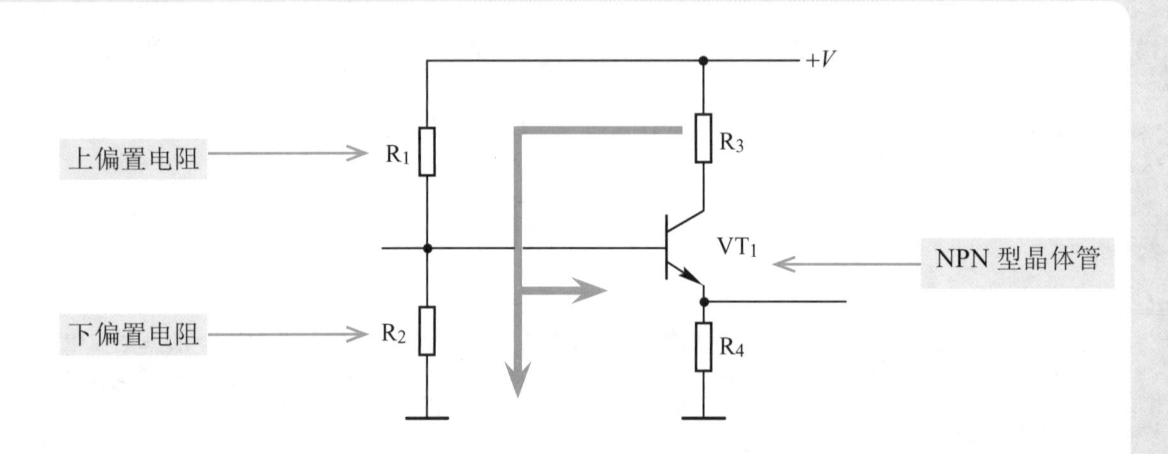

上下偏置电阻

由于 R_1 和 R_2 这一分压电路为 VT_1 基极提供直流电压，所以将这一电路称为分压式偏置电路。

流过 R_1 的电流分成两路：

1 一路流经 VT_1 基极作为晶体管 VT_1 的基极电流

2 基极电流回路是 $+V$→R_1→VT_1 基极 →VT_1 发射极 →R_4→ 地端

1 另一路通过电阻 R_2 流到地线

分析基极电流大小的关键点

R_1 和 R_2 对直流工作电压 $+V$ 分压后，将电压加到晶体管基极，该直流电压的大小决定了该管基极直流电流的大小，基极直流电压大，基极电流大，反之则小

正极性电源供电 PNP 型晶体管分压式偏置电路

直流电路分析

电阻 R_1 和 R_2 构成对直流电压 $+V$ 的分压电路，分压后的电压直接加到 VT_1 基极，给基极一个直流偏置电压

直流回路分析

流出直流电源 $+V$ 的直流电流为 I，参见下图电路流经顺序

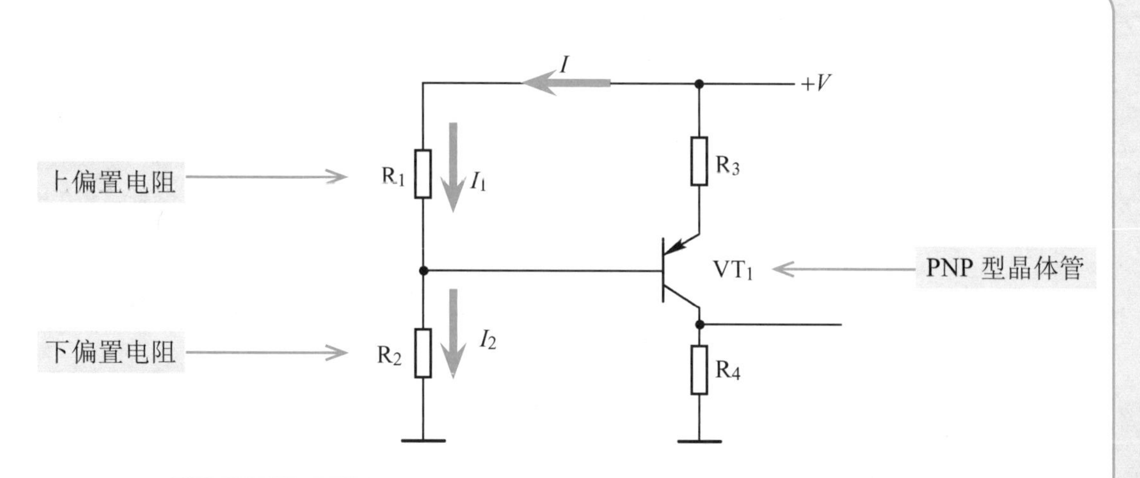

直流电路分析

1. VT_1 发射极通过电阻 R_3 接在正极性直流工作电压 $+V$ 端
2. 晶体管 VT_1 的发射极直流电压最高，高于 VT_1 的基极直流电压
3. VT_1 发射结（基极与发射极之间的 PN 结）处于正向偏置状态，满足晶体管 VT_1 工作在放大状态所必须具备的条件之一

直流回路分析

1. 流过电阻 R_1 的电流为 I_1，流过 R_2 的电流为 I_2，流出基极的电流为 I_b
2. 因为 VT_1 是 PNP 型晶体管，它的基极电流是从管内流出的
3. 电阻 R_2 构成了基极电流回路，这一电流回路是：$+V \rightarrow R_3 \rightarrow VT_1$ 发射极 $\rightarrow VT_1$ 基极 $\rightarrow R_2 \rightarrow$ 地端

负极性电源供电 NPN 型晶体管分压式偏置电路

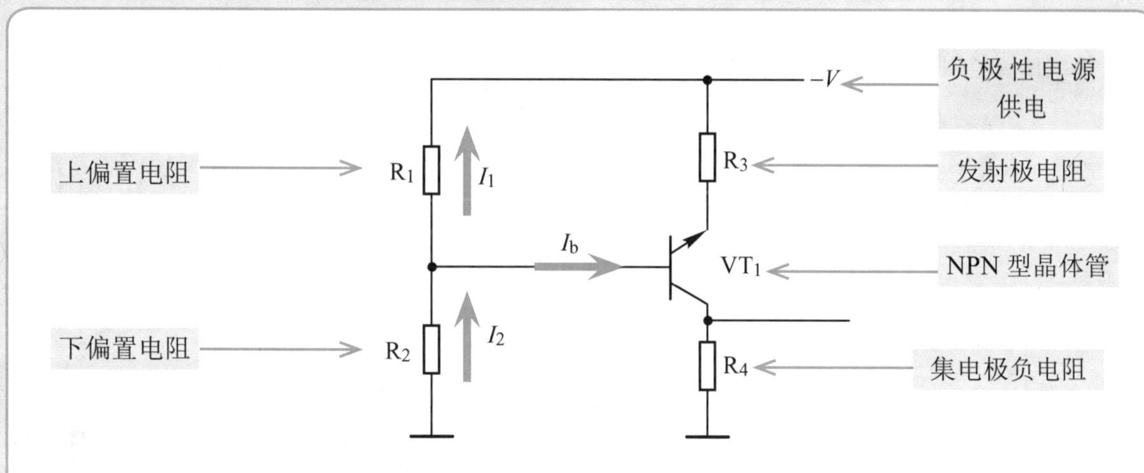

该分压式偏置电路的电路特征同前面电路一样。

R_1 和 R_2 构成对直流工作电压 $-V$ 的分压电路 → 分压后的电压加到晶体管 VT_1 基极 → 这一电路中，各电流之间的关系是 $I_2=I_1+I_b$

采用负极性电源供电 PNP 型晶体管分压式偏置电路

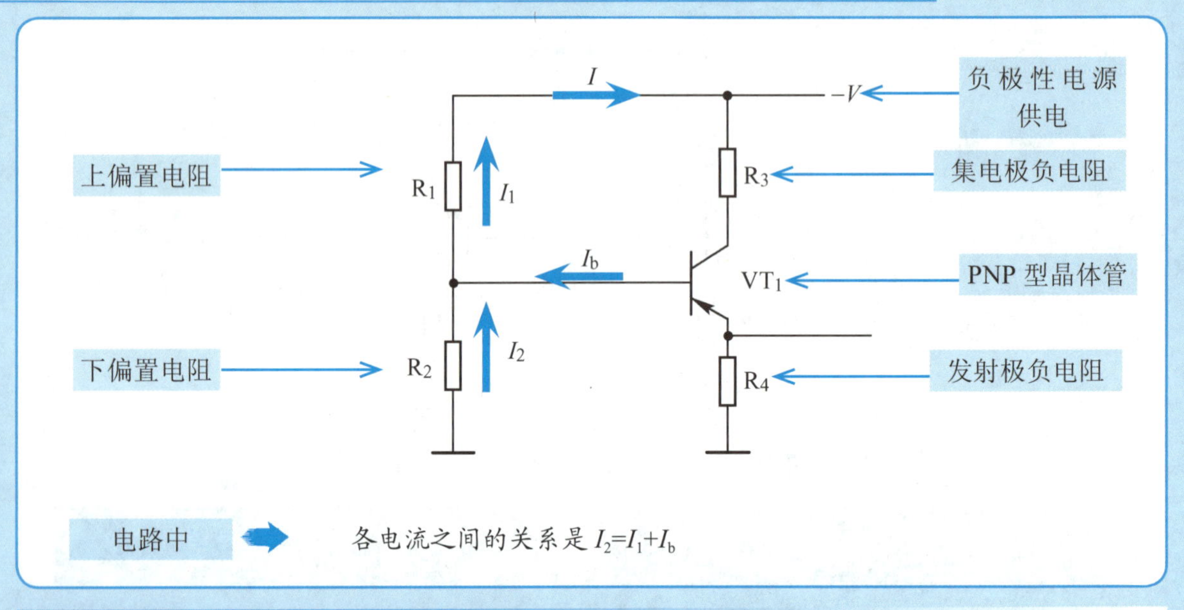

5.2.3 晶体管集电极－基极负反馈式偏置电路

集电极－基极负反馈式偏置电路是晶体管偏置电路中用得最多的一种偏置电路。

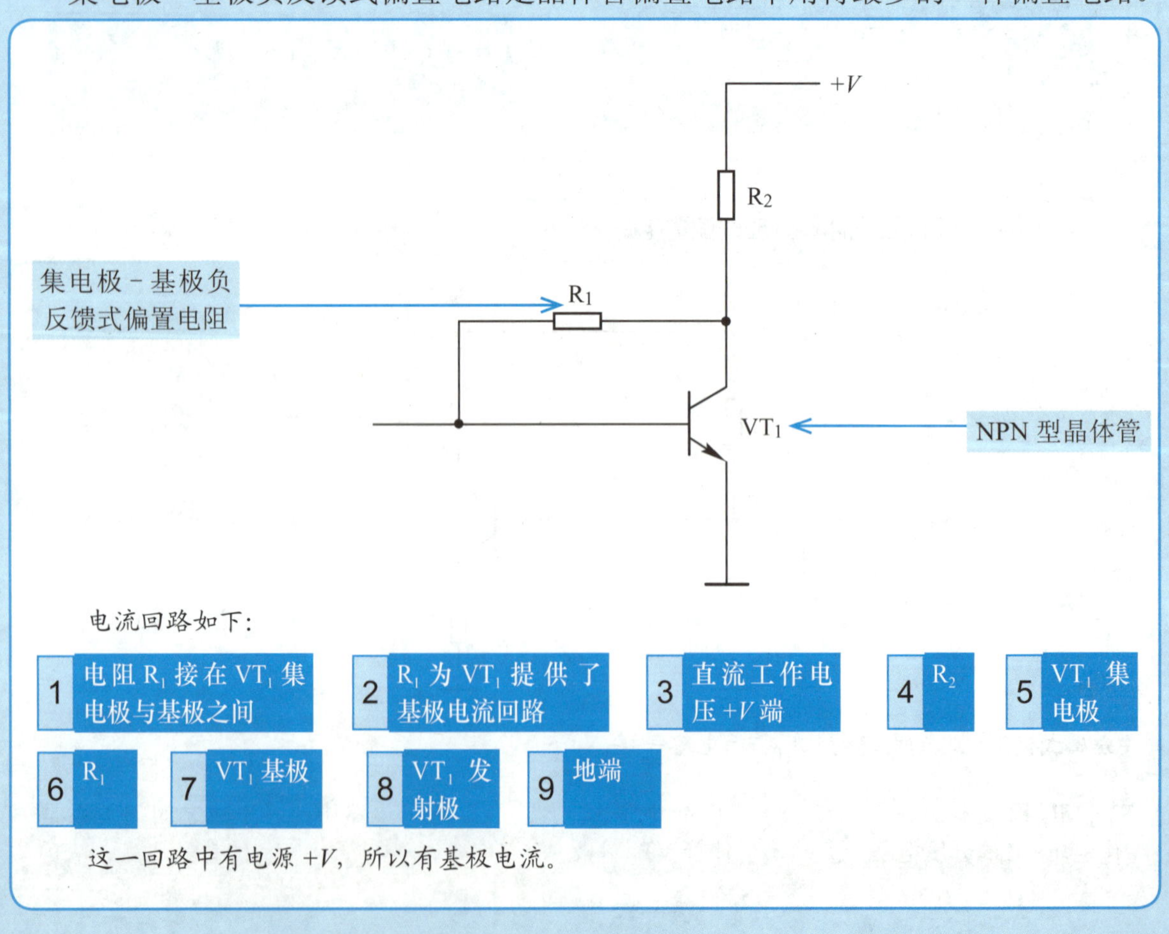

NPN 型负极性电源供电电路

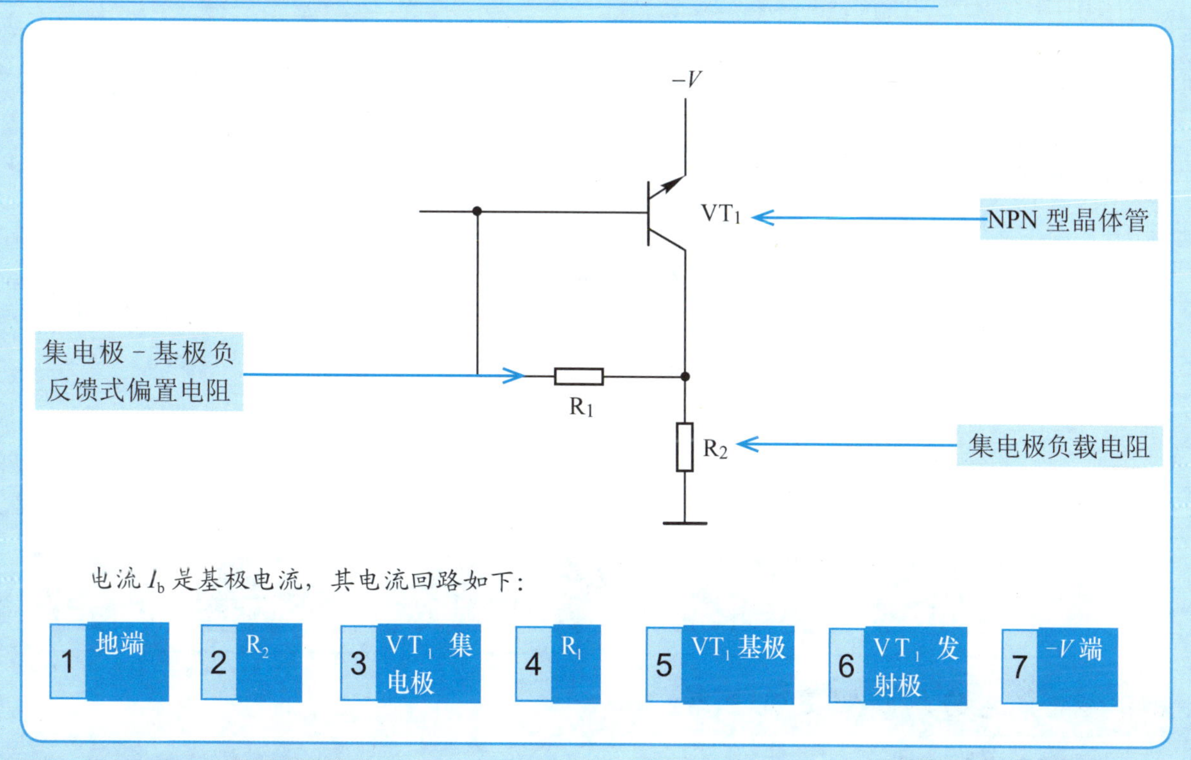

PNP 型正极性电源供电电路

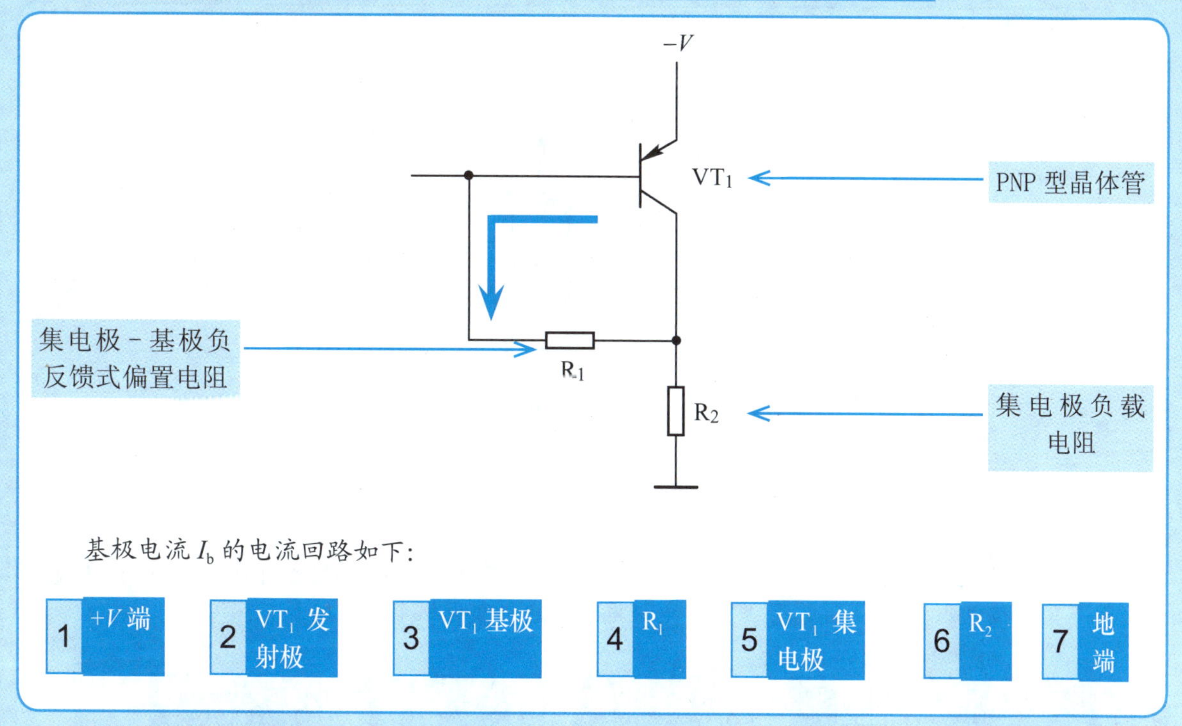

PNP 型负极性电源供电电路

下图所示为一种变形的集电极－基极负反馈式偏置电路。

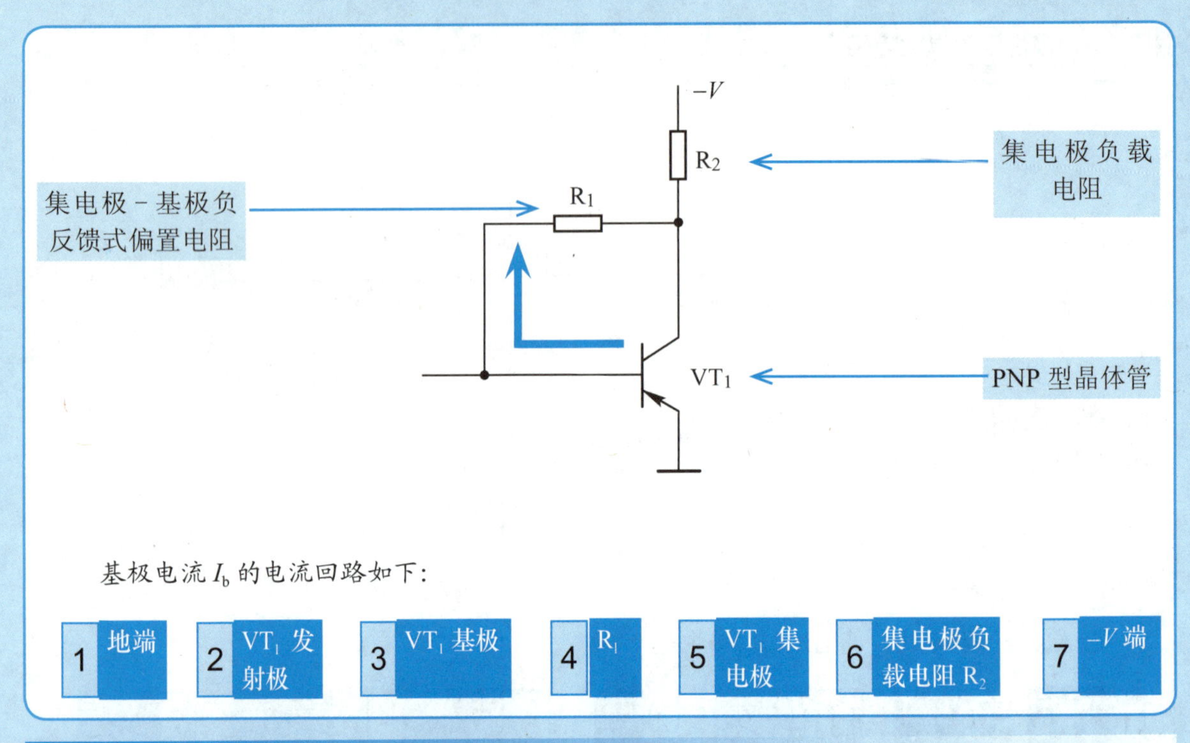

基极电流 I_b 的电流回路如下：

1 地端 → 2 VT_1 发射极 → 3 VT_1 基极 → 4 R_1 → 5 VT_1 集电极 → 6 集电极负载电阻 R_2 → 7 $-V$ 端

5.2.4 常见的集电极直流电路

集电极直流电路 1

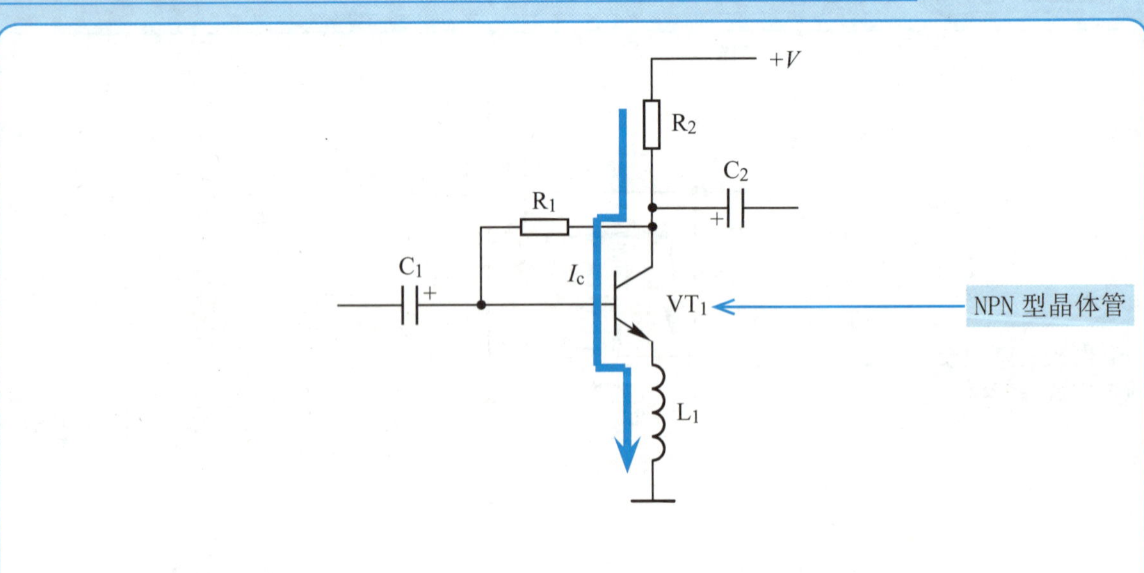

$+V$ 为正极性直流工作电压，电阻 R_2 接在晶体管 VT_1 集电极与正极性直流工作电压 $+V$ 端之间，集电极电阻 R_2 构成晶体管 VT_1 集电极电流回路。集电极电流回路如下：

1 正极性直流工作电压 $+V$ 端 → 2 R_2 → 3 VT_1 集电极 → 4 VT_1 发射极 → 5 经由 L_1 回到地端

集电极直流电路 2

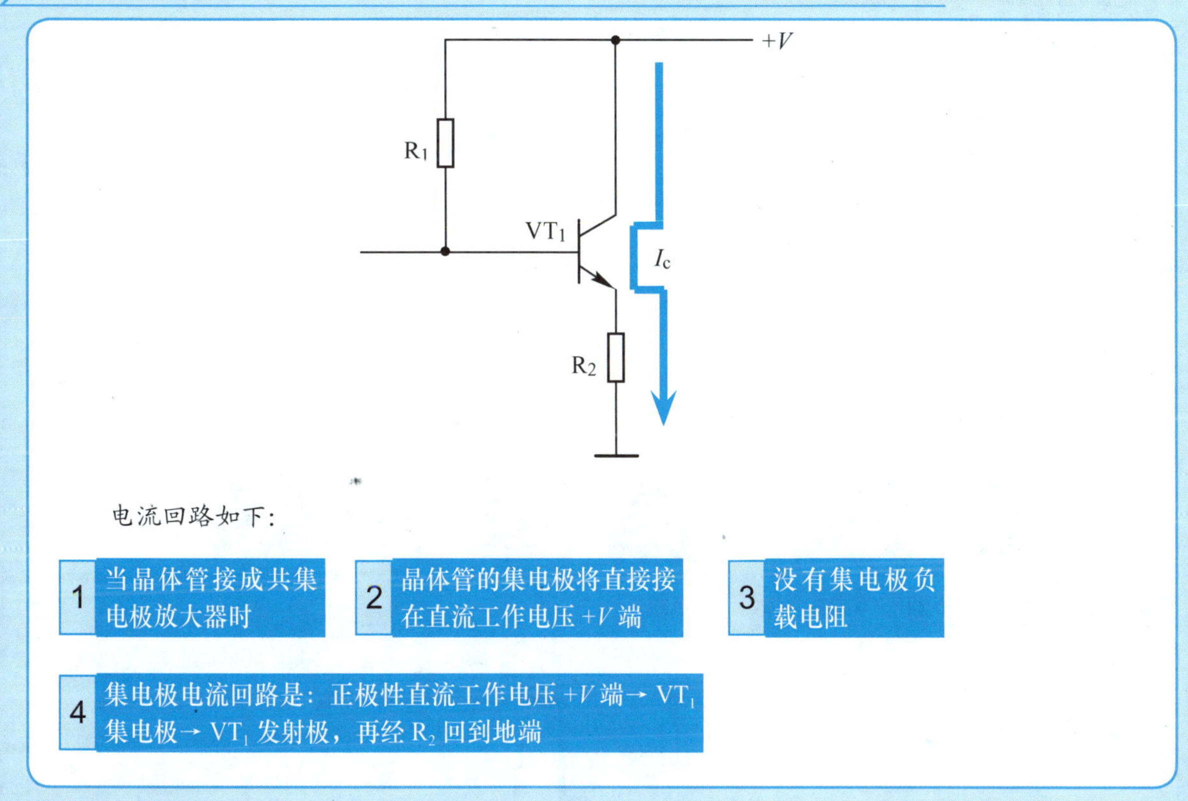

集电极直流电路 3

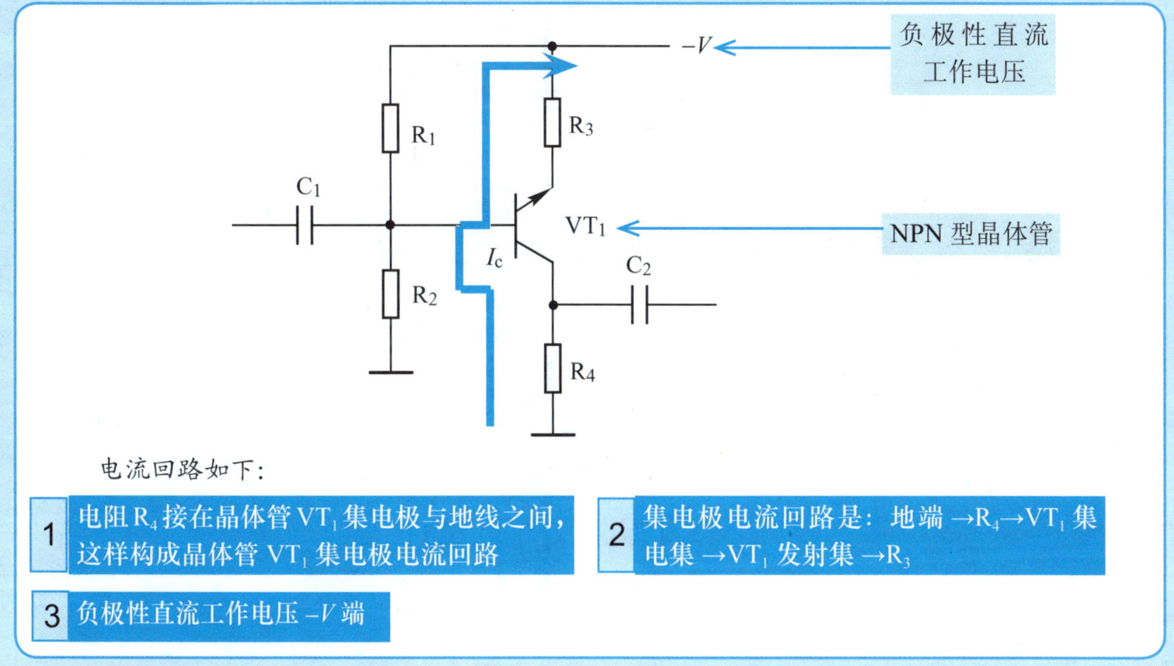

集电极直流电路 4

下图所示为负极性电源供电 NPN 型晶体管典型集电极直流电路。

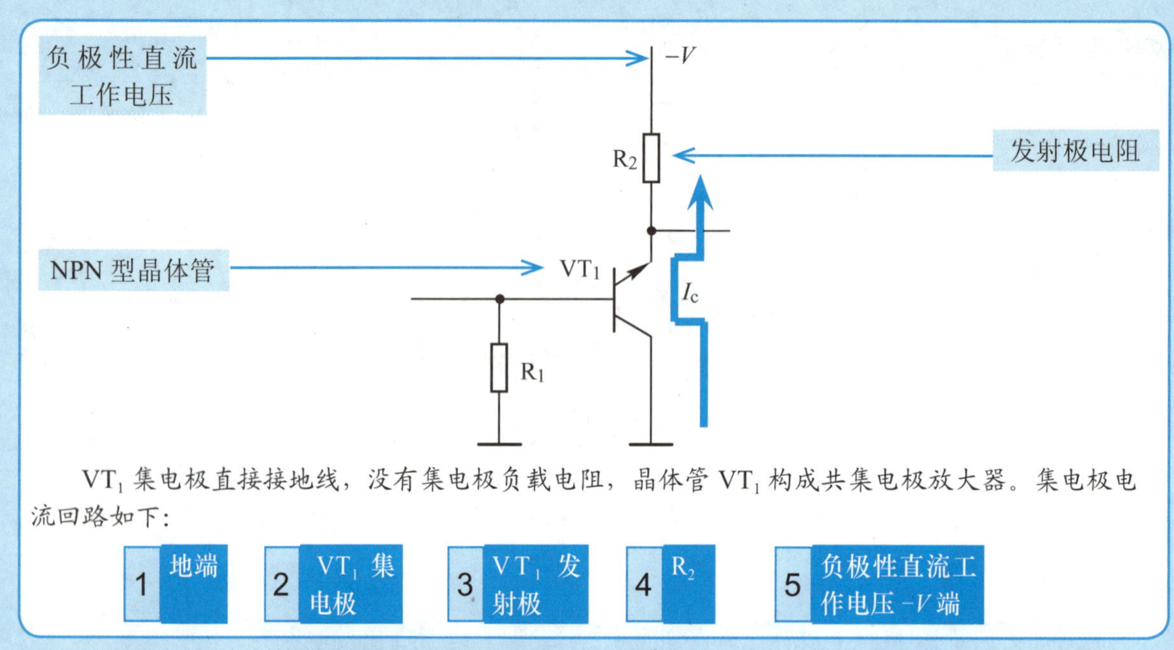

VT_1 集电极直接接地线，没有集电极负载电阻，晶体管 VT_1 构成共集电极放大器。集电极电流回路如下：

1 地端　2 VT_1 集电极　3 VT_1 发射极　4 R_2　5 负极性直流工作电压 $-V$ 端

正极性电源供电 PNP 型晶体管集电极直流电路

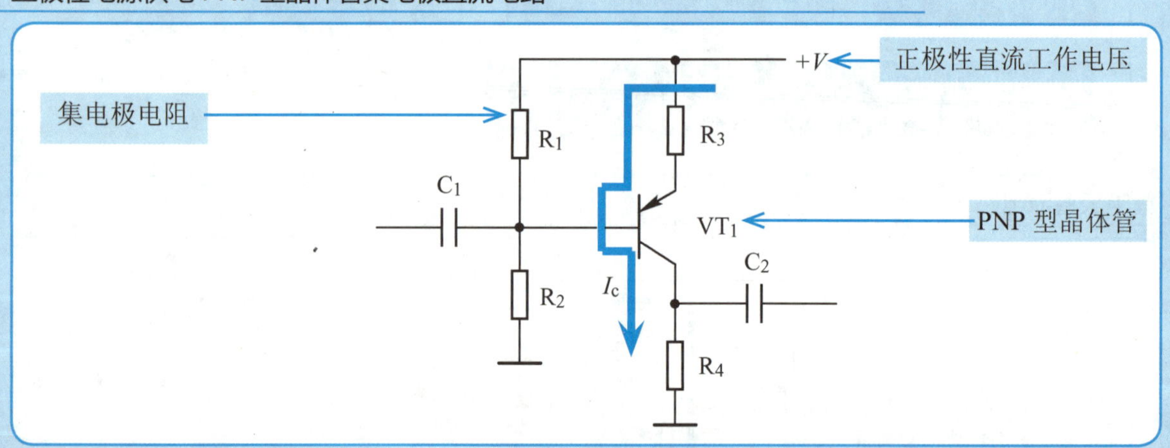

负极性电源供电 PNP 型晶体管集电极直流电路

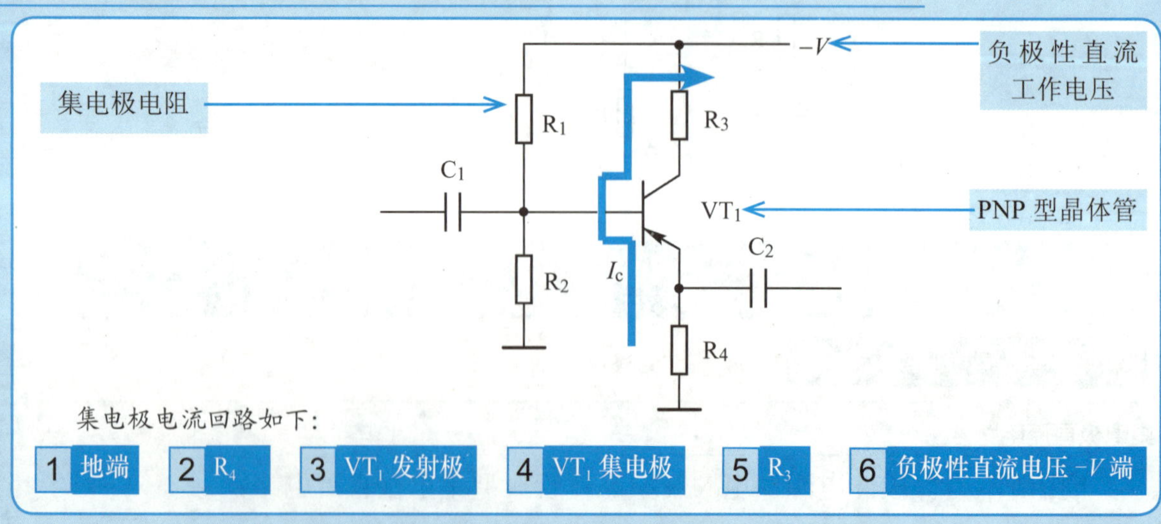

集电极电流回路如下：

1 地端　2 R_4　3 VT_1 发射极　4 VT_1 集电极　5 R_3　6 负极性直流电压 $-V$ 端

5.2.5 常见的晶体管发射极直流电路

发射极直流电路 1

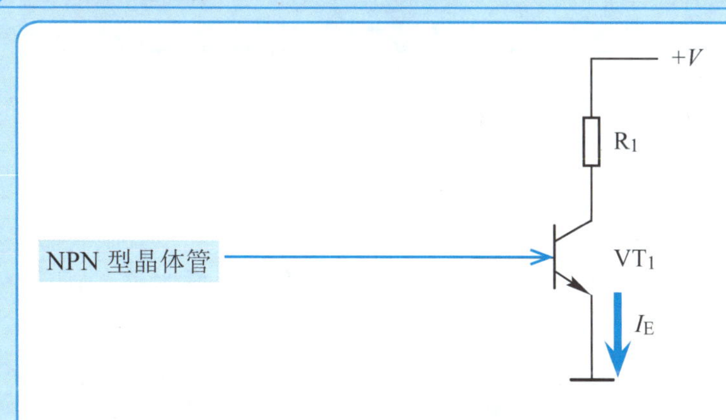

晶体管 VT_1 发射极直接接地，构成发射极直流电流回路如下：

1 从 VT_1 内部流出的发射极电流

2 流经发射极直接流到地

发射极直流电路 2

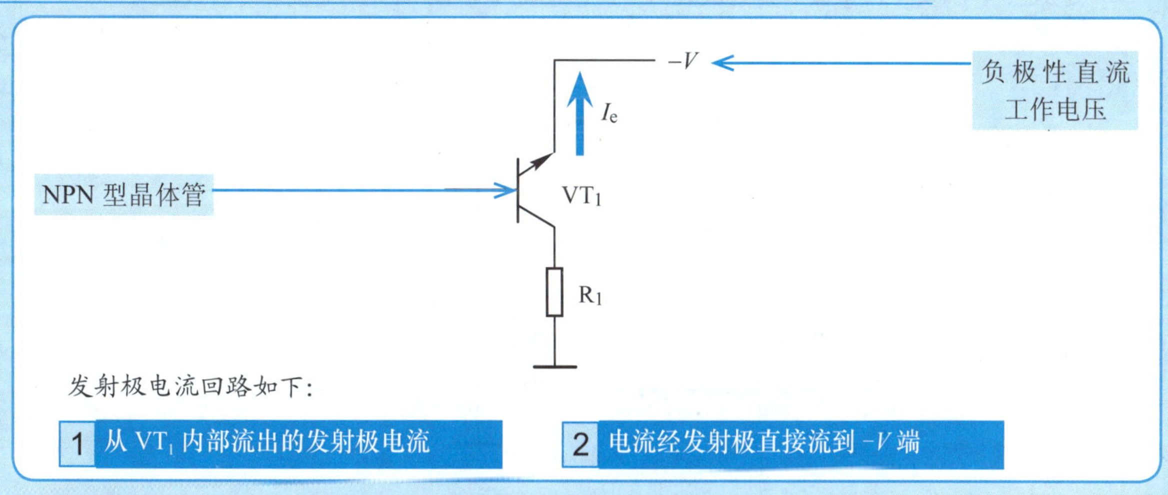

发射极电流回路如下：

1 从 VT_1 内部流出的发射极电流

2 电流经发射极直接流到 $-V$ 端

发射极直流电路 3

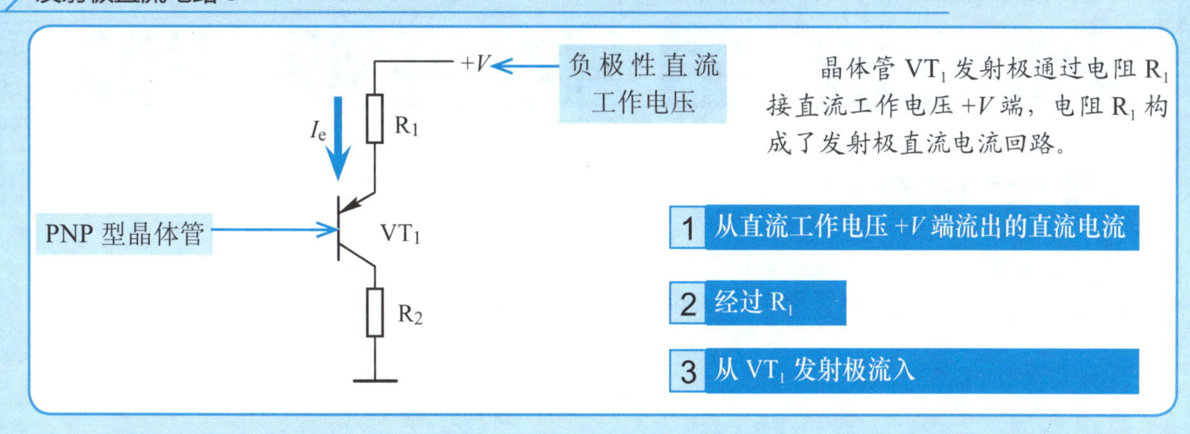

晶体管 VT_1 发射极通过电阻 R_1 接直流工作电压 $+V$ 端，电阻 R_1 构成了发射极直流电流回路。

1 从直流工作电压 $+V$ 端流出的直流电流

2 经过 R_1

3 从 VT_1 发射极流入

5.3 晶体管构成的单级放大器

5.3.1 共发射极放大器

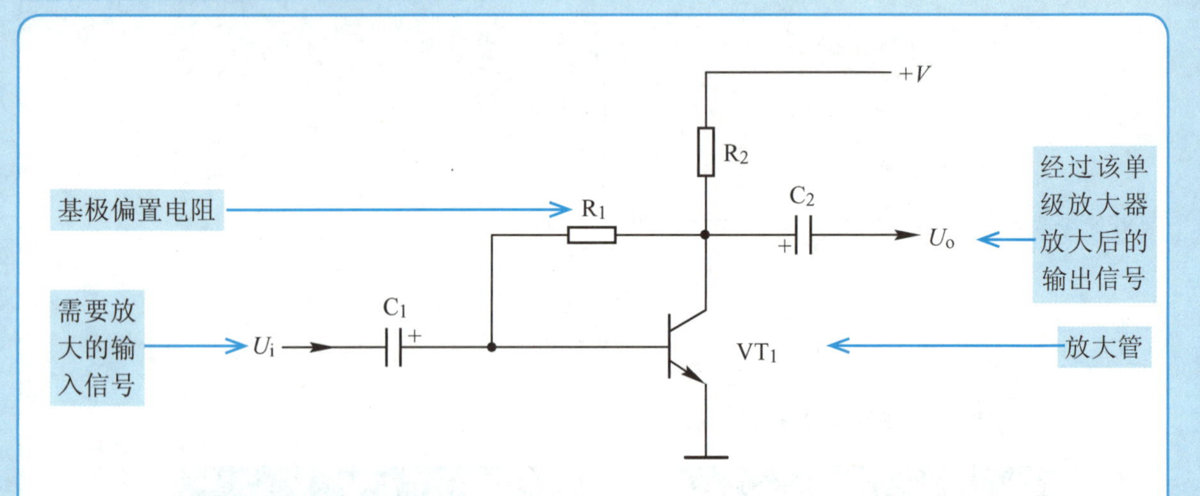

共发射极放大器信号传输过程

输入信号 U_i 从 VT_1 基极和发射极之间输入，输出信号 U_o 取自集电极和发射极之间。

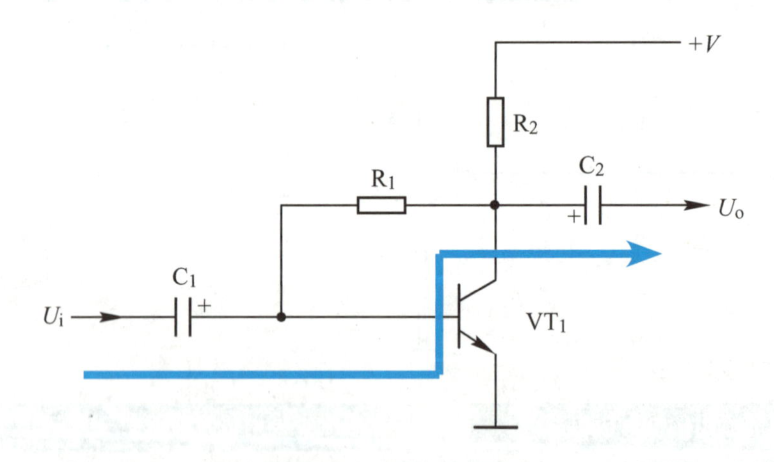

输入信号 U_i 由晶体管 VT_1 放大为输出信号 U_o，信号在这一放大器中的传输路线如下：

1 输入信号 U_i → 2 输入端耦合电容 C_1 → 3 VT_1 基极 → 4 VT_1 集电极 → 5 输出端耦合电容 C_2 → 6 输出信号 U_o

元器件作用分析

输入端耦合电容 C_1 ➡ 它起耦合信号的作用，即对信号进行无损耗的传输，对信号无放大、无衰减。它在放大器输入端，所以称为输入端耦合电容

放大管 VT_1	对输入信号具有放大作用。加到 VT_1 基极的输入信号电压引起基极电流变化，基极电流被放大 β 倍后作为集电极电流输出，所以信号以电流形式得到了放大
输出端耦合电容 C_2	它起耦合信号的作用，因为在放大器的输出端，所以称为输出端耦合电容

5.3.2 共集电极放大器

共集电极放大器是另一种十分常见的晶体管放大器。

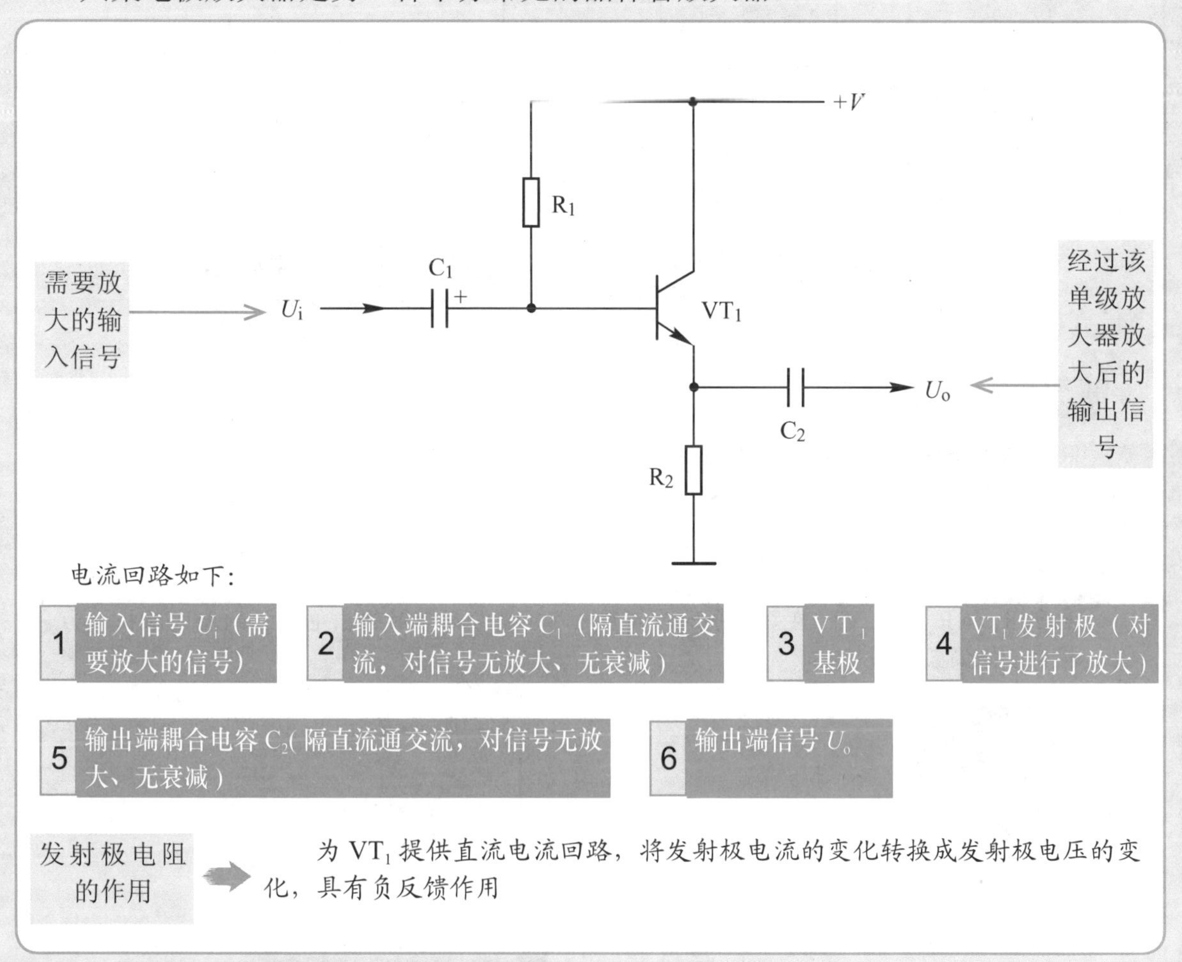

5.3.3 共基极放大器

下图所示是共基极放大器。共基极放大器电路图中的晶体管习惯性地画成如下图所示，即基极朝下。由于共基极放大器电路图中的晶体管采用的这种画法，不符合习惯画法，给直流电路和交流电路分析带来了不便。

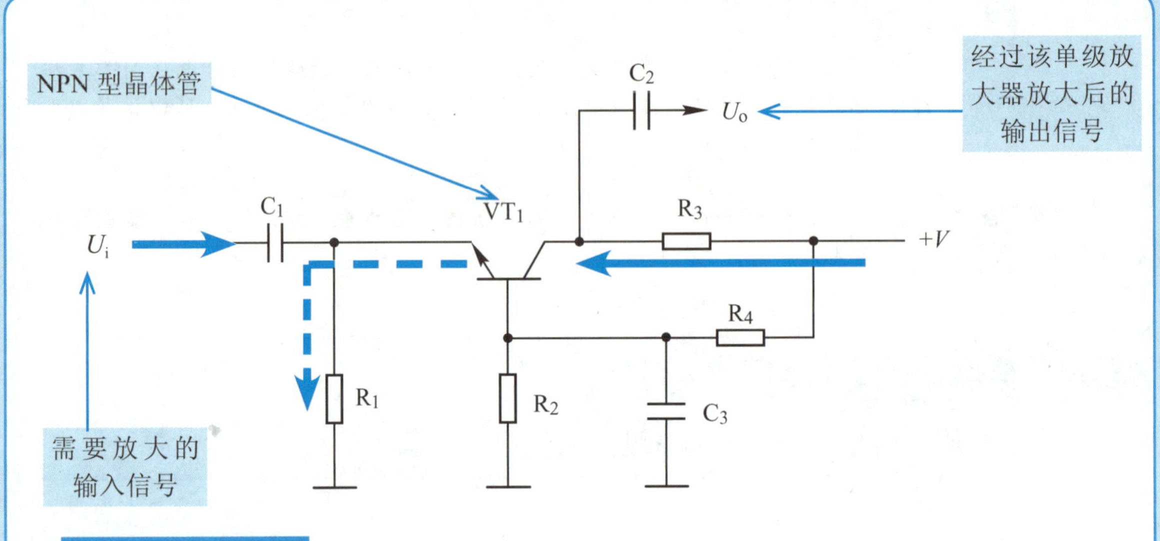

集电极回路分析

共基极放大器中也有集电极负载电阻 R_3，它将直流电压 $+V$ 加到 VT_1 集电极，同时将集电极电流的变化转换成集电极电压的变化，见图中实线电路部分。电流回路如下：

1 直流工作电压 $+V$

2 集电极负载电阻 R_3

3 VT_1 集电极，流入晶体管内

发射极回路分析

R_1 是 VT_1 发射极电阻，构成发射极直流电流回路。发射极直流电流回路是 VT_1 发射极→发射极电阻 R_1→ 地端，见图中虚线电路部分。

基极偏置电路分析

电阻 R_4 和 R_2 构成 VT_1 典型的分压式偏置电路，其分压后的输出电压加到 VT_1 基极，为 VT_1 提供基极偏置电压。

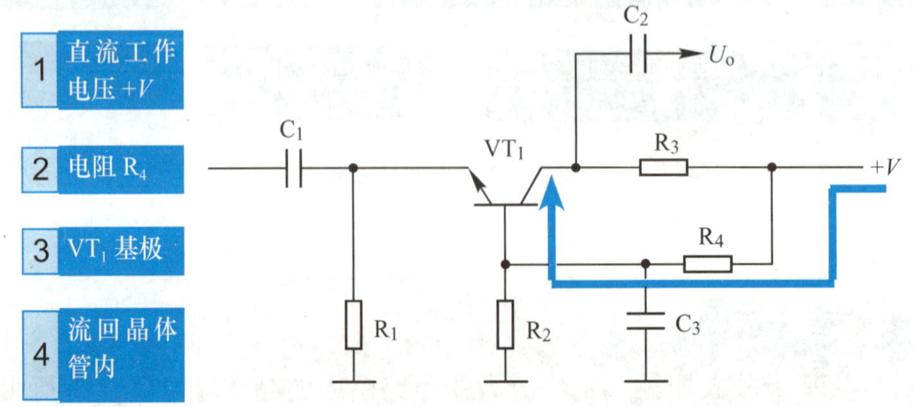

电路中的 R_4 和 R_2 分压电路与前面介绍的分压式偏置电路完全一样，只是分压电路的画法不同。此处不再赘述。

第6章

集成电路及其典型应用电路

6.1

集成电路及引脚外电路

6.1.1 集成电路

集成电路的一般符号为“IC”，数字集成电路的符号为“D”。集成电路出现在20世纪60年代，当时只集成了十几个元器件，后来集成度越来越高，甚至出现了内含上百万个元器件的超大规模集成电路。

集成电路IC是封在单个封装件中的一组互连电路。装在陶瓷衬底上的分立元器件或电路有时还和单个集成电路连在一起，称为混合集成电路。把全部元器件和电路成型在单片晶体硅材料上的称为单片集成电路。

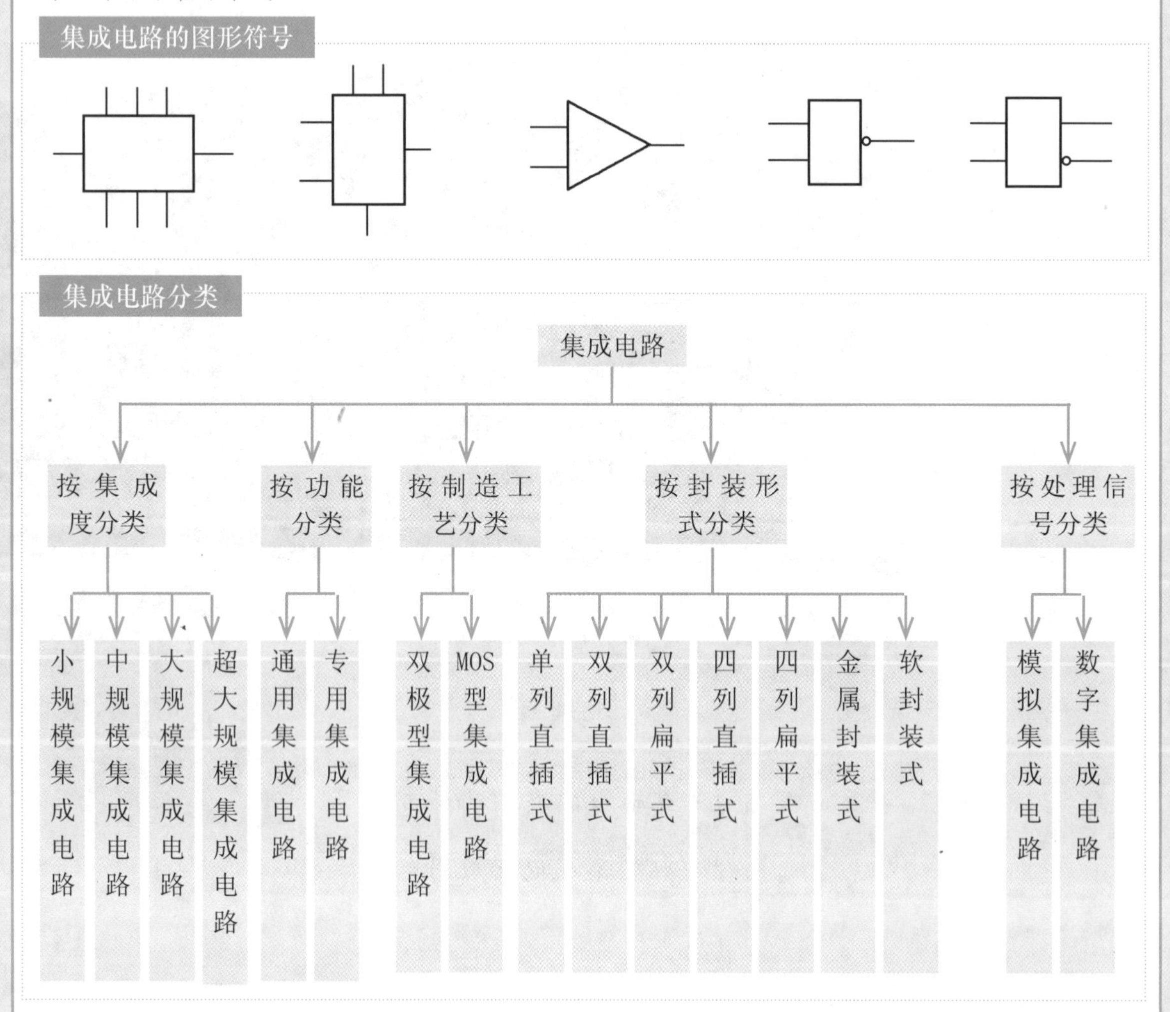

集成电路型号命名识别（国产）

集成电路型号主要由前缀、序号和后缀三部分组成，其中前缀和序号是关键，前缀是厂家代号或这类器件的厂标代号，序号包括国际通用系列型号和代号。

最新的国标规定，我国生产的集成电路型号由五部分组成：

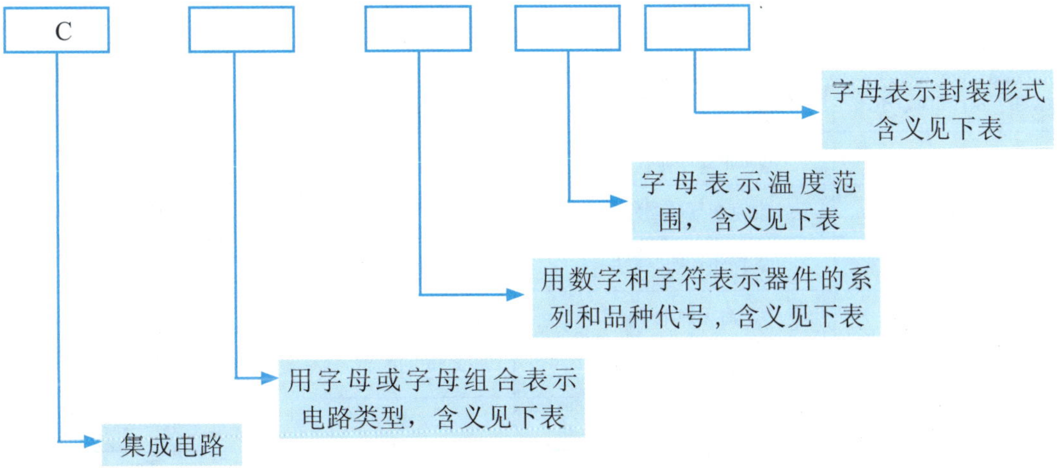

C □ □ □ □

- 第一部分 C → 集成电路
- 第二部分 → 用字母或字母组合表示电路类型，含义见下表
- 第三部分 → 用数字和字符表示器件的系列和品种代号，含义见下表
- 第四部分 → 字母表示温度范围，含义见下表
- 第五部分 → 字母表示封装形式含义见下表

第一部分		第二部分		第三部分	第四部分		第五部分	
字头符号		电路类型		用数字和字符表示器件的系列和品种代号	用字母表示温度范围		用字母表示封装形式	
符号		符号	意义		符号	意义	符号	意义
C	符合国家标准	T	TTL 电路	TTL 分为:	C	0℃~70℃	F	多层陶瓷扁平
		H	HTL 电路	54/74×××	G	-25℃~70℃	B	塑料扁平
		E	ECL 电路	54/74H×××	L	-25℃~85℃	H	黑陶瓷扁平
		C	CMOS 电路	54/74L×××	E	-40℃~85℃	D	多层陶瓷双列直插
		M	存储器	54/74LS×××	R	-55℃~85℃	J	黑陶瓷双列直插
		μ	微型机电路	54/74AS×××	M	-55℃~125℃	P	塑料双列直播
		F	线性放大器	54/74ALS×××			S	塑料单列直插
		W	稳压器	54/74F×××			K	金属菱形
		B	非线性电路				T	金属圆形
		J	接口电路				C	陶瓷芯片载体
		AD	A/D 电路	CMOS 分为:			E	塑料芯片载体
		DA	D/A 电路	400 系列			G	网络阵列
		D	音响、电视电路	54/74HC×××				
		SC	通信专用电路	54/74HCT×××				
		SS	敏感电路					
		SW	钟表电路					

除上述国家标准外，在我国还广泛使用其他型号命名方法命名的集成电路。下表为非国标集成电路生产厂家的字头符号，供使用、识别和代换时参考。

字头字符	生产厂家	字头字符	生产厂家
D	国产集成电路标准字头	FS	贵州都匀四四三三厂
B、BO、BW、5G	北京市半导体器件五厂	FY、FZ	上海八三三一厂
BGD	北京半导体器件研究所	LD	西安延河无线电厂
BH	北京半导体器件三厂	NT	南通晶体管厂
CA	广州音响电器厂	SL、5G	上海无线电十六厂
CH	上海无线电十四厂	SG	四四三一厂
CF、GF	常州半导体厂	TB	天津半导体器件五厂
DG	北京八七八厂	W	北京半导体器件五厂
F、XFC	甘肃秦七四九厂	X、BW	电子工业部第二十四研究所
F、FC、SF	上海无线电七厂	XG	国营新光电工厂
FD	苏州半导体器件总厂	19	上海无线电十九厂

集成电路型号命名识别（进口）

日本三洋半导体公司集成电路型号由两部分组成：第一部分字头符号码，表示各种集成电路的类型；第二部分电路型号数，表示产品的序号，无具体含义。

第一部分		第二部分
LA	单块双极线性	用数字表示电路型号数
LB	双极数字	
LC	CMOS	
LE	MNMOS	
LM	PMOS、NMOS	
STK	厚膜	

日本日立公司生产的集成电路型号由五部分组成：第一部分表示字头符号；第二部分用数字表示电路使用范围；第三部分用数字表示电路型号；第四部分表示工艺；第五部分表示材质。

日本东芝公司生产的集成电路型号由三部分组成：第一部分用字母表示字头符号；第二部分表示电路型号；第三部分表示封装形式。

日立公司集成电路含义对照见下表。

第一部分		第二部分		第三部分	第四部分		第五部分	
字头	含义	数字	含义		字母	含义	字母	含义
HA	模拟电路	11	高频用	用数字表示电路型号	A	改进型	P	塑料
HD	数字电路	12	高频用					
HM	存储器（RAM）	13	音频用					
HN	存储器（ROM）	14	音频用					

东芝公司集成电路含义对照见下表。

第一部分		第二部分	第三部分	
字母	含义		字母	含义
TA	双极线性	用数字表示电路型号数	A	改进型
TC	CMOS		C	陶瓷封装
TD	双极数字		M	金属封装
TM	MOS		P	塑料封装

6.1.2 集成电路引脚识别

集成电路的封装

封装是指把硅片上的电路引脚用导线接引到外部引脚处，以便与其他元器件连接的方式。封装形式指安装半导体集成电路芯片用的外壳。

SOP

SOP 是 Small Out-line Package 的缩写，即小外形封装。SOP 技术在 1968—1969 年由飞利浦公司研发成功，以后逐渐派生出 SOJ（J 型引脚小外形封装）、TSOP（薄小外形封装）、VSOP（甚小外形封装）、SSOP（缩小型 SOP）、TSSOP(薄的缩小型 SOP) 及 SOT（小外形晶体管）和 SOIC（小外形集成电路）等。

SOP 封装

SOJ 封装

TSOP 封装

SSOP 封装

TSSOP 封装

SOT 封装

SOIC 封装

SIP

SIP 是 Single In-line Package 的缩写，即单列直插式封装。采用该封装，引脚从封装一个侧面引出，排列成一条直线。当装配到印制基板上时封装呈侧立状。引脚中心距通常为 2.54mm，引脚数为 2 ～ 23，多数为定制产品。

SIP 封装

SIP 封装

SIP 封装

SIP 封装

DIP

DIP 是 Double In-line Package 的缩写，即双列直插式封装。它是插装型封装形式之一，引脚从封装两侧引出，封装材料有塑料和陶瓷两种。DIP 是最普及的插装型封装，应用范围包括标准逻辑集成电路、存储器大规模集成电路和微机电路等。

DIP 封装

DIP 封装

DIP 封装

DIP 封装

PLCC

PLCC 是 Plastic Leaded Chip Carrier 的缩写，即塑封引线芯片封装。PLCC 方式，外形呈正方形，32 引脚封装，四周都有引脚，外形尺寸比 DIP 封装小得多。PLCC 适合用 SMT（表面安装）技术在印制电路板上安装布线，具有外形尺寸小、可靠性高的优点。

PLCC 封装

PLCC 封装

PLCC 封装

PLCC 封装

TQFP

TQFP是Thin Quad Flat Package的缩写，即薄塑封四角扁平封装。TQFP工艺能有效利用空间，从而降低了对印制电路板空间大小的要求。由于缩小了高度和体积，非常适合对空间要求较高的应用，如PCMCIA卡和网络器件。

TQFP 封装

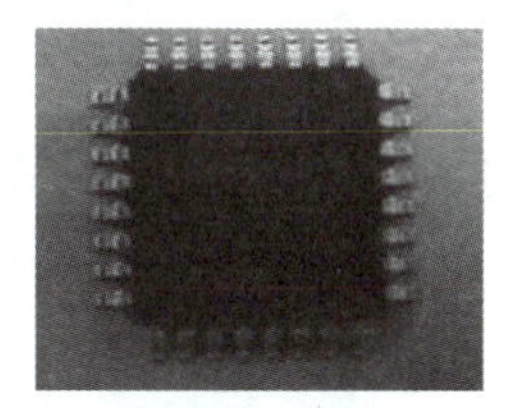

TQFP 封装

TQFP 封装

PQFP

PQFP是Plastic Quad Flat Package的缩写，即塑封四角扁平封装。PQFP的芯片引脚之间距离很小，引脚很细，一般大规模或超大规模集成电路采用这种封装形式，其引脚数一般都在100以上。

PQFP 封装

PQFP 封装

PQFP 封装

TSOP

TSOP是Thin Small Outline Package的缩写，即薄型小尺寸封装。TSOP技术的一个典型特征就是在封装芯片的周围做出引脚。TSOP适合用SMT技术在印制电路板上安装布线。采用TSOP时，寄生参数小，适合高频应用，可靠性比较高。

TSOP 封装

TSOP 封装

TSOP 封装

BGA

BGA是Bali Grid Array Package的缩写，即球栅阵列封装。20世纪90年代随着技术的进步，芯片集成度不断提高，I/O引脚数急剧增加，功耗也随之增大，人们对集成电路封装的要求也更加严格。为了满足发展的需要，BGA开始应用于生产。

BGA 封装

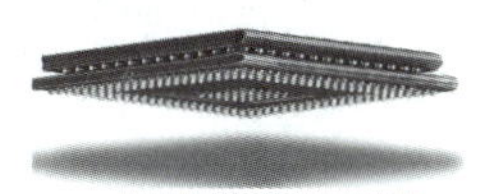

BGA 封装

BGA 封装

集成电路的引脚识别

集成电路的引脚很多，少则几个，多则几百个，各个引脚的功能又不一样，所以在使用时一定要对号入座，否则会造成集成电路不工作甚至烧坏。因此一定要知道集成电路引脚的识别方法。

条状集成电路

无论什么集成电路，它们都有一个标记指出①脚，常见的标记有小圆点、小突起、缺口、缺角，找到该引脚后，逆时针依次为②、⑧、⑨等引脚，详见下图。

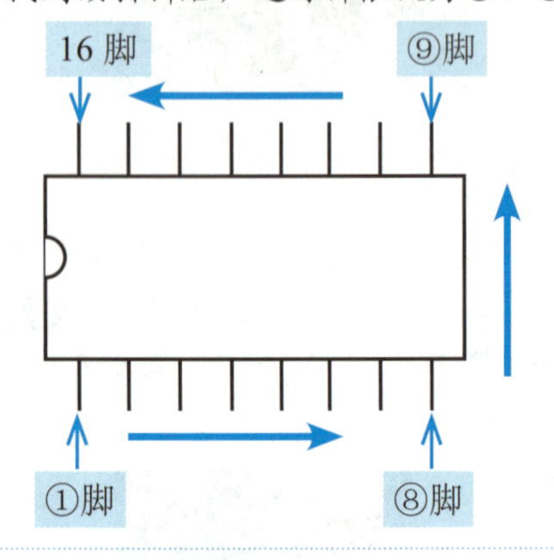

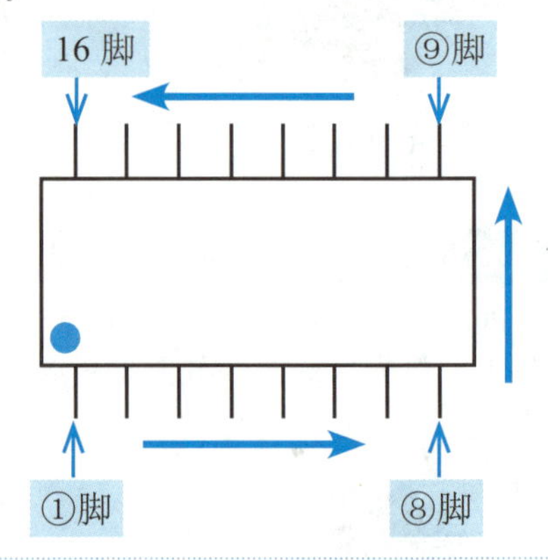

方形集成电路

无论什么集成电路，它们都有一个标记指出①脚，常见的标记有小圆点、小突起、缺口、缺角，找到该脚后，逆时针依次为②、⑥、⑦等引脚，详见下图。

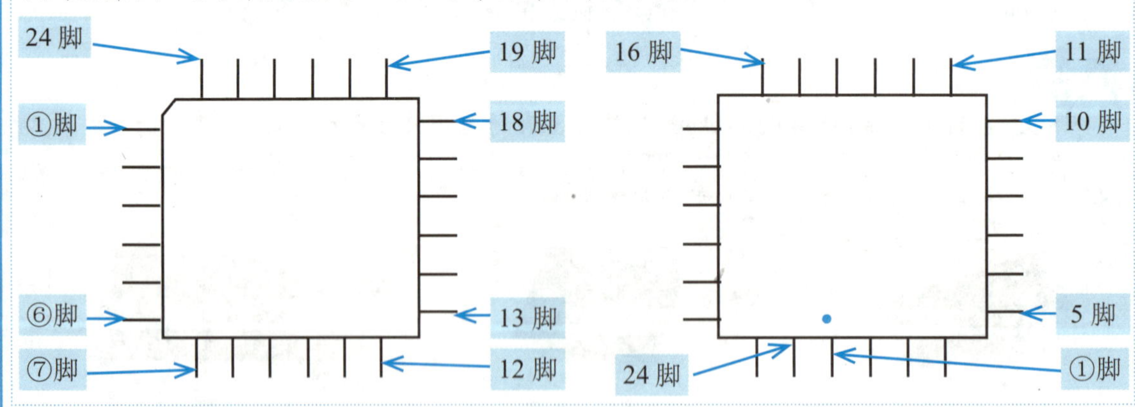

单列或双列引脚集成电路

对于单列或双列引脚的集成电路，若表面标有文字，可让文字正对识读者，文字左下角为①脚，然后逆时针依次为②、③、④等引脚，详见下图。

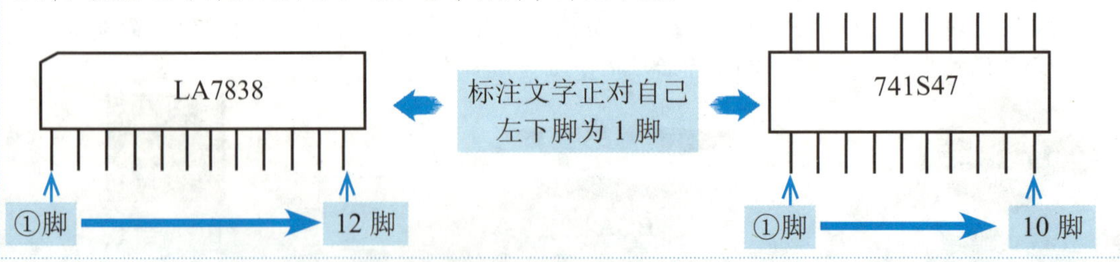

集成电路的电源引脚电路分析

集成电路的电源引脚通常用 V_{CC} 表示，如果采用正极性直流电压供电，用 $+V_{CC}$ 表示；如果采用负极性直流电压供电，用 $-V_{CC}$ 表示。

功率放大器集成电路电源引脚典型电路分析

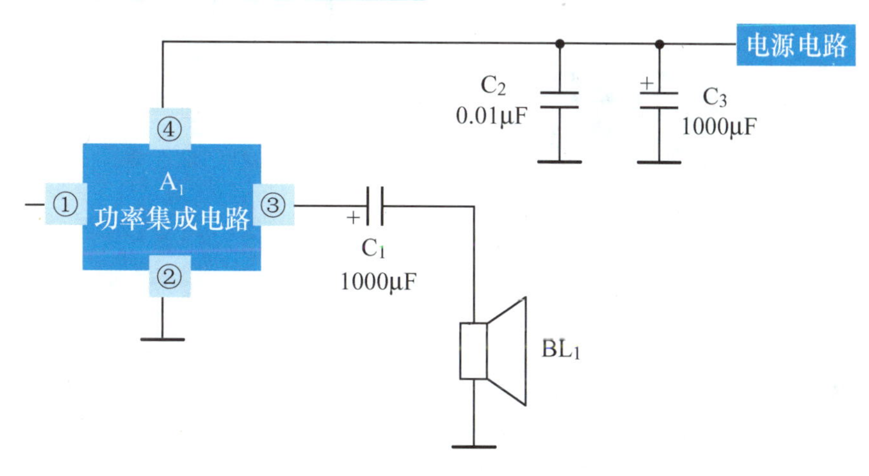

上图是集成功率放大器的电源引脚的典型电路，它的外电路特征比较明显，有以下两点。

集成电路 ➡ 集成电路电源引脚直接与整机电源电路相连

电源引脚 ➡ 电源引脚上接有容量很大的整机滤波电容 (1000μF) 和高频滤波电容（0.01μF）

具有前级电路电源输入引脚的集成电路

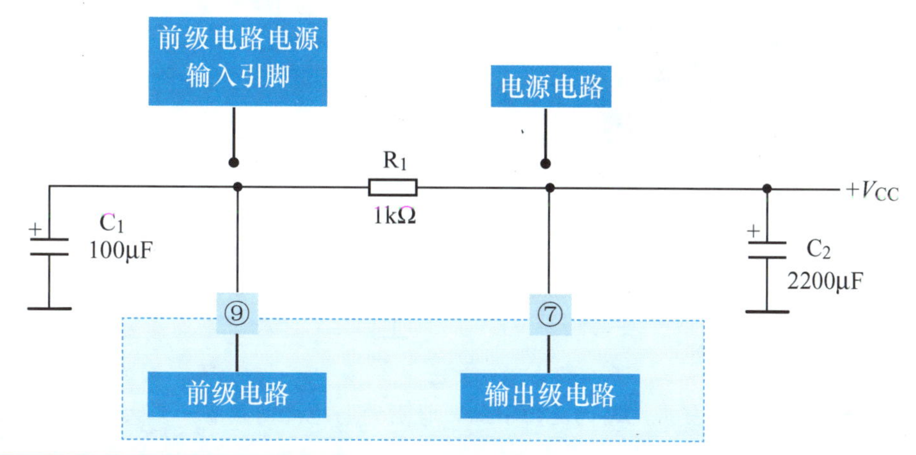

1 从上图可以看出，前级电路与输出级电路之间的直流工作电压没有联系

2 前级电路所需要的直流工作电压是通过⑨脚提供的

3 直流工作电压 $+V_{CC}$

4 通过 R_1 和 C_1 构成的滤波、退耦电路

5 从⑨脚加到内电路的前级电路中

6 无论是单声道的集成电路还是双声道的集成电路，其前级电路电源引脚都只有一根

6.1.3 集成电路外接电路

电源引脚外电路特征和识图方法

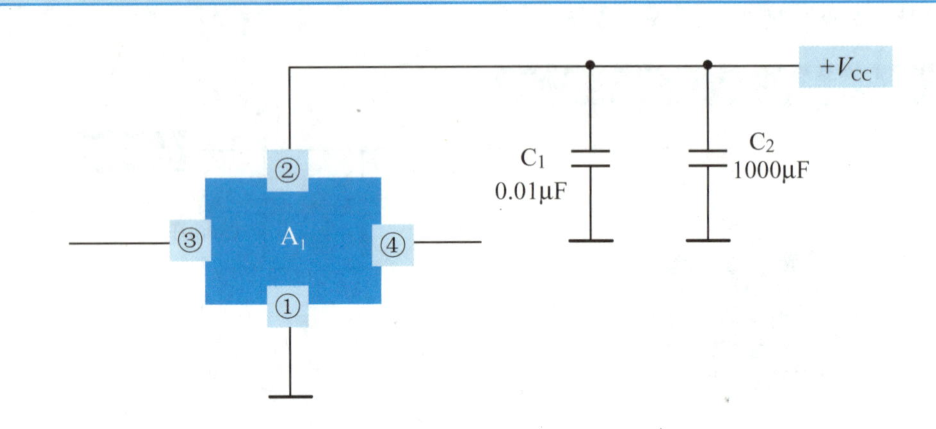

功率放大器集成电路电源引脚外电路的特征

电源引脚外电路与整机整流滤波电路直接相连，是整机电路中直流工作电压最高点，并且该引脚与地之间接有一只容量较大的滤波电容（1000μF 以上），在很多情况下还并联有一只小电容（0.01μF）。

根据这个大容量电容的特征可以确定哪根引脚是集成电路的电源引脚，因为在整机电路中像这样大容量的电容是很少的，只有 OTL 功放电路的输出端有一只同样容量大小的电容，如下所示。

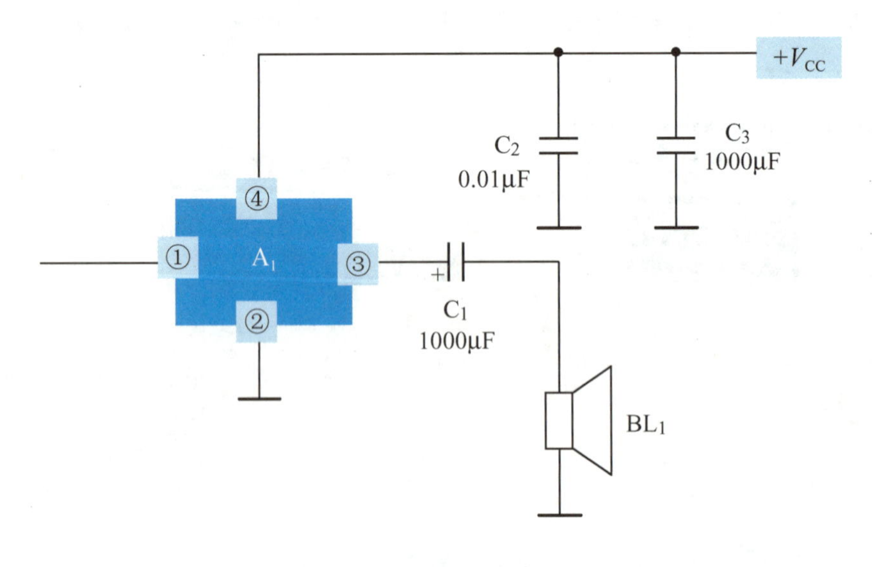

A_1 的④脚 → ④脚是该集成电路的电源引脚，该引脚与地之间接有一只大容量电容 C_3

A_1 的③脚 → ③脚是该集成电路的信号输出引脚，该引脚上也接有一只大容量电容 C_1

虽然 C_1 和 C_3 的容量都很大 → 但它们在电路中的连接是不同的，C_3 一端接地线 → C_1 另一端不接地线，根据这一点可分辨出④脚是电源引脚

其他集成电路的电源引脚外电路的特征

电源引脚与整机直流电压供给电路相连，除功率放大器集成电路外，其他集成电路的电源引脚外电路特征基本相同，也与功率放大器集成电路电源的电路特征相似，只有下列两点不同：

第一点不同 ➡ 电源引脚与地之间接有一个有极性的电解电容，但容量没有那么大，一般为 100 ～ 200μF

第二点不同 ➡ 电源引脚与地之间接有一个 0.01μF 的电容

负电源引脚外电路的特征

负电源引脚外电路的特征与正极性电源引脚的外电路特征相似，只是负极性电源引脚与地之间的那只有极性电源滤波电容的正极是接地的。

集成电路的前级电源引脚外电路的特征

负电源引脚外电路的特征与正极性电源引脚的外电路特征相似，只是负极性电源引脚与地之间的那只有极性电源滤波电容的正极是接地的。

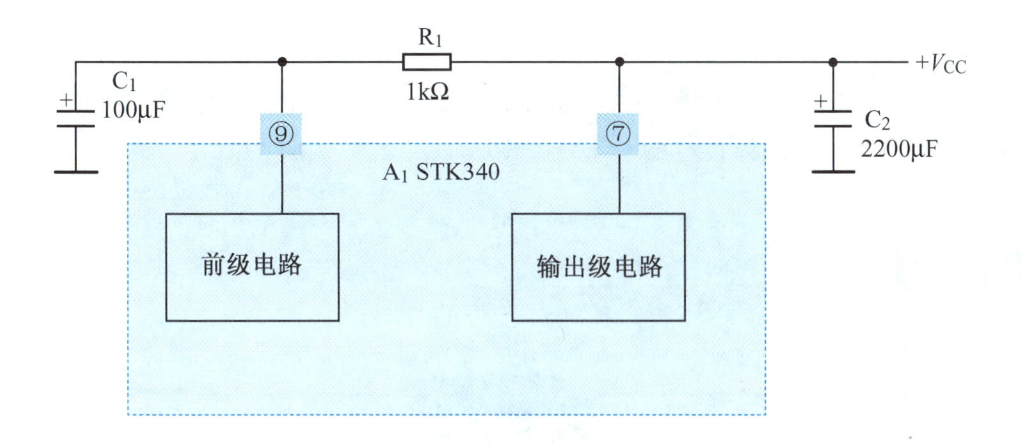

前级电源的引脚与电源引脚 ➡ 前级电源的引脚⑨脚与电源引脚⑦脚之间接有一只电阻 R_1，这只退耦电阻的阻值一般为几百欧至几千欧

前级电源的引脚与接地引脚 ➡ 前级电源引脚与地之间接有一个 100μF 的电源退耦电容

集成电路前级电源输出引脚外电路的特征

如下图所示电路，前级电源输出引脚③脚有下列两个外电路特征。

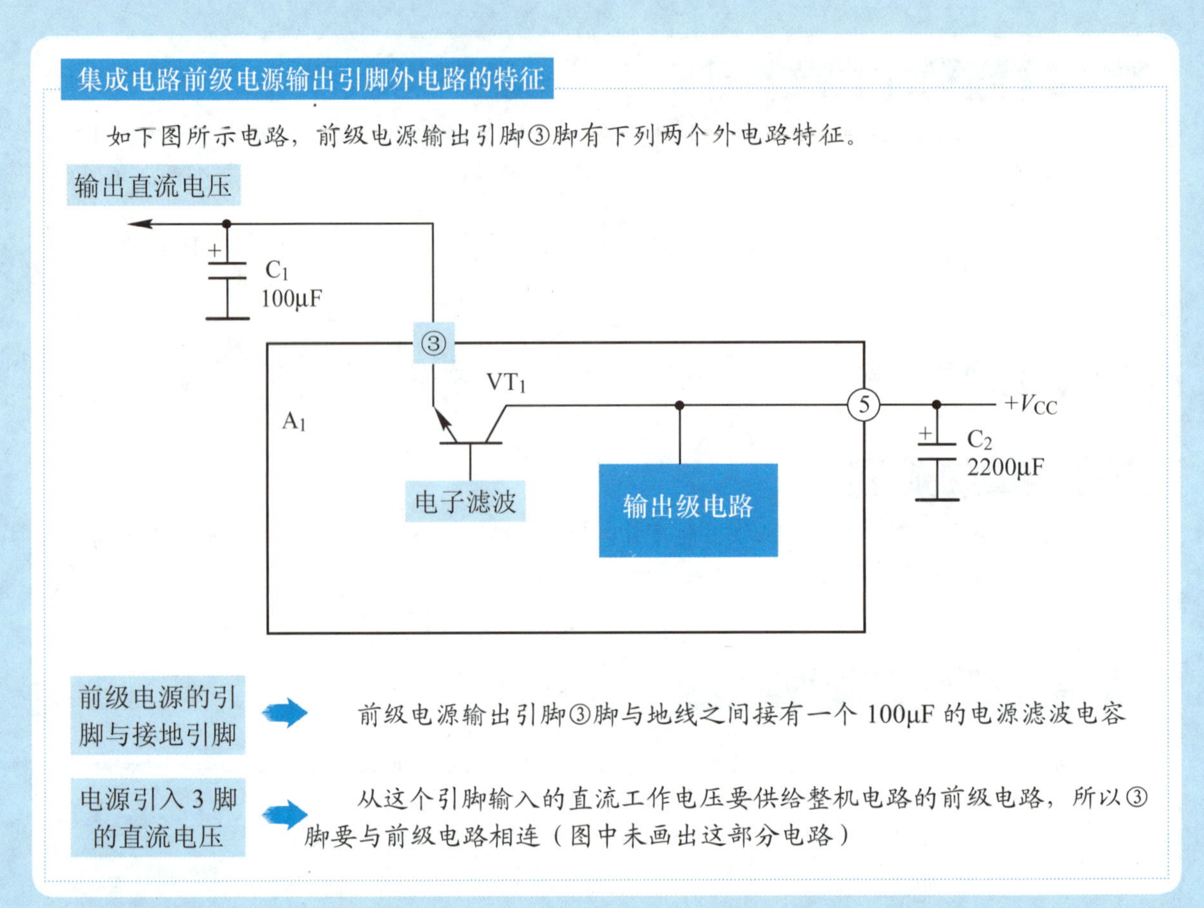

前级电源的引脚与接地引脚	前级电源输出引脚③脚与地线之间接有一个 100μF 的电源滤波电容
电源引入 3 脚的直流电压	从这个引脚输入的直流工作电压要供给整机电路的前级电路，所以③脚要与前级电路相连（图中未画出这部分电路）

接地引脚的种类

接地引脚用来将集成电路内部电路的地线与外电路中的地线接通，集成电路内电路的地线与内电路中的接地点相连，然后通过接地引脚与外电路地线相连，构成电路的电流回路。

一个引脚

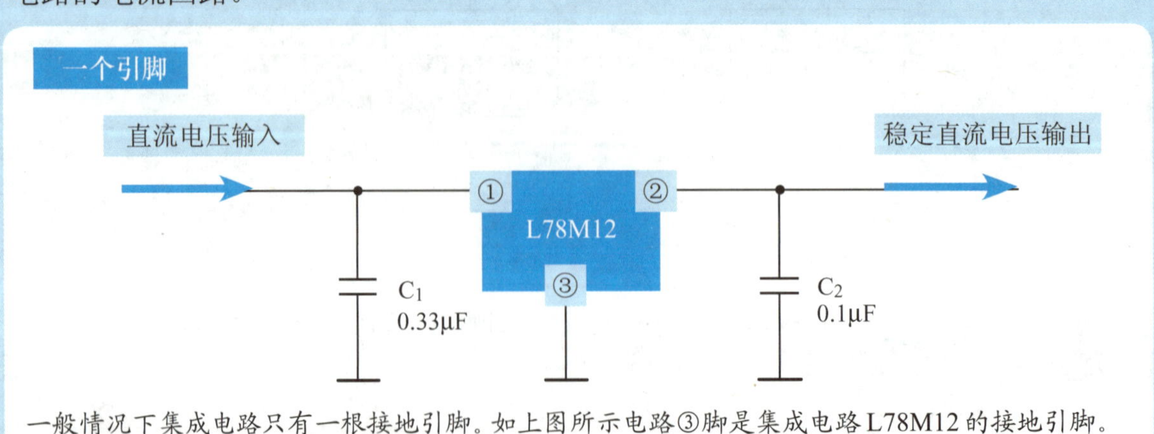

一般情况下集成电路只有一根接地引脚。如上图所示电路③脚是集成电路 L78M12 的接地引脚。

左、右声道接地引脚

在部分双声道的集成电路中，左、右声道的接地引脚是分开的，即左声道一个接地引脚，右声道一个接地引脚，这两个接地引脚在集成电路内电路中互不相连。在集成电路的外电路中，将这两根引脚分别接地。

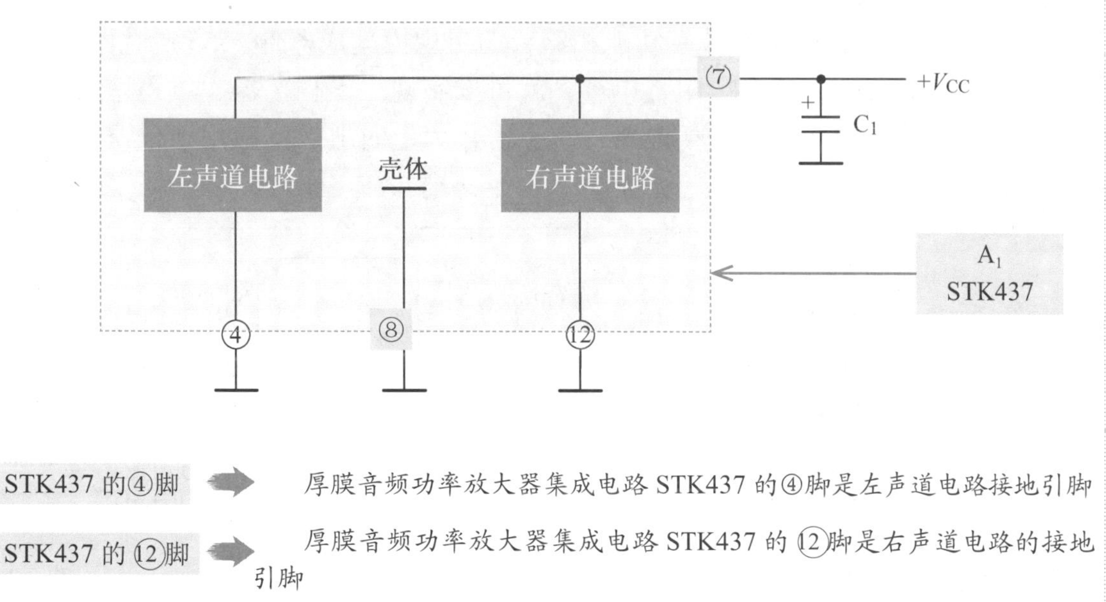

STK437 的④脚 ➡ 厚膜音频功率放大器集成电路 STK437 的④脚是左声道电路接地引脚

STK437 的⑫脚 ➡ 厚膜音频功率放大器集成电路 STK437 的⑫脚是右声道电路的接地引脚

STK437 的⑦脚 ➡ 厚膜音频功率放大器集成电路 STK437 的⑦脚是两声道共用的电源引脚

STK437 的⑧脚 ➡ 厚膜音频功率放大器集成电路 STK437 的⑧脚也是一个接地引脚（为集成电路的壳体接地引脚

具有前级电源输出引脚的集成电路

在部分集成电路中设置了电子滤波电路，可以输出经过电子滤波器滤波后的直流工作电压，供给前级电路使用。

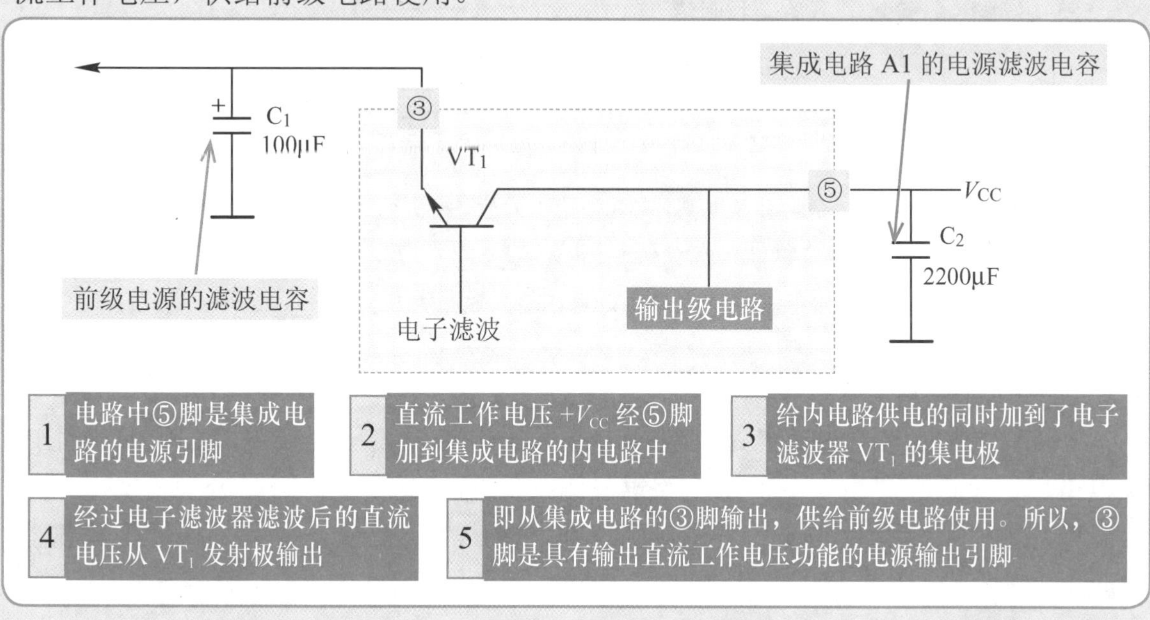

6.2 典型集成电路应用电路

6.2.1 555定时器应用电路

555定时器是一种模拟和数字功能相结合的中规模集成器件。555定时器成本低、性能可靠，只需要外接几个电阻、电容，就可以实现多谐振荡器、单稳态触发器及施密特触发器等脉冲产生与变换电路。它也常作为定时器广泛应用于仪器仪表、家用电器、电子测量及自动控制等方面。

555芯片引脚功能

555定时芯片共有8个引脚，其功能如下。

- 555的①脚 → 1脚为地
- 555的②脚 → 2脚为触发输入端
- 555的③脚 → 3脚为输出端，输出的电平状态受触发器控制
- 555的④脚 → 4脚是复位端，当4脚电位小于0.4V时，无论2、6脚状态如何，输出端3脚都输出低电平
- 555的⑤脚 → 5脚是控制端
- 555的⑥脚 → 2脚和6脚是互补的，2脚只对低电平起作用，高电平对它不起作用，即电压小于$\frac{1}{3}V_{CC}$，此时3脚输出高电平。6脚为阈值端，只对高电平起作用，低电平对它不起作用，即输入电压大于$\frac{2}{3}V_{CC}$，称高触发端
- 555的⑦脚 → 7脚称放电端，与3脚输出同步，输出电平一致，但7脚并不输出电流，所以3脚称为实高(或低)、7脚称为虚高。
- 555的⑧脚 → 8脚是集成电路工作电压输入端，电压为5 ~ 18V，以V_{CC}表示。

由555构成的电源变换电路

由555组成的电源变换电路，包括电源升压电路、高压变换电路、电源极性转换电路、正负极性对称电源变换电路以及组成开关式电源电路等。这些变换电路结构简单、工作可靠而且变换效率也较高，在许多应用电路中，尤其是在便携式仪器中应用十分广泛。

由正电源变换为负电源的基本过程：首先由NE555电路组成一个脉冲振荡器，将直流电源变换成一定频率的脉冲，将输出的脉冲进行整流、滤波，最后输出的便是负极性的直流电源。

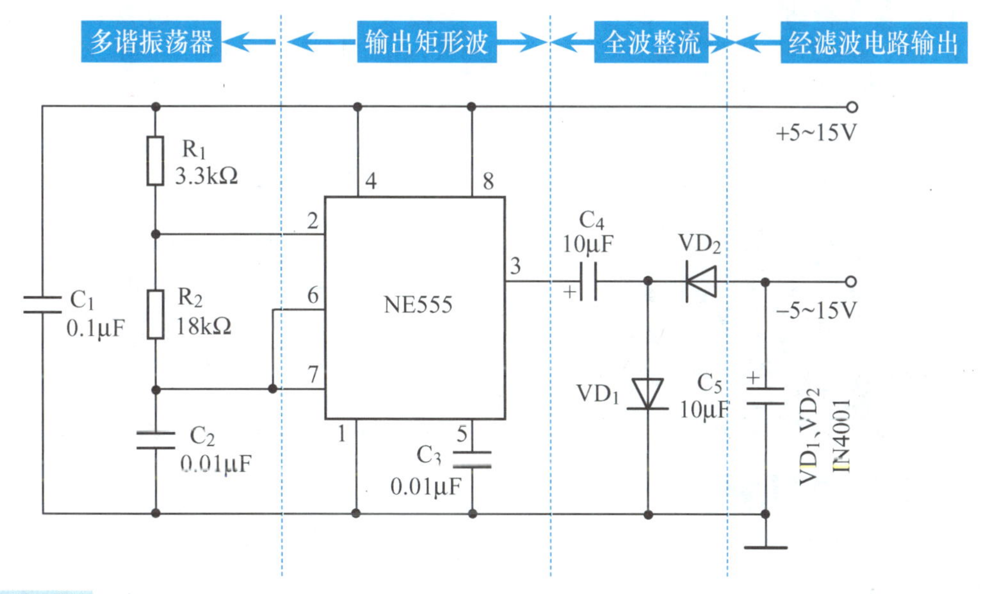

多谐振荡器 → NE555与R_1、R_2及C_2组成了多谐振荡器

输出矩形波 → 多谐振荡器产生频率约为3.6kHz的矩形波脉冲，由NE555的③脚输出

全波整流 → VD_1、VD_2与C_4、C_5组成的是全波整流电路，这样，输出的负极性电源的电压与原正极性电源的电压基本保持相同。如果采用半波整流，则输出电压会比原电压低一半

滤波电路 → 脉冲经由C_4、C_5组成的滤波电路滤波后，由输出端输出

电流回路如下：

1 当输出脉冲的上升沿到来后

2 VD_1导通，VD_2截止

3 C_4、VD_1与“地”构成回路

3 经VD_1对C_4充电，C_4两端得到脉冲峰值电压的平均值

4 当脉冲下降沿到来时

5 VD_1截止，VD_2导通

6 C_4、VD_2、C_5与“地”构成回路

7 脉冲下降沿对C_5充电，使C_5两端得到一个脉冲峰值的平均值

8 此时，C_5上的电压值与C_4上的电压值相加后，在电源输出端得到两个电压之和，约等于电源电压

在该电源变换电路中，多谐振荡器的振荡频率选择应适中，一般应在3～10kHz范围内选择较好，这样可以取得较好的效果。

6.2.2 电压比较器芯片应用电路

LM339属于电压比较器一类的集成电路，比较器是连接模拟电路和数字电路的一种接口电路。在电平检测、数字仪表及许多电子设备中应用较多。

电压比较器通常用来判断输入信号的相对大小，对信号幅度进行控制或根据输入信号幅度来决定输出信号极性。当同相输入端和反相输入端电压的差值为正时，比较器输出高电平，反之输出低电平。电压比较器种类较多，如LM111、LM161/261/361、SN52510、LM193/293/393、LM139/239/339/2901、LM3302、MC14575、MC14574、MAX473/474/475等，在此以LM339集成电压比较器为例加以说明。

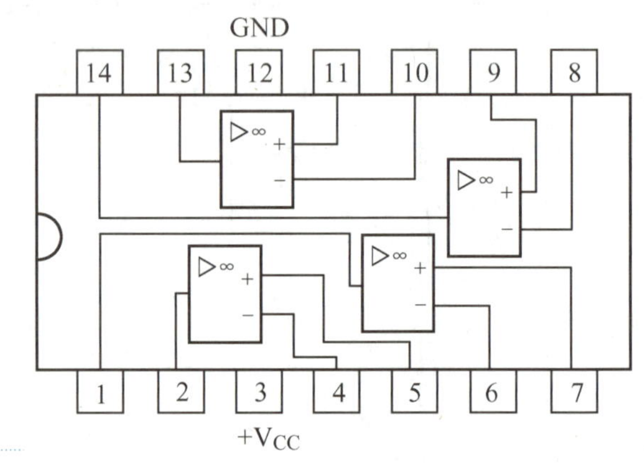

LM339芯片特点

LM339采用14脚双列直插式封装，其内部含有4个独立的电压比较器。该电压比较器的特点如下。

- 特点1 → 失调电压小，典型值为2mV
- 特点2 → 电源电压范围宽，单电源电压为2～36V，双电源电压为±(1～18) V
- 特点3 → 对比较信号源的内阻限制较宽
- 特点4 → 共模范围大
- 特点5 → 差动输入电压范围较大
- 特点6 → 输出端电位可灵活方便地选用

LM339芯片引脚功能

LM339芯片14引脚其功能如下表。

引脚号	引脚功能	符号	引脚号	引脚功能	符号
1	输出端2	OUT2	8	反相输入端3	1N-(3)
2	输出端1	OUT1	9	同相输入端3	1N+(3)
3	电源	V_{CC}+	10	反相输入端4	1N-(4)
4	反相输入端1	1N-(1)	11	同相输入端4	1N+(4)
5	同相输入端1	1N+(1)	12	电源	V_{CC}-
6	反相输入端2	1N-(2)	13	输出端4	OUT4
7	同相输入端2	OUT2(2)	14	输出端3	OUT3

单限比较器电路

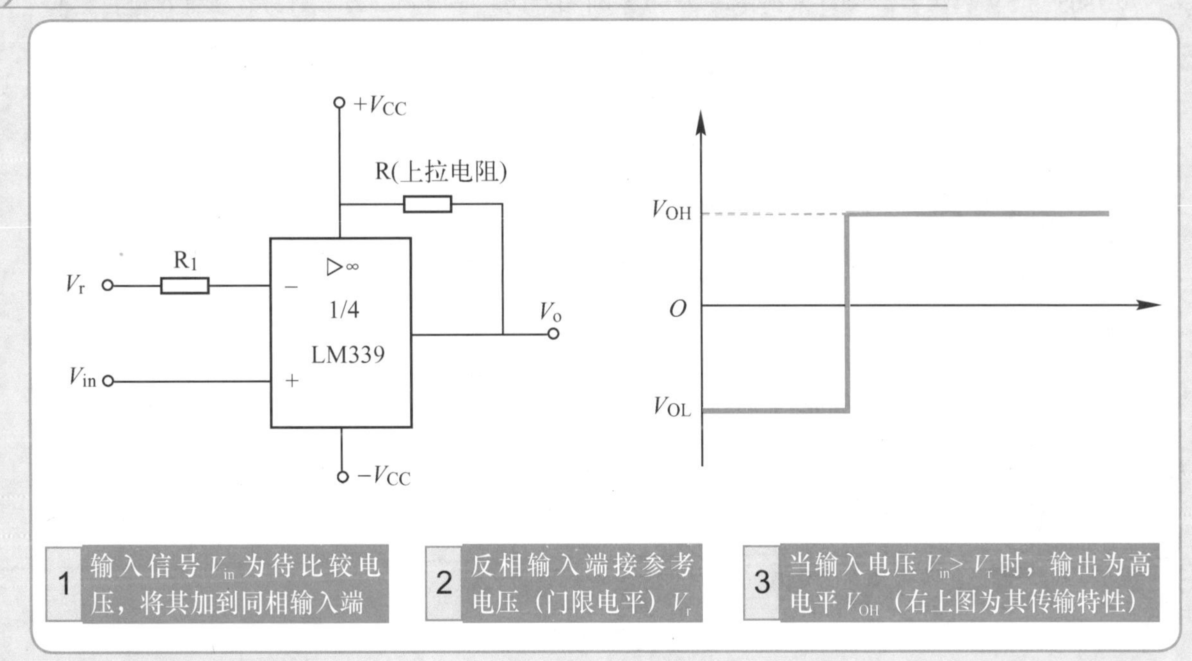

1 输入信号 V_{in} 为待比较电压，将其加到同相输入端

2 反相输入端接参考电压（门限电平）V_r

3 当输入电压 $V_{in}>V_r$ 时，输出为高电平 V_{OH}（右上图为其传输特性）

由 LM339 组成的振荡器

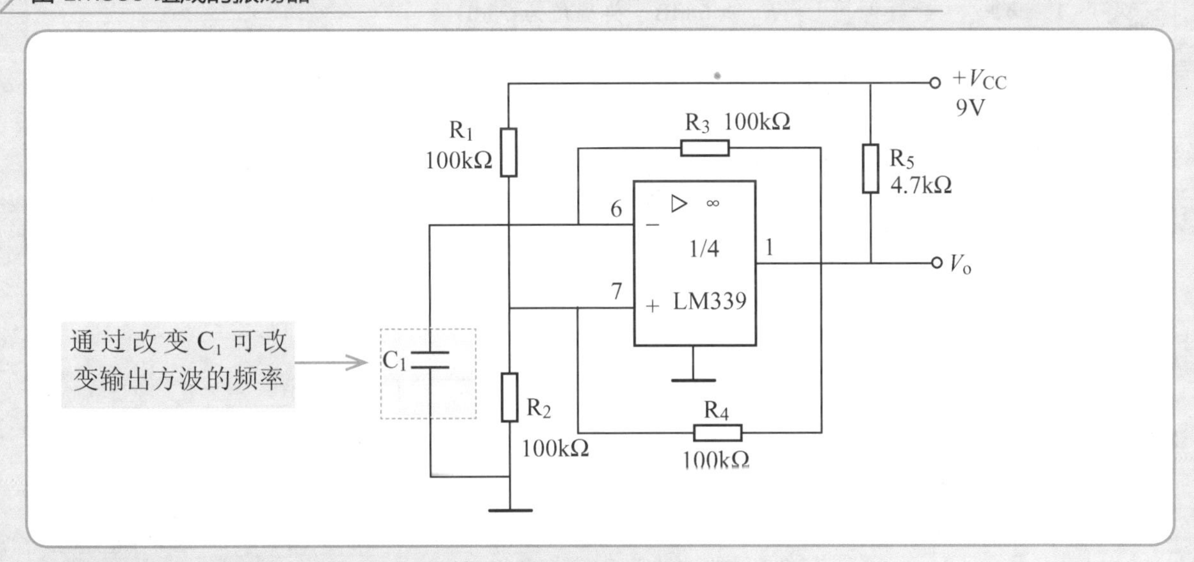

6.2.3 电源电路芯片应用电路

在电路中，一般需要提供稳定的直流电压源，有时还需要所提供的直流稳压电源可以调整，直流电源是集成电路应用电路的能源提供者和工作状态确立的保证者，多数电路的直流电均由电网的交流电转换而来。

7805 集成稳压器

7800 系列三端稳压器是应用广泛的集成稳压器。该系列四位数字的后两位表示稳压器输出电压，如 7805 为 5V 稳压器。7900 系列是与 7800 系列相对的一个系列，该系列为负值电压输出，其他方面与 7800 系列相同。如 7905 为 5V 稳压器，7912 为 12V 稳压器。

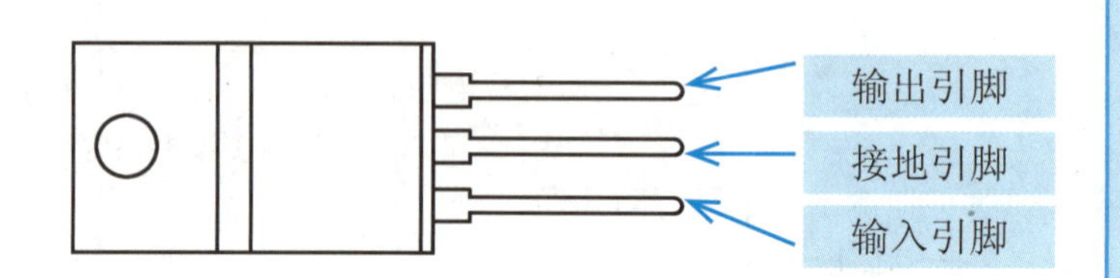

7805 集成稳压器特点

7805 集成稳压器为 3 脚单列封装的芯片，面向芯片型号的印制面，3 个引脚的定义为：中间引脚为接地端、左边引脚为输入端、右边引脚为输出端。

特点 1 ➡ 输出电压：4.8V ≤ V_o ≤ 5. 2V、典型值为 5V

特点 2 ➡ 电压调整率：R_{ev} ≤ 50mV

特点 3 ➡ 静态电流：I_R ≤ 6mA、典型值为 3.2mA

特点 4 ➡ 纹波抑制比：K_R ≥ 68dB，典型值为 75dB

特点 5 ➡ 输出电阻典型值为 17mΩ

7805 集成稳压器典型应用电路

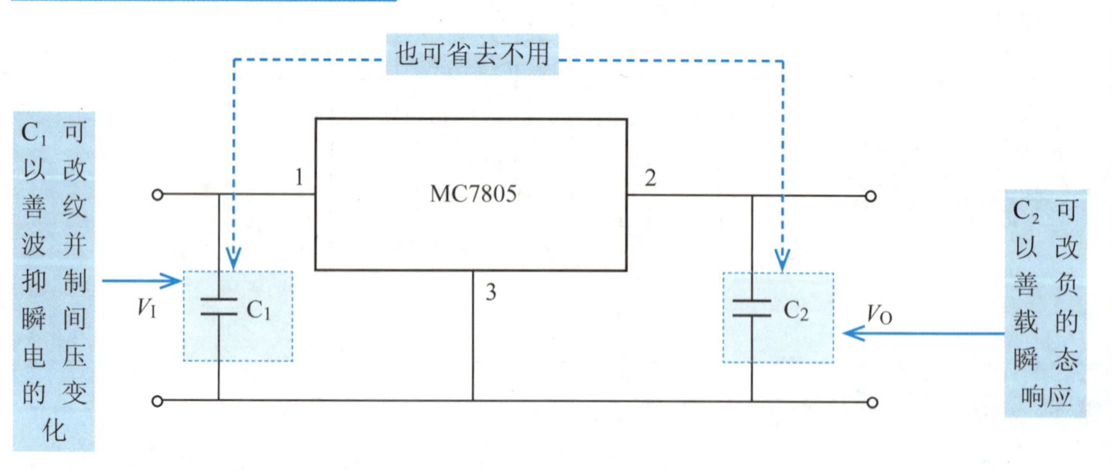

MAX639 集成电源变换电路

MAX639 是美国 MAXIM 公司生产的电源变换器。对于 5.5 ~ 11.5V 的输入电压，可输出 5V 固定电压或可调电压。

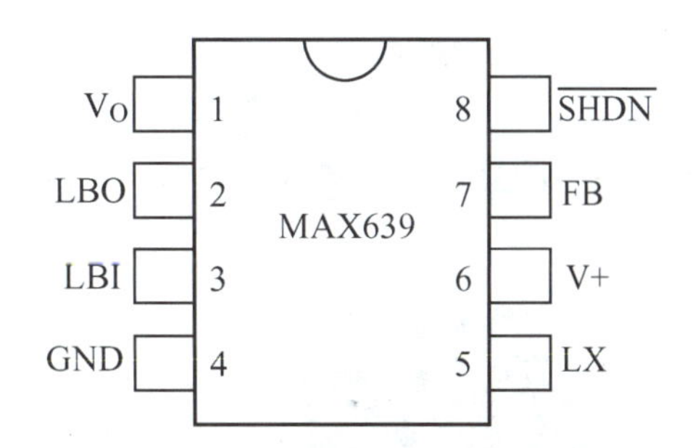

MAX639 引脚的作用

MAX639 为 8 脚双列直插式或小型扁平式封装，其引脚功能如下表。

引脚号	作　　用	引脚号	作　　用
1 脚：V_o	+5V 输出端	5 脚：LX	外接电感端
2 脚：LBO	低电压检测输出端	6 脚：V+	电源输入端
3 脚：LBI	低电压检测输入端	7 脚：FB	反馈端
4 脚：GND	接地端	8 脚：SHDN	关闭模式的控制端，低电平有效

MAX639 典型应用电路

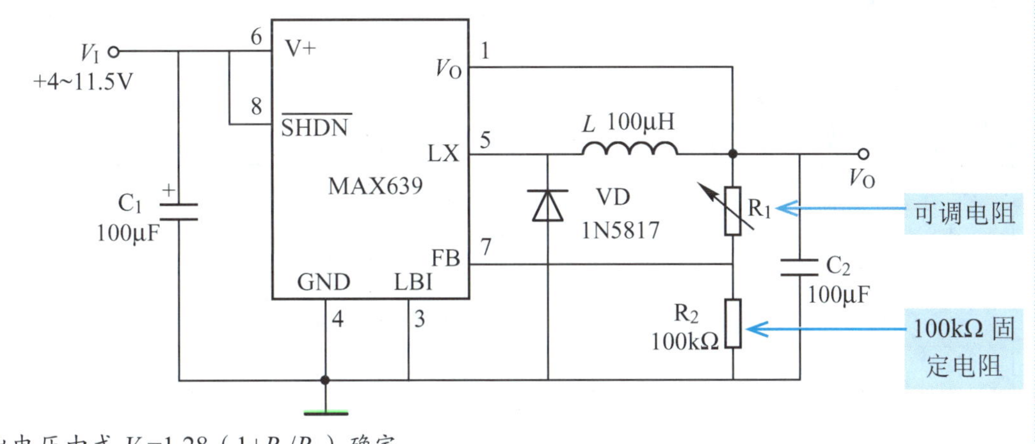

输出电压由式 $V_o=1.28(1+R_1/R_2)$ 确定。

6.2.4 有源滤波器芯片应用电路

模拟滤波器分有源和无源两种。无源滤波器由无源元件电阻、电感和电容组成；有源滤波器由集成运算放大器和 RC 电路构成，有低通、高通、带通和带阻滤波器之分。

与无源滤波器相比，有源滤波器具有以下优点：

(1) 构成的低频滤波器不使用电感，体积小、质量小；

(2) 滤波的同时对信号具有放大作用，避免了信号的过度衰减。

UAF42 是美国 BB 公司生产的通用有源集成滤波器，应用非常方便，可以方便地实现低通滤波器、高通滤波器、带通滤波器、带阻滤波器、贝塞尔滤波器及切比雪夫滤波器。

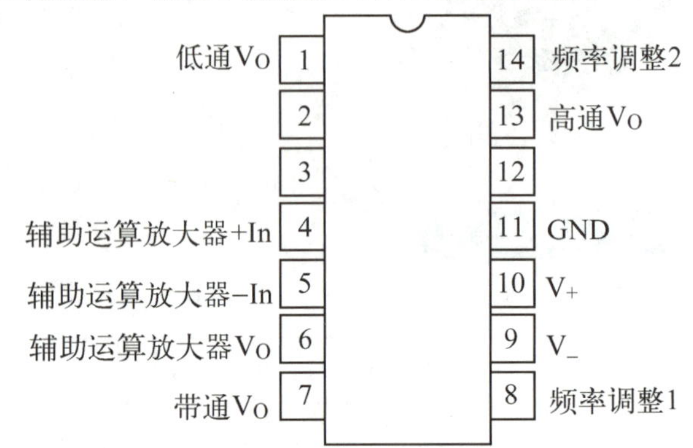

UAF42 特点

UAF42 其内部由 4 个运算放大器及 4 个 50kΩ 电阻和两个 1000pF 电容组成，其电阻和电容制造时都经过激光修正，误差为 0.5%。

特点 1 ➡ 通用性强，可根据需要设计成高通、低通、带通和带阻滤波器

特点 2 ➡ 设计简单。BB 公司还为 UAF42 专门设计了一个软件，从而可以方便灵活地设计各种不同类型的滤波器

特点 3 ➡ 具有高精度频率和高 Q 值

特点 4 ➡ 片内集成有 1000pF±5% 的电容

UAF42 引脚功能

引脚号	引 脚 名 称	功　能
1	Low-pass Vo	低通输出端
2	Vin3	输入引脚 3，经过内部一个电阻后连接 VFA 内部运放的非反向输入端
3	Vin2	输入引脚 2，与 UAF42 内部运放的非反向输入端相连
4	Auxiliary Op Amp +IN	辅助运放非反向输入端
5	Auxiliary Op Amp -IN	辅助运放反向输入端
6	Auxiliary Op Amp Vo	辅助运放输出端
7	Bandpass Vo	带通输出
8	Frequency adj1	频率调节引脚 1
9	V-	负电源电压
10	V+	正电源电压
11	Gound	地
12	Vin1	输入引脚 1，接 UAF42 内部运放的反向输入端
13	High-pass Vo	高通输出端
14	Frequency adj2	频率调节引脚 2

UAF42 典型应用电路

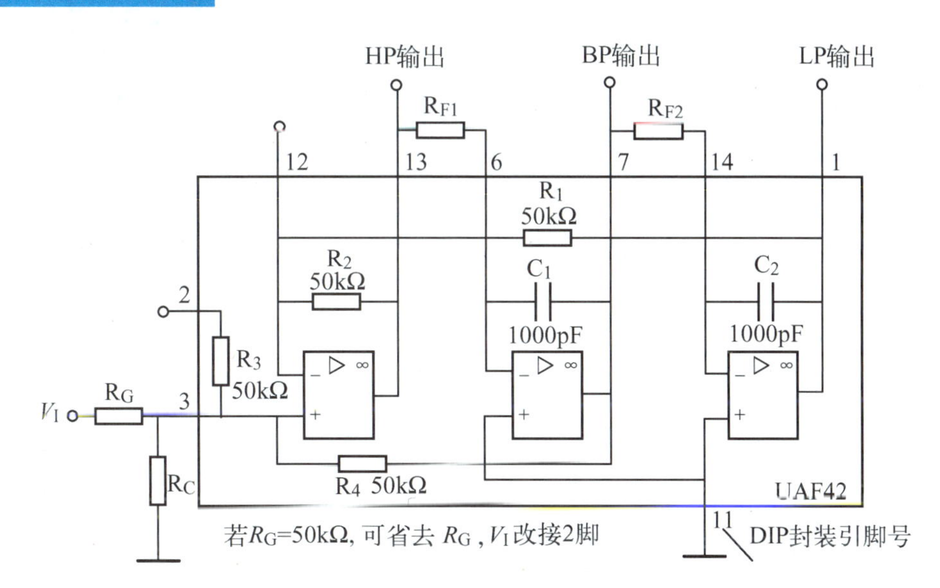

每个滤波器的传递函数表示如下。

低通滤波器传递函数：$\frac{V_{LP}(S)}{V_I(S)}=\frac{A_{LP}\omega_n^2}{S^2+S\omega_n/Q+\omega_n^2}$

高通滤波器传递函数：$\frac{V_{HP}(S)}{V_I(S)}=\frac{A_{HP}S^2}{S^2+S\omega_n/Q+\omega_n^2}$

带通滤波器传递函数：$\frac{V_{BP}(S)}{V_I(S)}=\frac{A_{BP}(S^2+\omega_n^2)}{S^2+S\omega_n/Q+\omega_n^2}$

ω_n 为固有角频率

有关参数的计算如下：$\omega_n^2=\frac{R_2}{R_1R_{F1}R_{F2}C_1C_2}$

Q 的计算：

$$Q=\frac{1+\frac{R_4(R_G+R_Q)}{R_GR_Q}}{1+\frac{R_2}{R_1}}\sqrt{\frac{R_2R_{F1}C_1}{R_1R_{F2}C_2}}$$

A_{LP} 的计算：

$$A_{LP}=\frac{1+\frac{R_1}{R_2}}{R_G\left(\frac{1}{R_Q}+\frac{1}{R_G}+\frac{1}{R_4}\right)}$$

A_{HP} 的计算：$A_{HP}=(R_2/R_1)A_{LP}$

$A_{BP}=R_4/R_G$

第7章

其他元件及其典型应用电路

7.1 晶闸管及其典型应用电路

7.1.1 认识晶闸管

晶闸管是晶体闸流管的简称，旧称可控硅，是一种“以小控大”的电流型器件，它像闸门一样，能够控制大电流的流通，以此得名。

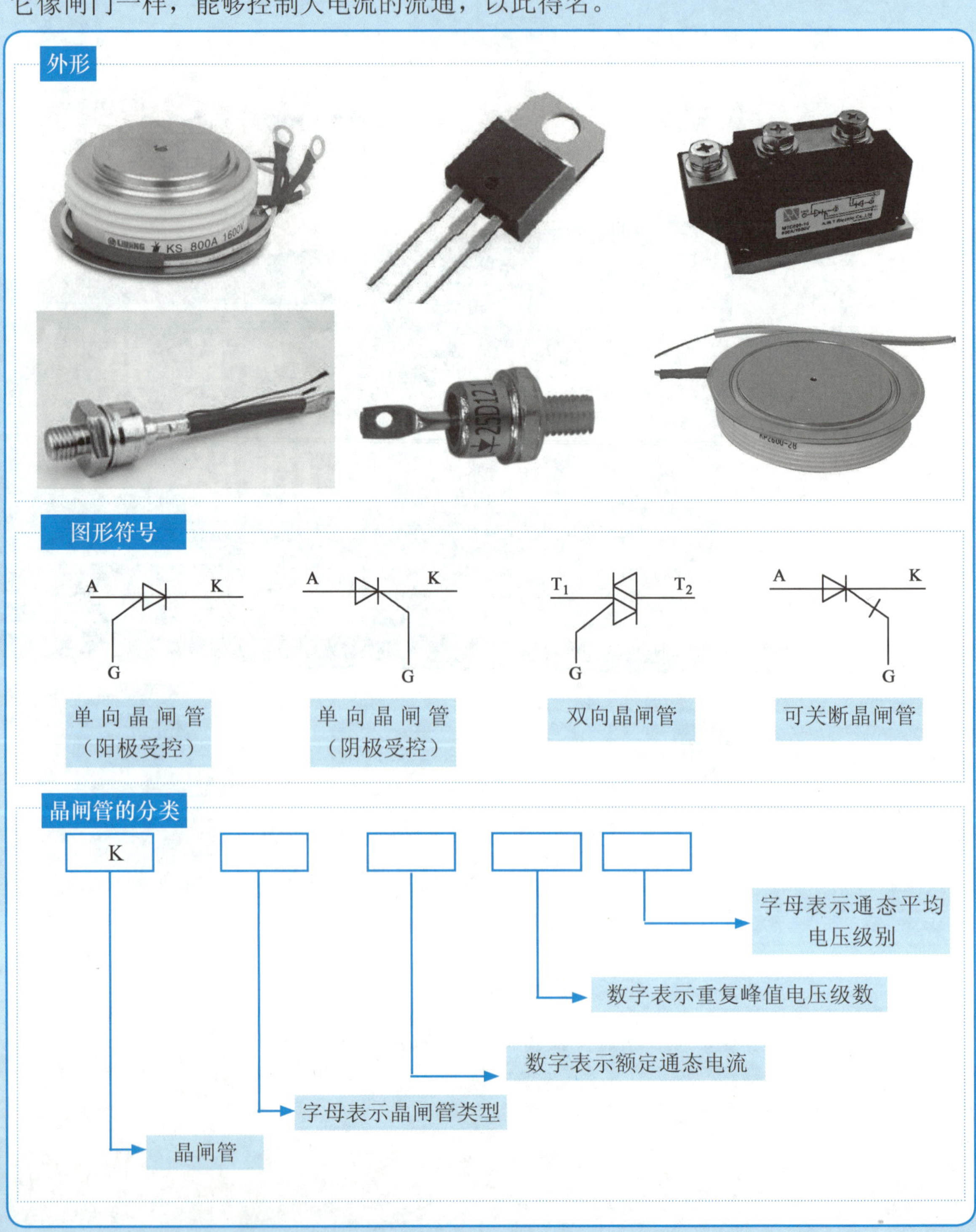

例如，KP300-10F 型晶闸管是普通晶闸管，额定电流为 300A，额定电压为 1000V，通态平均电压降为 0.9V。

晶闸管的分类

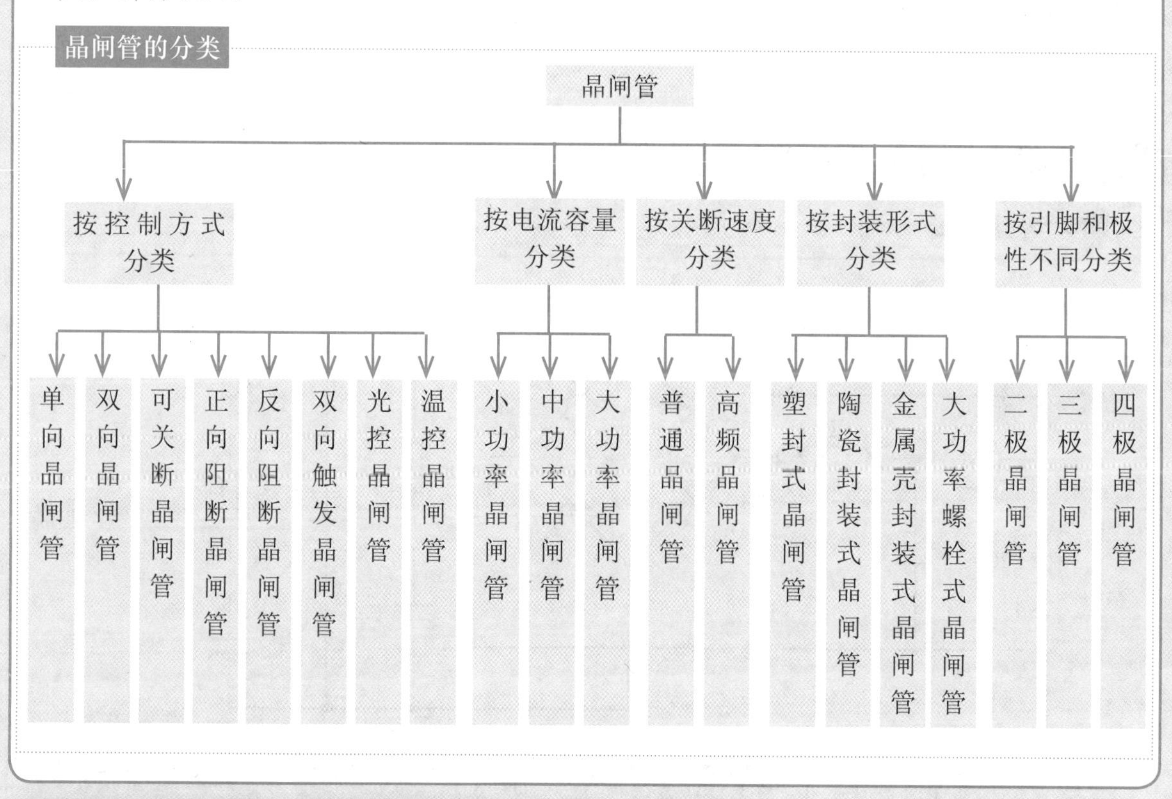

7.1.2 晶闸管的性能参数

晶闸管的主要性能参数有额定通态平均电流、正反向阻断峰值电压、维持电流、控制极触发电压和电流等。

额定通态平均电流

额定通态平均电流 I_T 是指晶闸管导通时所允许通过的最大正弦交流电流的有效值。应选用 I_T 大于电路工作电流的晶闸管。

正反向阻断峰值电压

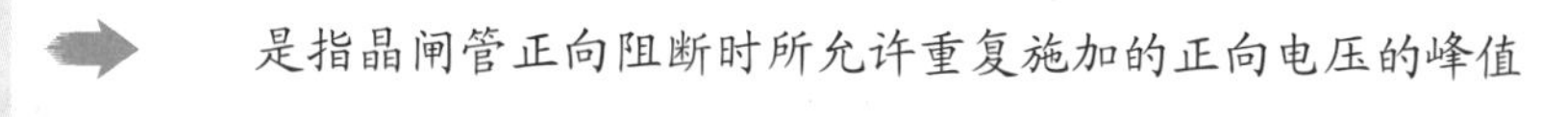

正向阻断峰值电压 U_{DRM} → 是指晶闸管正向阻断时所允许重复施加的正向电压的峰值

反向阻断峰值电压 U_{RRM} → 是指晶闸管反向阻断时允许重复加在晶闸管两端的反向电压的峰值

电路施加在晶闸管上的电压必须小于 U_{DRM} 与 U_{RRM} 并留有一定余量，以免造成击穿损坏。

维持电流

维持电流 I_H 是指保持晶闸管导通所需要的最小正向电流。当通过晶闸管的电流小于 I_H 时，晶闸管将退出导通状态而阻断。

控制极触发电压和电流

控制极触发电压 U_G 和控制极触发电流 I_G 是指使晶闸管从阻断状态转变为导通状态时，所需要的最小控制极直流电压和直流电流。

7.1.3 晶闸管的典型应用电路

晶闸管典型应用电路

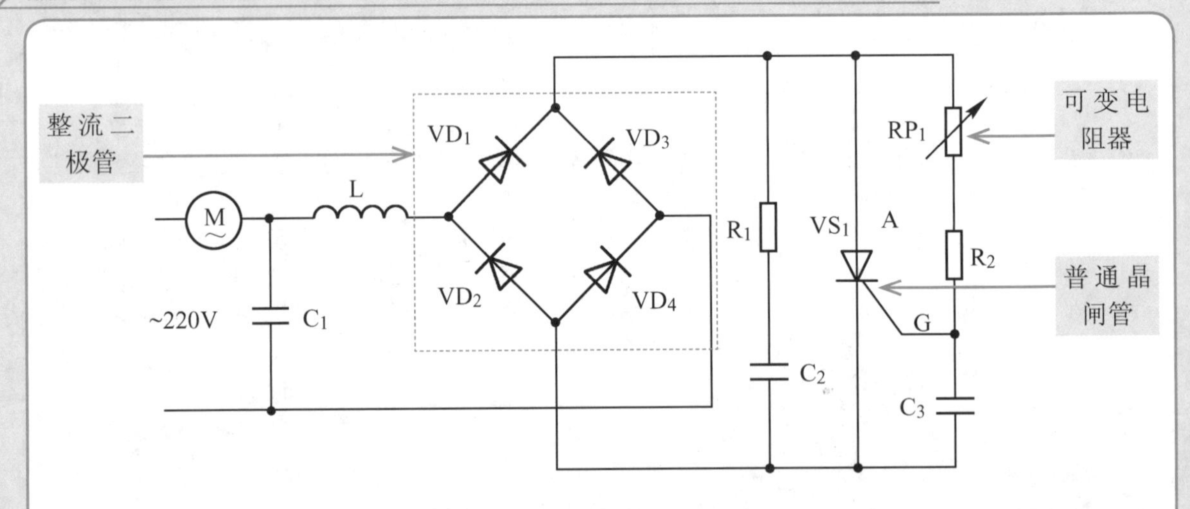

1 220V 交流电压经过 VD_1 ~ VD_4 桥式整流

2 得到的脉冲直流电压加到晶闸管 VS_1 的阳极和阴极之间，为它提供直流工作电压

3 通过 RP_1 和 R_2 对电容 C_3 进行充电

4 当 C_3 上电压充到一定大小时

5 晶闸管 VS_1 控制极电压达到一定电压值，触发晶闸管 VS_1 导通

6 VS_1 阳极与阴极间内阻很小，相当于桥式整流电路负载回路接通

7 便有交流电流流过负载 M，负载获得工作电压而工作

8 当晶闸管 VS_1 控制极上没有足够的触发电压时

9 VS_1 不能导通，负载 M 回路没有电流，负载 M 不能正常工作

可变电阻 RP_1 → 改变可变电阻 RP_1 的阻值大小，就能改变 RP_1、R_2、C_3 的充电时间常数，从而改变对 C_3 的充电速度

调压原理

1 RP_1 阻值小，充电时间常数小

2 C_3 上充电电压升高速度快

3 VS_1 很快就导通，即 VS_1 导通角 θ 大

4 这样负载 M 一个周期内的平均电压就高

反之，RP_1 阻值大，负载 M 一个周期内平均电压就低，从而达到调压的目的。

单电源门极关断晶闸管栅极驱动电路

下图所示为单电源门极关断晶闸管栅极驱动电路。

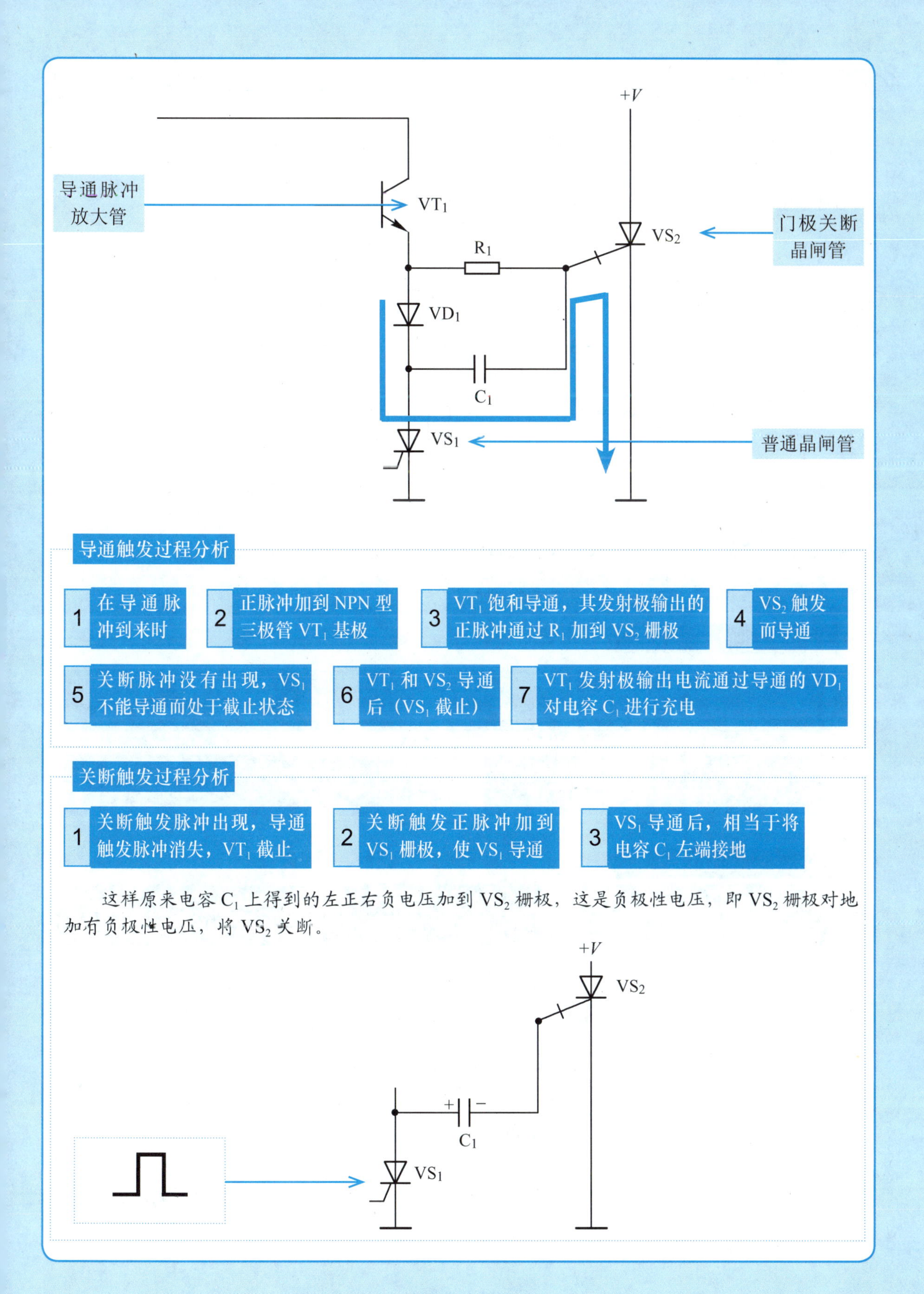

这样原来电容 C_1 上得到的左正右负电压加到 VS_2 栅极，这是负极性电压，即 VS_2 栅极对地加有负极性电压，将 VS_2 关断。

下图为典型的双向晶闸管应用电路，其为交流调压电路。

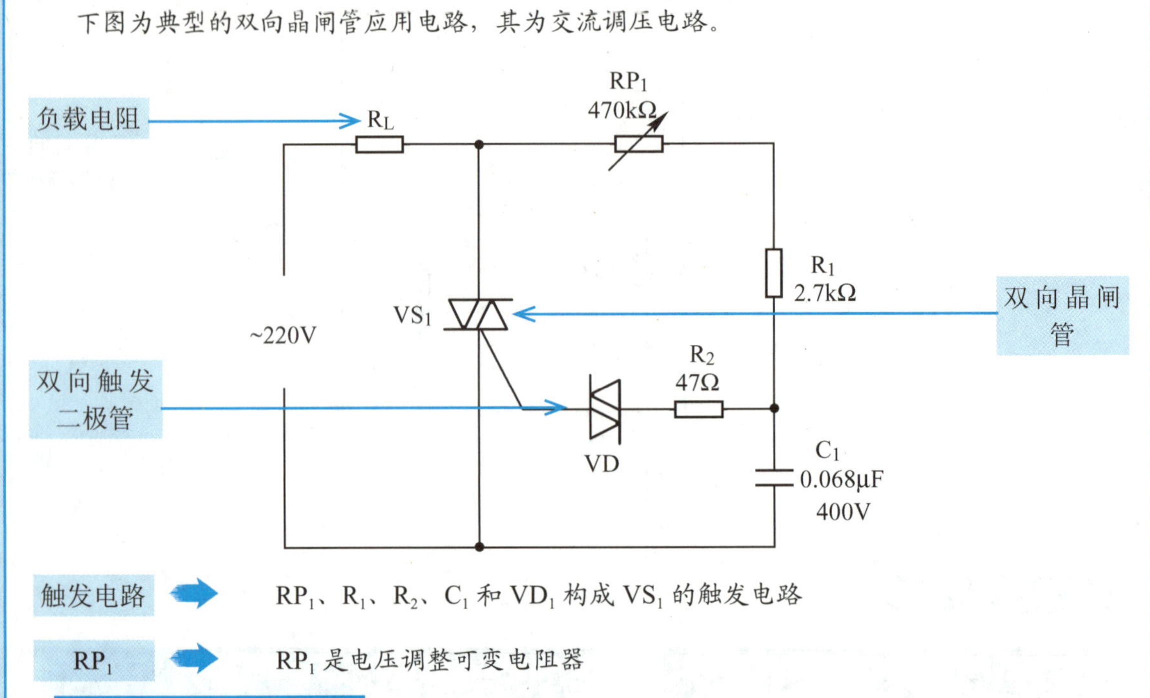

触发电路 → RP_1、R_1、R_2、C_1 和 VD_1 构成 VS_1 的触发电路

RP_1 → RP_1 是电压调整可变电阻器

220V 交流电的正半周电压

1. 220V 交流电的正半周电压通过 R_L、RP_1 和 R_1 为 C_1 充电
2. 当 C_1 上的充电电压上升到一定程度时
3. C_1 上的电压通过 R_2 加到双向触发二极管 VD_1，使其导通
4. 导通的 VD_1 再将电压加到 VS_1 控制极
5. 触发 VS_1 导通
6. VS_1 导通后构成负载 R_L 的电流回路，R_L 工作

220V 交流电的负半周电压

1. 220V 交流电的负半周电压通过 R_L、RP_1 和 R_1 对 C_1 充电
2. 由于 VD_1 是双向触发二极管，所以 VD_1 也能导通
3. VD_1 导通后因为 VS_1 是双向晶闸管，负极触发也能导通

采用双向触发二极管和双向晶闸管后，这一电路能在交流电的正、负半周工作，而且省去了普通晶闸管调压电路中的桥式整流电路，使电路变得简单、可靠。

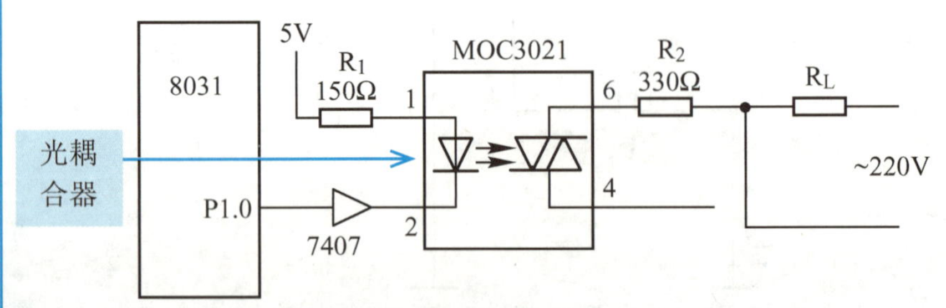

左图所示是双向晶闸管的另一种应用电路，MOC3021 是双向晶闸管输出型的光耦合器，它的作用是隔离单片机系统和触发外部的双向晶闸管 VS_1。

7.2 场效应晶体管及其典型应用电路

7.2.1 认识场效应晶体管

场效应晶体管通常简称为场效应管，是一种利用电场效应来控制电流的管子，由于参与导电的只有一种极性的载流子，所以场效应管也称为单极性晶体管。

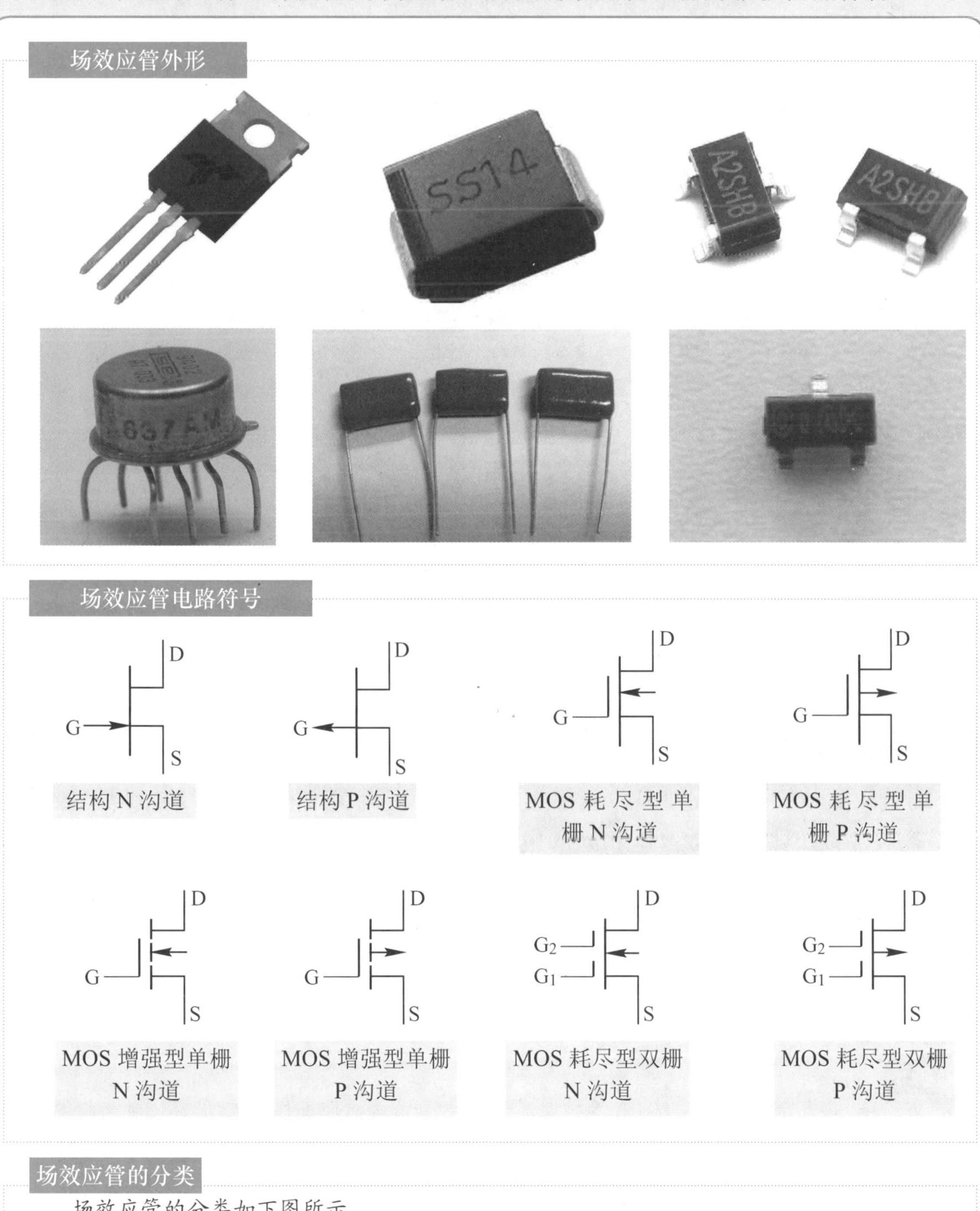

场效应管的分类

场效应管的分类如下图所示。

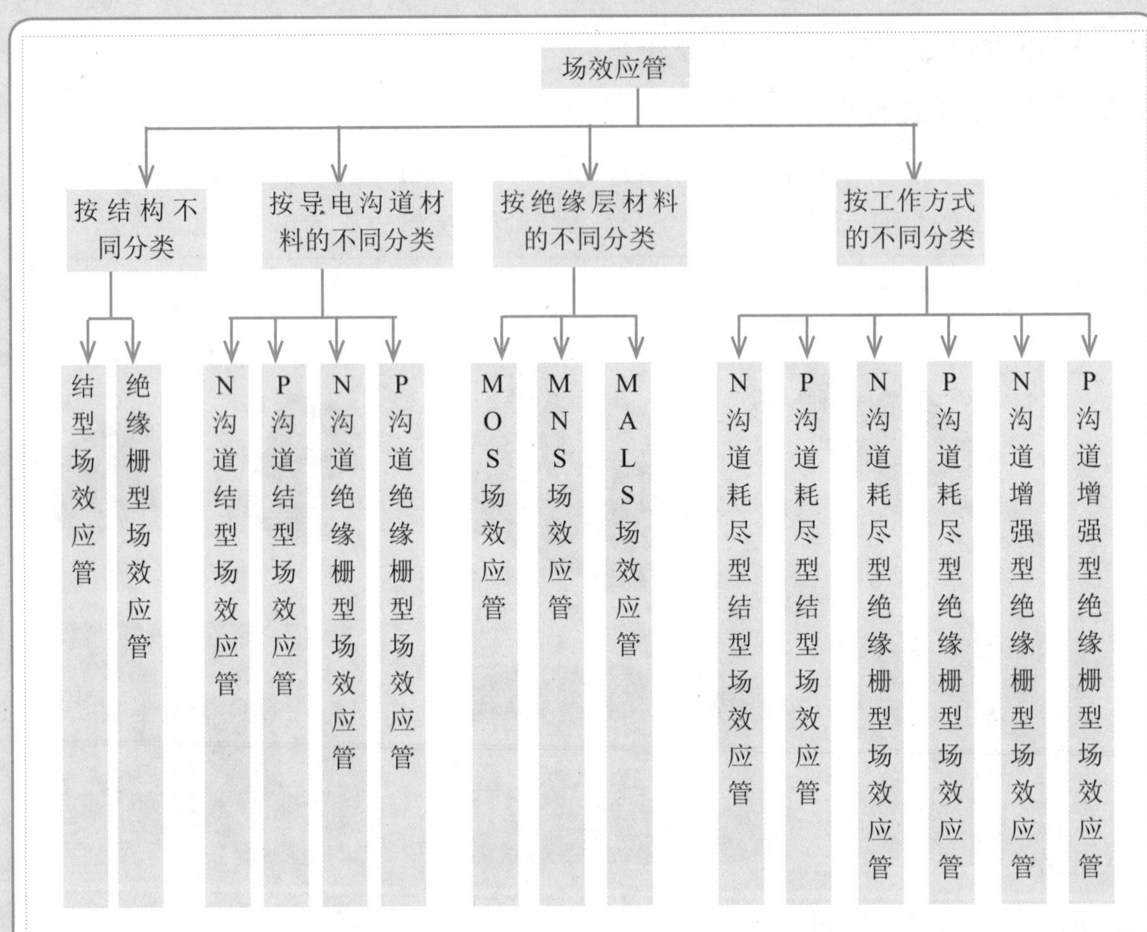

场效应管除按以上各方式分类外，还可分为高压型场效应管、开关场效应管、双栅场效应管、功率 MOS 场效应管、高频场效应管及低噪声场效应管等。

7.2.2 场效应晶体管的性能参数

场效应晶体管的参数很多，包括直流参数、交流参数和极限参数，但一般使用时只需关注以下主要参数：饱和漏源电流 I_{DSS}、跨导 g_m、夹断电压 U_P（结型管和耗尽型绝缘栅管）或开启电压 U_T（增强型绝缘栅管）、漏源击穿电压 BU_{DS}、最大耗散功率 P_{DSM} 和最大漏源电流 I_{DSM}。

饱和漏源电流

饱和漏源电流 I_{DSS} 是指结型或耗尽型绝缘栅场效应管中，栅极电压 $U_{GS}=0$ 时的漏源电流。

跨导

跨导 g_m 是表示栅源电压 U_{GS} 对漏极电流 I_D 的控制能力，即漏极电流 I_D 变化量与栅源电压 U_{GS} 变化量的比值。

夹断电压

夹断电压 U_P 是指结型或耗尽型绝缘栅场效应管中，使漏源间刚截止时的栅极电压。

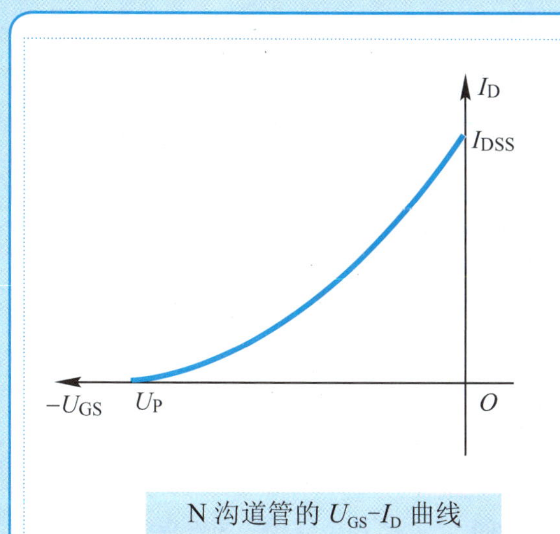

N 沟道管的 U_{GS}-I_D 曲线

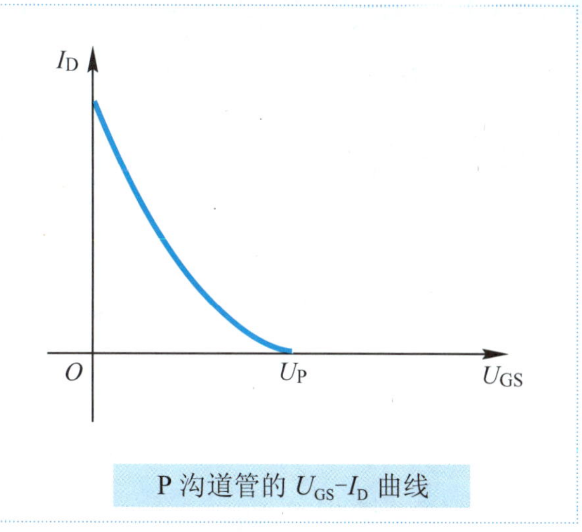

P 沟道管的 U_{GS}-I_D 曲线

开启电压

开启电压 U_T 是指增强型绝缘栅场效应管中，使漏源间刚导通时的栅极电压。

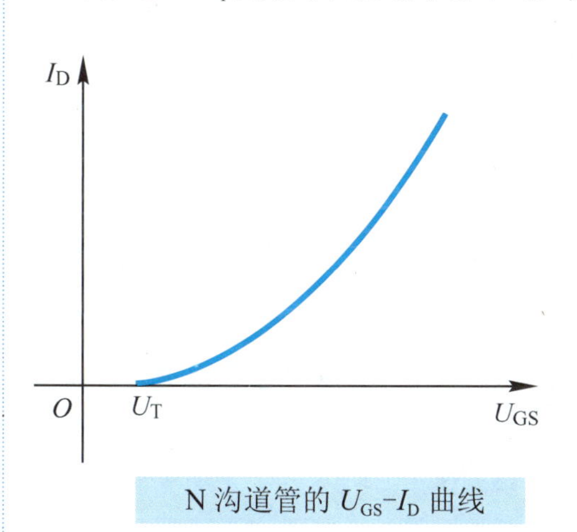

N 沟道管的 U_{GS}-I_D 曲线

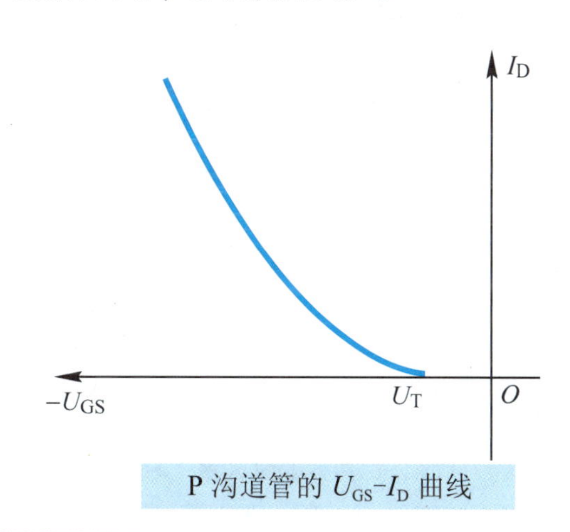

P 沟道管的 U_{GS}-I_D 曲线

漏源击穿电压

漏源击穿电压 BU_{DS} 是指栅源电压 U_{GS} 一定时，场效应管正常工作所能承受的最大漏源电压。这是一项极限参数，使用时加在场效应管上的工作电压必须小于 BU_{DS}。

最大耗散功率

最大耗散功率 P_{DSM} 也是一项极限参数，是指场效应管性能不变坏时所允许的最大漏源耗散功率。使用时，场效应管实际功耗应小于 P_{DSM} 并留有一定余量。

最大漏源电流

最大漏源电流 I_{DSM} 是场效应管的又一项极限参数，是指场效应管正常工作时，漏源间允许通过的最大电流。场效应管的工作电流不应超过 I_{DSM}。

7.2.3 场效应晶体管的典型应用电路

场效应管 3 种基本组态电路

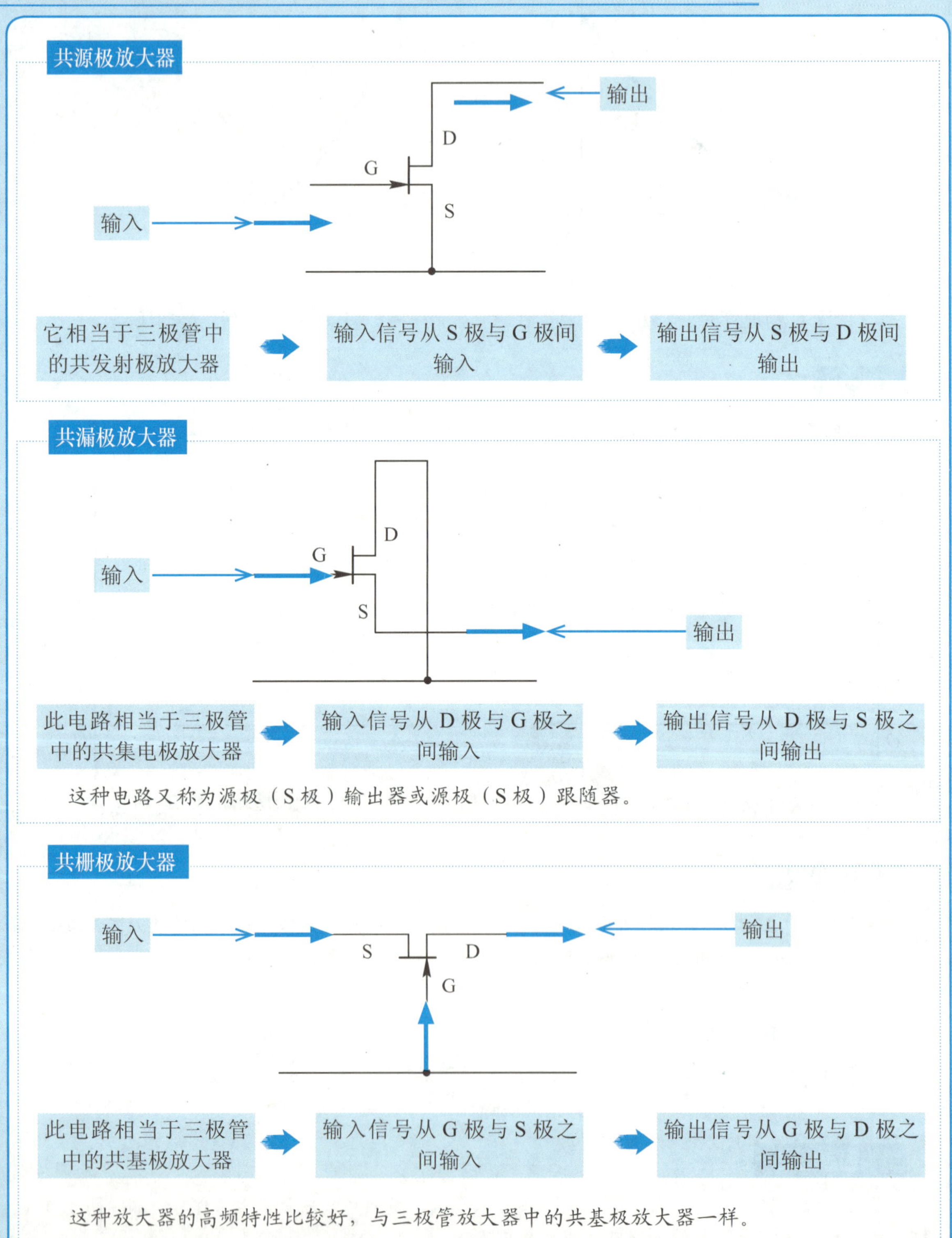

场效应管固定式偏置电路

常见的场效应管偏置电路有4种。场效应管与晶体管放大器一样需要直流偏置电路，这里以N沟道结型场效应管为例，讲解偏置电路工作原理。

下图是N沟道结型场效应管固定式偏置电路，又称外偏置电路。与晶体管中的固定式偏置电路不同，它需要采用两个直流电源，这是这种偏置电路的一个缺点。

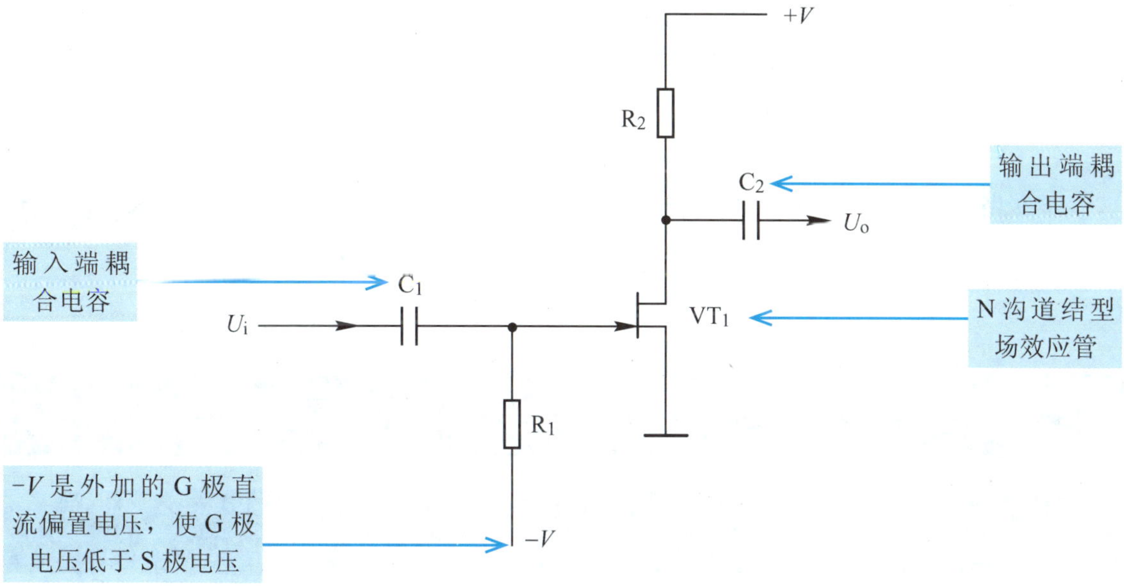

+V

R_2

C_2

输出端耦合电容

U_o

输入端耦合电容

C_1

U_i

VT_1

N沟道结型场效应管

R_1

-V是外加的G极直流偏置电压，使G极电压低于S极电压

-V

-V的作用 → -V是栅压专用偏置直流电源，为负极性电源

1 电路中电源电压+V通过D极负载电阻R_2加到VT_1管D极

2 VT_1管S极直接接地

3 -V通过G极偏置电阻R1加到VT_1管G极

4 使G极电压低于S极直流电压

5 建立VT_1管正常偏置电压

这种偏置电路的优点是VT_1管工作点可以任意选择，不受其他因素的制约，也充分利用了D极直流电源+V，可以用于低电压供电的放大器中。

场效应管自给栅偏压电路

下图是N沟道结型场效应管自给栅偏压电路。

VT_1的S极 → 旁路电容C_3将VT_1管S极输出的交流信号旁路到地线

电阻R_3 → R_3具有直流负反馈的作用，可以稳定VT_1管的工作状态，这一点与晶体管放大器中发射极的负反馈作用相同

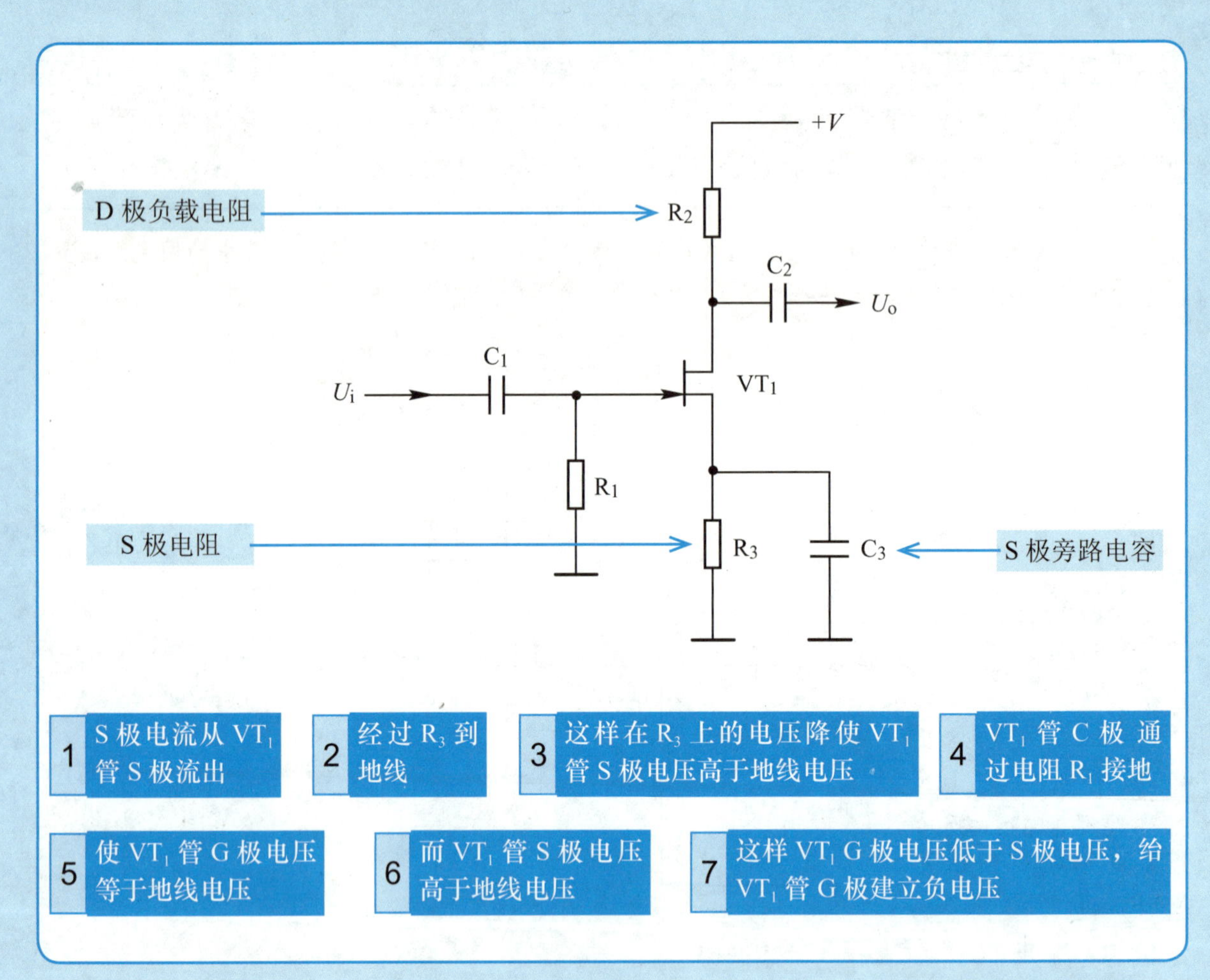

场效应管混合偏置电路

下图为 N 沟道结型场效应管混合偏置电路，它在自给栅偏压电路基础上给 VT_1 管 G 极加上正极性直流电压。

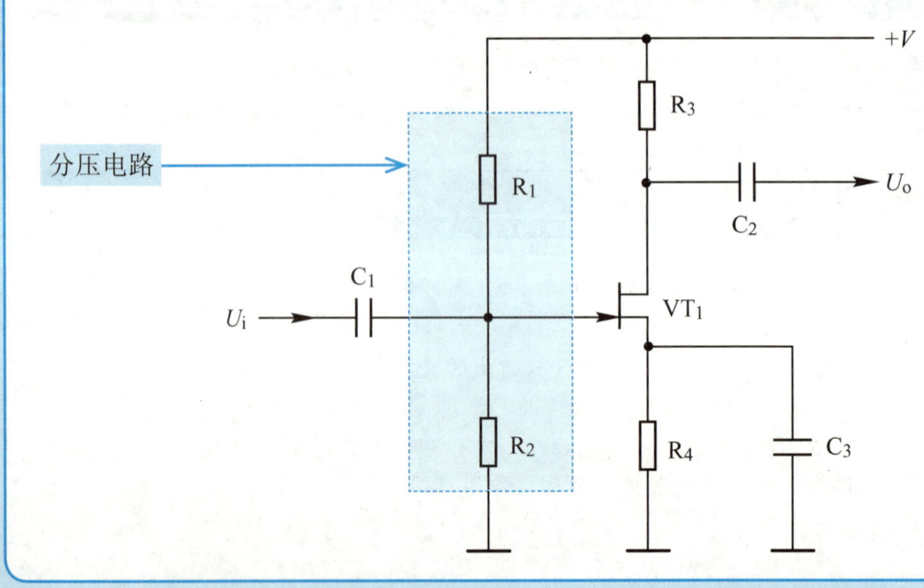

VT_1 ➡ 采用混合偏置电路可以使 VT_1 管工作点的选择范围更大，在 S 极电阻 R_4 大小确定后，通过调整 R_1 和 R_2 的阻值大小，就可以保证 VT_1 管 G 极为负偏压

1 加大 S 极电阻 R_4 的阻值可以加大直流负反馈量

2 由于 R_4 阻值大，VT_1 管 S 极直流电压升高

3 如果不增大直流工作电压 $+V$，使 VT_1 管 D 极与 S 极之间有效直流工作电压下降

这种偏压电路还有一个缺点，即降低了放大器的输入电阻。下图为这种偏置电路的等效电路。

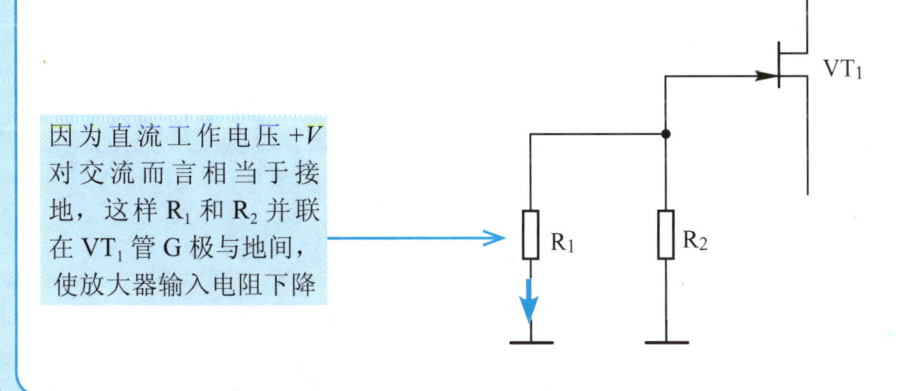

场效应管改进型混合偏置电路

下图为 N 沟道结型场效应管改进型混合偏置电路。

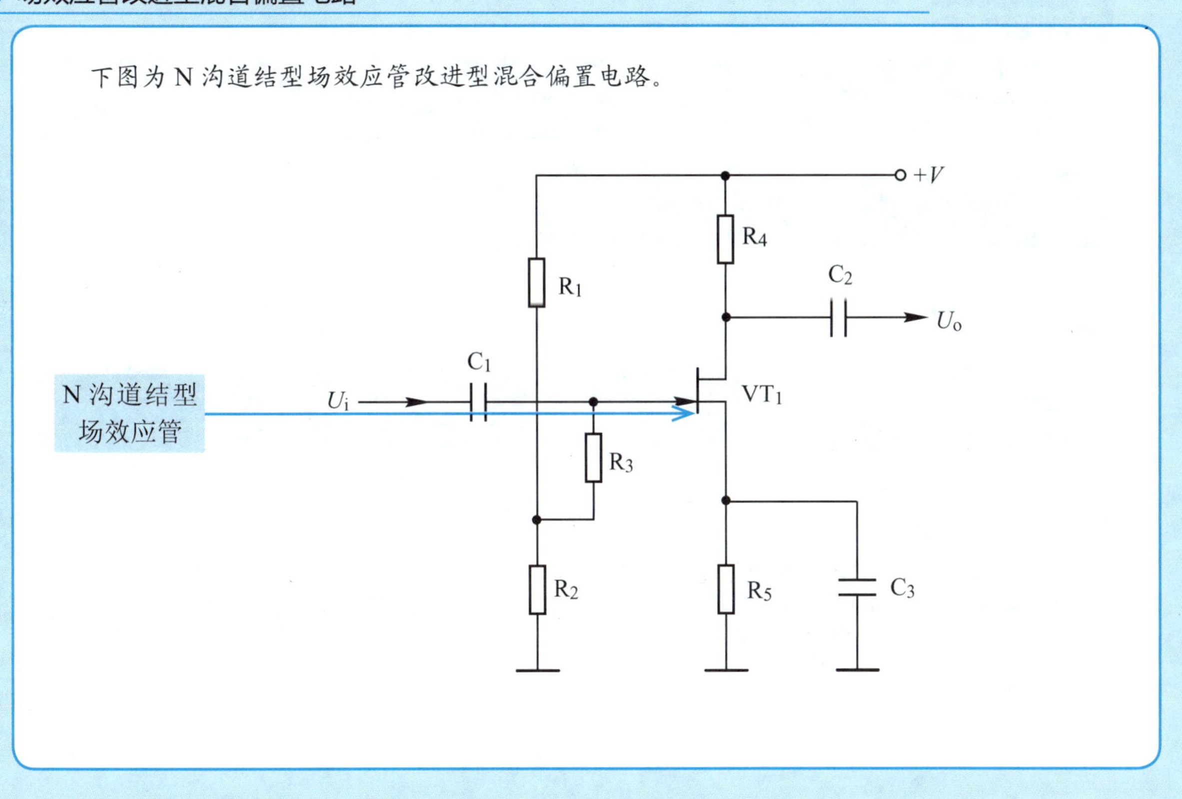

1	电路中，电压通过 R_1 和 R_2 分压	2	经 R_3 加到 VT_1 的 G 极	3	虽然 VT_1 的 G 极的直流电压为正	4	但 R_5 上的电压降使 VT_1 的 S 极电压更高，因此 VT_1 的 G 极为负偏压

场效应管和三极管混合放大器电路

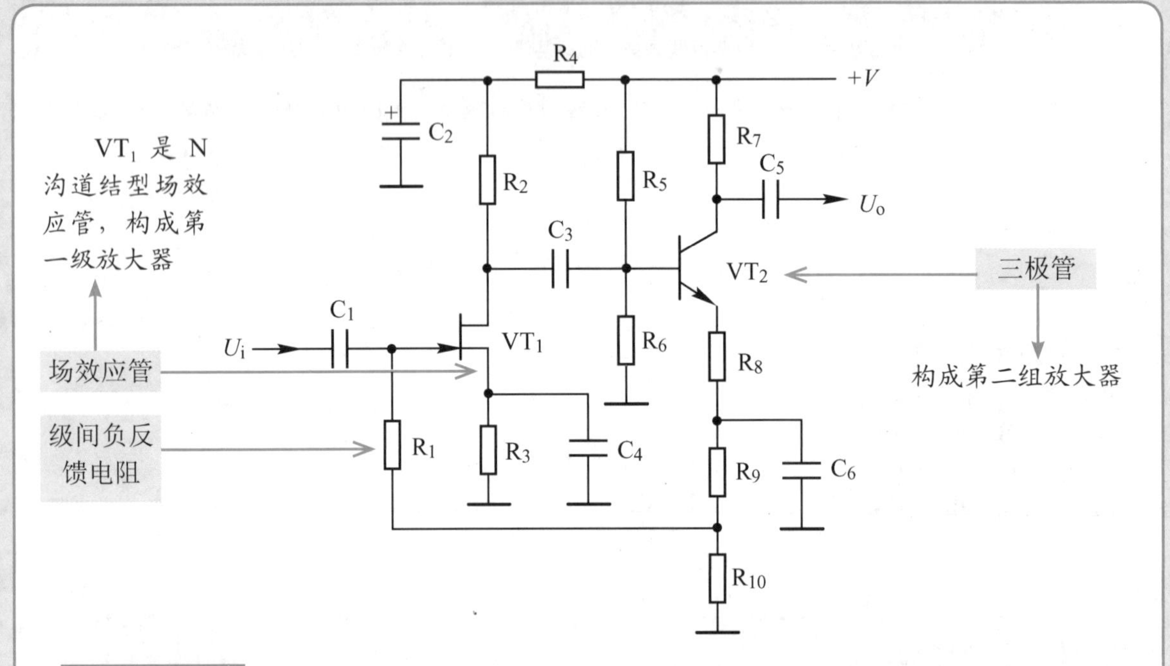

直流电路分析

1. R_3 是 VT_1 管 S 极电阻，将 S 极直流电压抬高
2. R_1 为 VT_1 管 G 极加上直流电压，但 G 极电压仍然低于 S 极电压
3. 这样 G 极为负偏压
4. R_2 将直流工作电压加到 VT_1 管 D 极
5. R_2 的作用与三极管电路中集电极的负载电阻一样

交流电路分析

1. 输入信号 U_i 经耦合电容 C_1 加到 VT_1 管 G 极
2. 经放大后从 D 极输出
3. 经过级间耦合电容 C_3 耦合，加到 VT_2 管基极，经过 VT_2 管放大后从集电极输出

负反馈电路分析

1. 从 VT_2 管发射极电阻 R_{10} 上取出的直流负反馈电压加到 VT_1 管 G 极
2. 构成两级放大器之间的环路负反馈电路，以稳定两级放大器的直流工作

由于 VT_2 管的旁路电容 C_6 将 R_{10} 上的交流信号旁路到地，这样 R_1 不存在交流负反馈，只有直流负反馈。

7.3 继电器及其典型应用电路

7.3.1 认识继电器

继电器是自动控制电路中的一种常用元器件，它能够控制一组开关的通与断，或是通过电信号进行控制，或是通过磁、声、光、热形式来控制，在音响扬声器保护电路中广泛使用。

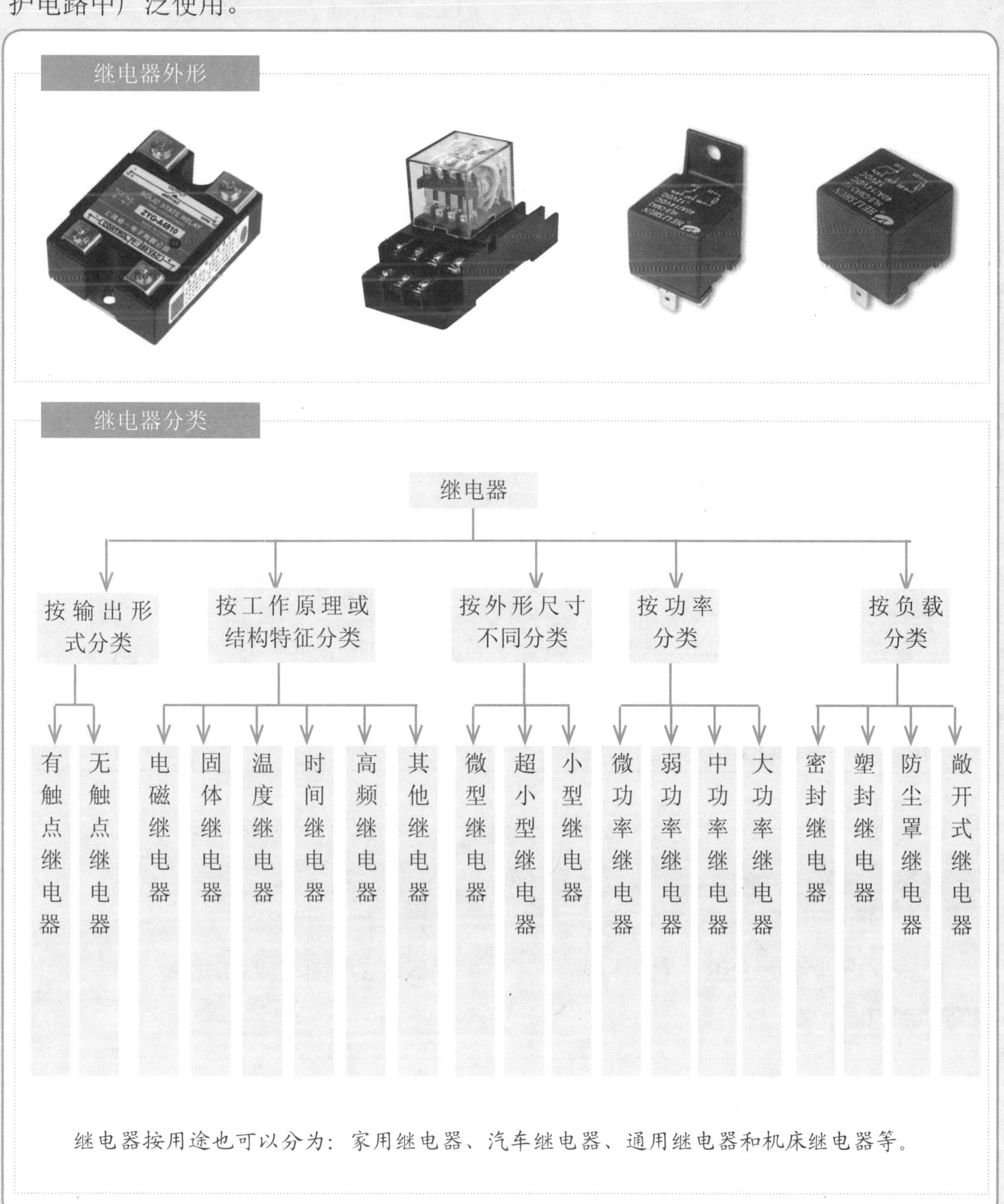

继电器按用途也可以分为：家用继电器、汽车继电器、通用继电器和机床继电器等。

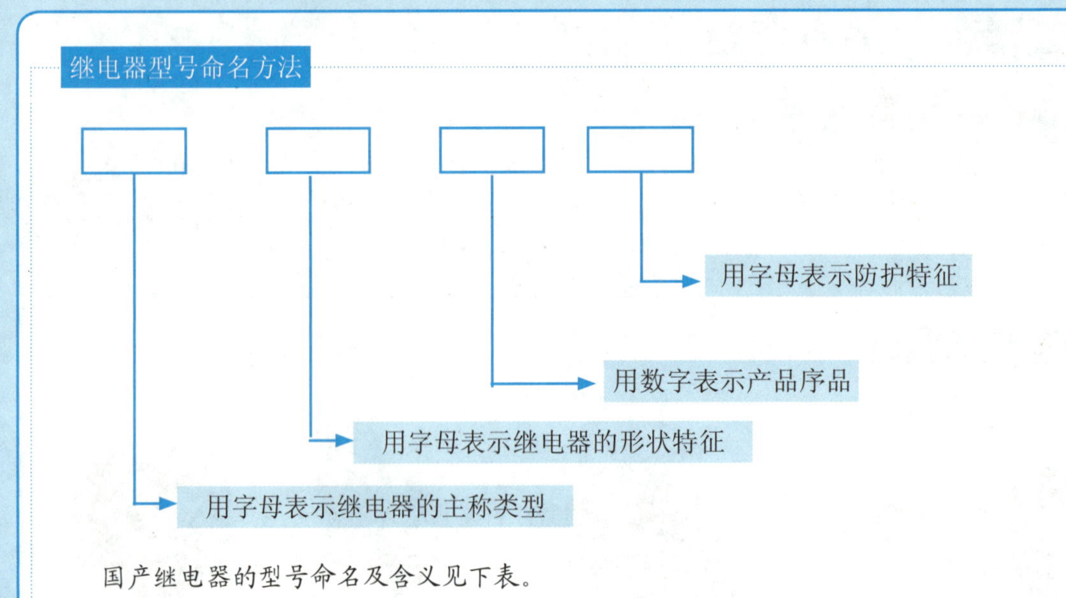

国产继电器的型号命名及含义见下表。

第一部分：主称类型		第二部分：形状特征		第三部分：序号	第四部分：防护特征	
字母	含义	字母	含义		字母	含义
JR	小功率继电器	W	微型	用数字表示产品序号	F	封闭式
JZ	中功率继电器					
JQ	大功率继电器					
JC	磁电式继电器	X	小型		M	密封式
JU	热继电器或温度继电器					
JT	特种继电器					
JM	脉冲继电器	C	超小型			
JS	时间继电器					
JAG	干簧式继电器					

7.3.2 固态继电器

固态继电器简称 SSR，它由以晶体管为主要器件的电子电路组成。

直流固定继电器

直流固态继电器 (DC-SSR) 的输入端 INPUT（相当于线圈端）接直流控制电压，输出端 OUTPUT 或 LOAD（相当于触点开关端）接直流负载。

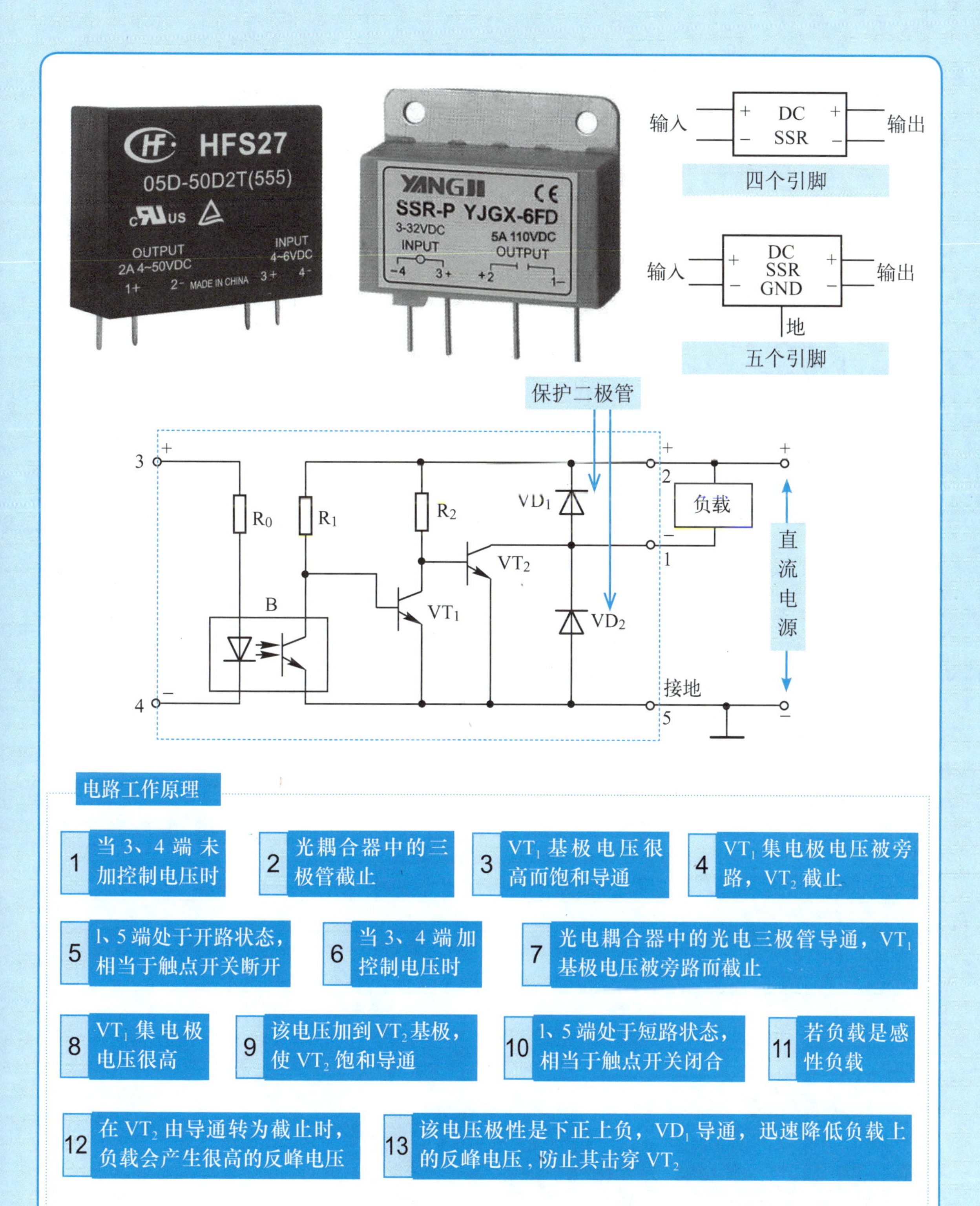

如果 VD_1 出现开路损坏，不能降低负载上的反峰电压，该电压会先击穿 VD_2（VD_2 耐压较 VT_2 低），也可避免 VT_2 被击穿。

下图所示为一种典型的四引脚直流固态继电器的内部电路结构及其等效图。

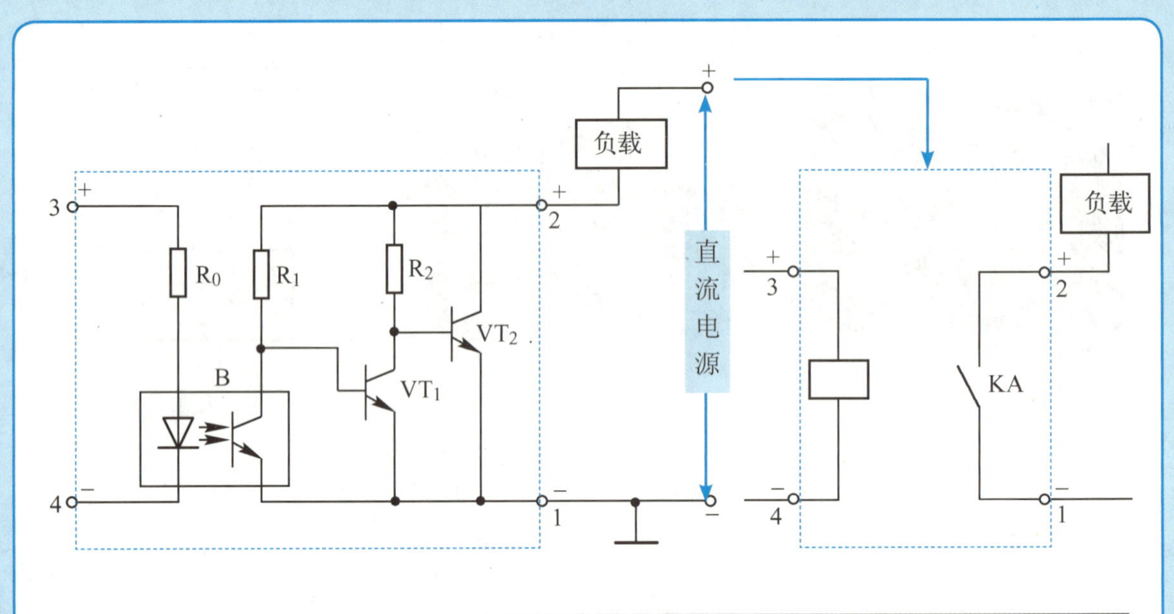

型号 参数名称	#675	GTJ-0.5DP	GTJ-1DP	16045580
输入电压/V	10~32	6~30	6~30	5~10
输入电流/mA	12	3~30	3~30	3~8
输出负载电压/V	4~55	24	24	25
输出负载电流/A	3	0.5	1	1
断态漏电流/mA	4	10（μA）	10（μA）	—
通态电压降/V	2（2A 时）	1.5（1A 时）	1.5（1A 时）	0.6
开通时间/μs	500	200	200	—
判断时间/ms	2.5	1	1	—

交流固态继电器

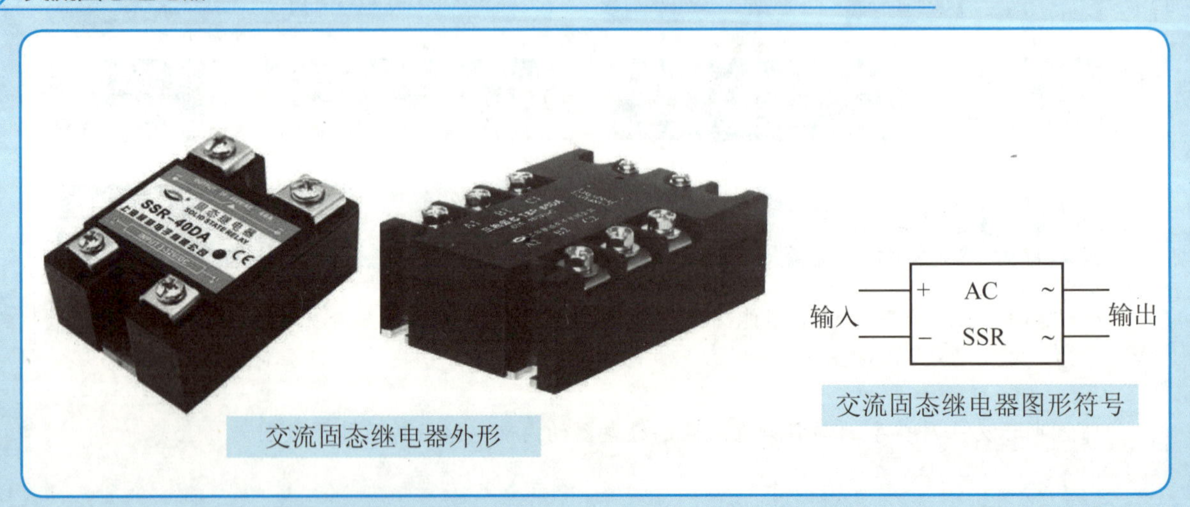

交流固态继电器外形

交流固态继电器图形符号

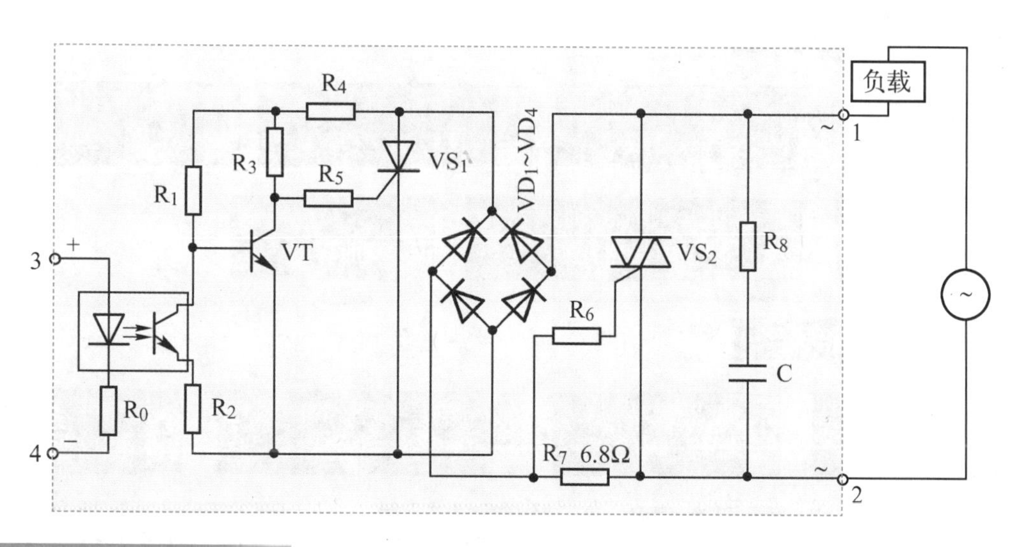

当3、4端未加控制电压时

1 当3、4端未加控制电压时

2 光耦合器内的三极管截止

3 VT基极电压高而饱和导通

4 VT集电极电压低，VS_1门极电压低

5 晶闸管VS_1门极电压低

6 VS_1不能导通

7 桥式整流电路中的VD_1～VD_4都无法导通

8 双向晶闸管VS_2的门极无触发信号，处于截止状态

9 1、2端处于开路状态

10 相当于开关断开

当3、4端加控制电压后

1 当3、4端加控制电压后

2 光耦合器内的三极管导通

3 VT基极电压被三极管旁路，进入截止状态

4 VT集电极电压很高

5 该电压送到晶闸管VS_1的门极

6 VS_1被触发而导通

7 双向晶闸管VS_2的门极无触发信号

当3、4控制端加控制电压时，无论交流电压是正半周还是负半周，1、2端都处于通路状态，相当于继电器加控制电压时，常开开关闭合。

在交流电压正半周时

1 在交流电压正半周时

2 1端为正，2端为负，VD_1、VD_3导通

3 有电流流过VD_1、VS_1、VD_3和R_7

4 电流在流经R_7时会在两端产生压降

5 R_7左端电压较右端电压高

6 该电压使VS_2的门极电压较主电极电压高

7 VS_2被正向触发而导通

在交流电压负半周时

1 在交流电压负半周时

2 1端为负，2端为正，VD_2、VD_4导通

3 有电流流过R_7、VD_2、VS_1和VD_4

4 电流在流经R_7时会在两端产生电压降

5 R_7左端电压较右端电压低

6 该电压使VS_2的门极电压较主电极电压低

7 VS_2被反向触发而导通

若1、2端处于通路状态

1 若1、2端处于通路状态

2 如果撤去3、4端控制电压

3 晶闸管VS_1的门极电压会被VT旁路

4 在1、2端交流电压过零时

5 流过VS_1的电流为0

6 VS_1被关断

7 R_7上的电压降为0

8 双向晶闸管VS_2会因门、主极电压相等而关断

交流固态继电器的参数见下表。

参数 型号	输入电压(V)	输入电流(mA)	输出负载电压(V)	输出负载电流(A)	断态漏电流(mA)	通态电压降(V)
V23103-S 2192-B402	3~30	<30	24~280	2.5	4.5	1.6
G30-202P	3~28		75~250	2	10	1.6
GTJ-1AP	3~30	<30	30~220	1	<5	1.8
GTJ-2.5AP	3~30	<30	30~220	2.5	<5	1.8
SP1110	—	5~10	24~140	1	<1	—
SP2210	—	10~20	24~280	2	<1	—
JGX-10F	3.2~14	20	25~250	10	10	—

7.3.3 继电器的典型应用电路

继电器控制功能转换开关电路

继电器的特点 → 接通时接触电阻为零，断开时电阻为无穷大。其开关特性优于电子开关电路，这样避免了电子开关转换信号所带来的附加失真、附加噪声和污染

控制电路与信号传输的转换开关是分开的，这样控制电路可以随便设计走向等而不影响信号的转换性能，所以方便了电路的设计且提高了功能转换的性能

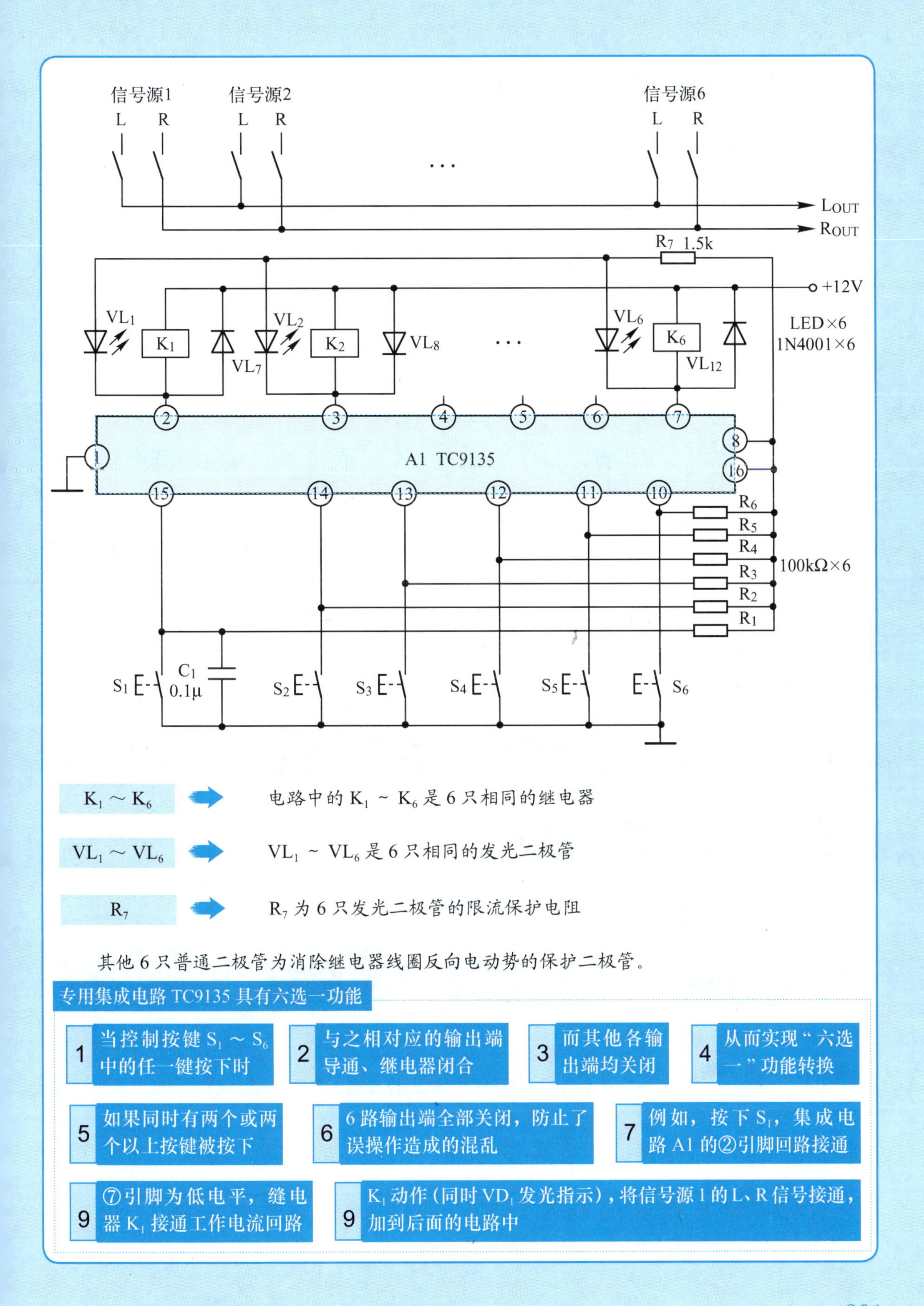

$K_1 \sim K_6$	➡	电路中的 K_1 ~ K_6 是 6 只相同的继电器
$VL_1 \sim VL_6$	➡	VL_1 ~ VL_6 是 6 只相同的发光二极管
R_7	➡	R_7 为 6 只发光二极管的限流保护电阻

其他 6 只普通二极管为消除继电器线圈反向电动势的保护二极管。

专用集成电路 TC9135 具有六选一功能

1 当控制按键 S_1 ~ S_6 中的任一键按下时

2 与之相对应的输出端导通、继电器闭合

3 而其他各输出端均关闭

4 从而实现“六选一”功能转换

5 如果同时有两个或两个以上按键被按下

6 6 路输出端全部关闭，防止了误操作造成的混乱

7 例如，按下 S_1，集成电路 A1 的②引脚回路接通

9 ⑦引脚为低电平，继电器 K_1 接通工作电流回路

9 K_1 动作（同时 VD_1 发光指示），将信号源 1 的 L、R 信号接通，加到后面的电路中

下图为一种继电器触点常闭式扬声器保护电路。电路中的BL_1是所要保护的扬声器，这一电路只画出一个声道电路。VT_1 ~ VT_4是保护电路中的控制管。

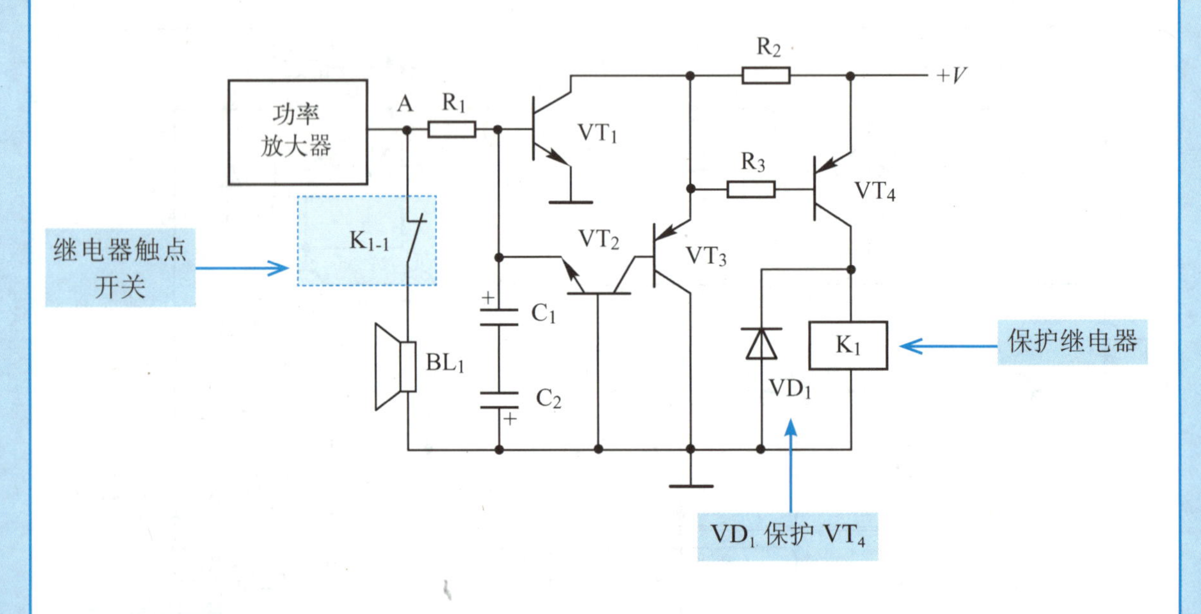

电路正常工作时

1 电路中的保护继电器K_1中没有电流

2 触点K_{1-1}处于接通状态

3 将扬声器BL_1接入电路中

4 切断了扬声器BL_1回路

5 这时扬声器电路正常工作

6 保护电路处于待机状态

当电路出故障而进入保护状态时

1 当电路出故障而进入保护状态时

2 保护继电器K_1中流有电流

3 K_{1-1}处于断开状态

4 切断了扬声器BL_1回路

电容C_1、C_2 ➡ 是有极性电解电容，它们逆串联之后成为一个无极性电容，用来将功率放大器集成电路信号输出引脚输出的交流（音频）信号旁路到地

电阻R_1 ➡ 是隔离电阻，将OCL、BTL功率放大器集成电路信号输出引脚与电容C_1、C_2隔开，以防止电容C_1、C_2短路功率放大器的输出端

因为扬声器保护电路检测的是功率放大器输出端的直流电压，不需要音频信号，所以在电路中设置了旁路电容C_1和C_2。

分析这一电路的保护过程要分成两种情况。

输出引脚 A 点出现正极性直流电压情况时的电路分析

1 当 OCL、BTL 功率放大器集成电路出现故障而导致信号输出引脚 A 点出现正极性直流电压时

2 这一正极性直流电压经 R_1 电压加到 VT_1 基极，使 VT_1 导通

3 其集电极为低电位，信号又经 R_3 加到 VT_4 基极，使 VT_4 有基极电流

4 这一基极电流的回路：直流工作电压 +V 端 —VT_4 发射极 —VT_4 基极 —R_3—VT_1 集电极 —VT_1 发射极 — 地

5 由于 VT_4 有了足够的基极电流

6 其集电极电流通过继电器 K_1 的线圈，使 K_1 动作

7 这样 K_1 的触点 K_{1-1} 断开，使扬声器与功率放大器集成电路之间断开

8 达到保护扬声器的目的

输出引脚 A 点出现负极性直流电压情况时的电路分析

1 当 OCL、BTL 功率放大器集成电路出现故障而导致信号输出引脚 A 点出现负极性直流电压时

2 这一负极性直流电压经 R_1 加到 VT_2 发射极，使 VT_2 导通，其集电极变为低电位

3 信号又加到 VT_3 基极，使 VT_3 导通，其发射极变为低电位

4 该信号通过 R_3 加到 VT_4 基极，使 VT_4 有了足够的基极电流

5 这一基极电流的回路：VT_4 发射极 —VT_4 基极 —R_3—VT_3 发射极 —VT_3 集电极 — 地端

6 由于 VT_4 有了足够基极电流

7 VT_4 导通后集电极电流通过继电器 K_1

8 使 K_1 的触点 K_{1-1} 断开，达到保护扬声器的目的

继电器触点常开式扬声器保护电路

1 给继电器 K_1 通电，触点 K_{1-1} 和 K_{1-2} 处于接通状态

2 分别接通左、右声道的扬声器

3 当 OCL、BTL 功率放大器集成电路出现故障后

4 继电器 K_1 断电

5 触点 K_{1-1} 和 K_{1-2} 处于断开状态，切断扬声器而进入保护状态

6 VD_1 ～ VD_4 和 VT_1 构成检测电路 VT_2 和 VT_3 为继电器 K_1 的驱动管

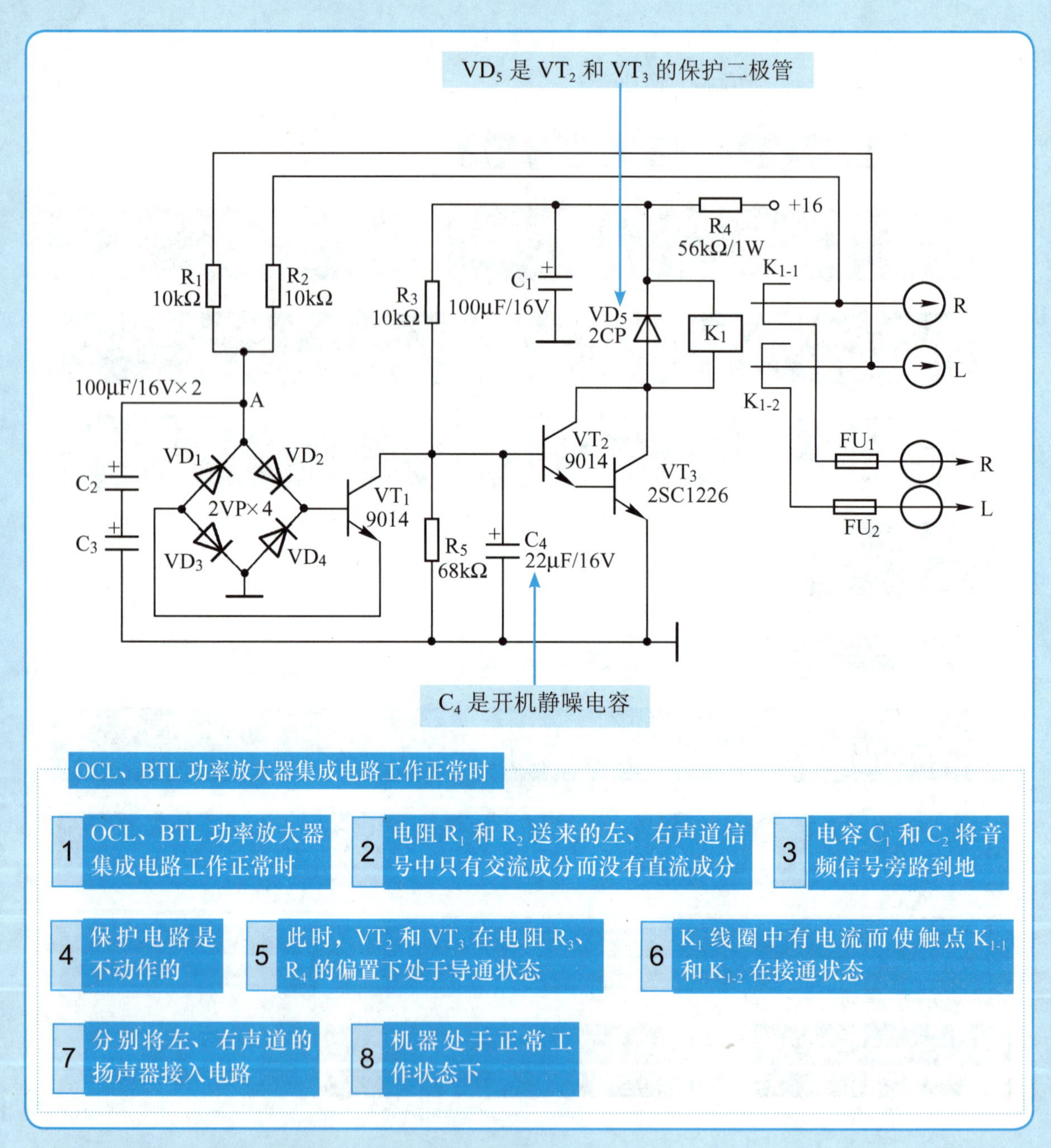

OCL、BTL 功率放大器集成电路工作正常时

1 OCL、BTL 功率放大器集成电路工作正常时

2 电阻 R_1 和 R_2 送来的左、右声道信号中只有交流成分而没有直流成分

3 电容 C_1 和 C_2 将音频信号旁路到地

4 保护电路是不动作的

5 此时，VT_2 和 VT_3 在电阻 R_3、R_4 的偏置下处于导通状态

6 K_1 线圈中有电流而使触点 K_{1-1} 和 K_{1-2} 在接通状态

7 分别将左、右声道的扬声器接入电路

8 机器处于正常工作状态下

采用开关集成电路和继电器构成的扬声器保护电路

下图是另一种采用开关集成电路和继电器构成的扬声器保护电路，电路中的 A_1 是专用开关集成电路，K_1 是继电器。

当电路工作正常时

1 A_1 的⑤引脚上约有 1.6V 直流触发电压

2 A_1 的②引脚输出电流流过继电器 K_1

3 继电器中的触点 K_{1-1} 和 K_{1-2} 接通，扬声器接入电路

当电路出现故障时

1 当电路出现故障时

2 ⑤引脚上的触发电压消失

3 继电器断电后将扬声器切断

两个喇叭 功放的 L、R 输出端信号分别经电阻 R_1、R_2 隔离后混合

C_1、C_2 C_1、C_2 逆串联后成为无极性电解电容，用来滤除功放输出端的音频信号成分

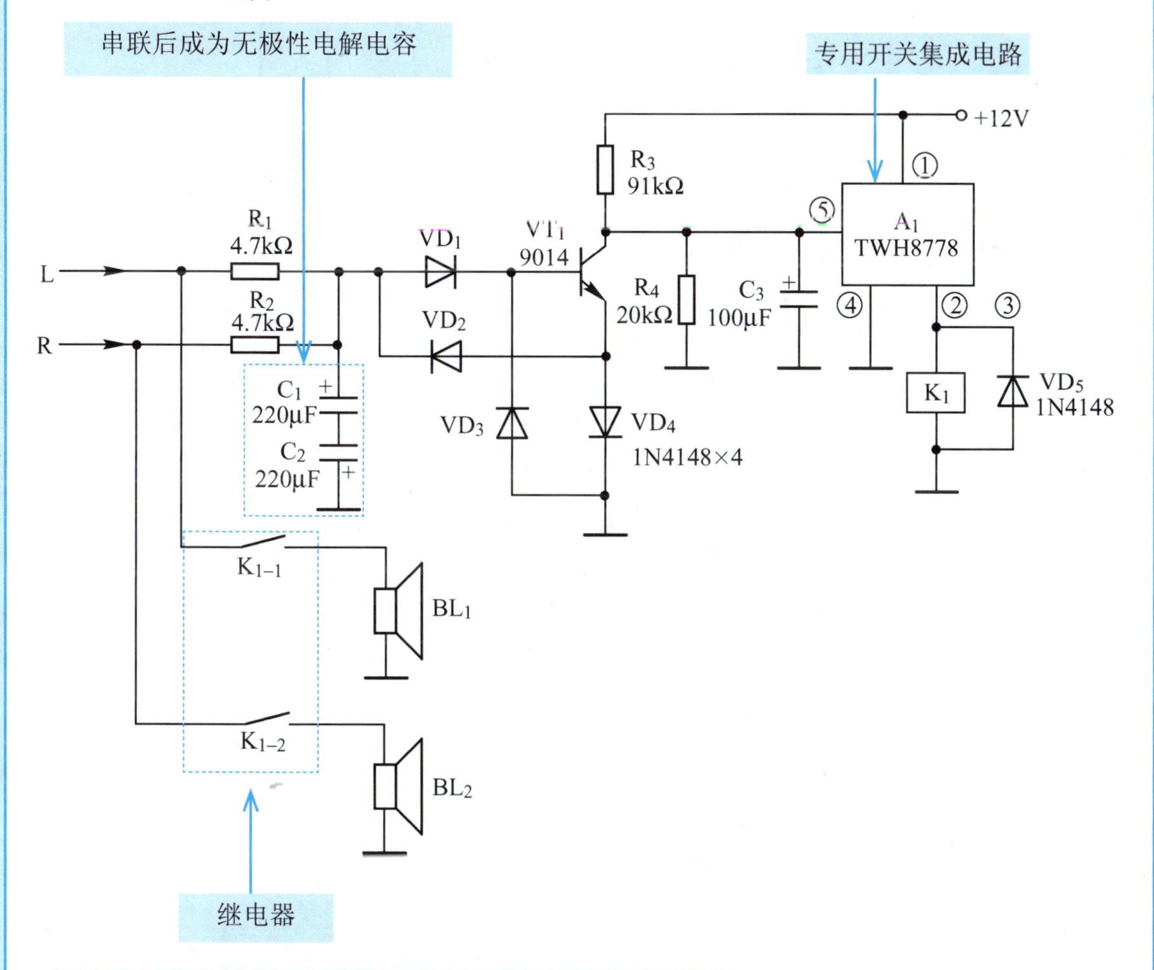

当功放电路输出端出现故障而导致有正极性直流电压时

1 当功放电路输出端出现故障而导致有正极性直流电压时

2 这一正极性直流电压经 VD_1 使三极管 VT_1 饱和导通

3 使 VT_1 集电极直流电压为低电平

4 这样 A_1 的⑤引脚上失去了高电平

5 继电器断电，切断扬声器

6 电路进入保护状态

出现负直流电压时

电流经 VD_1 → VT_1 发射结 → VD_4 → 地，形成电流，VT_1 导通，使 A_1 失去触发电压而截止，继电器 K_1 释放，切断扬声器出现负直流电压。

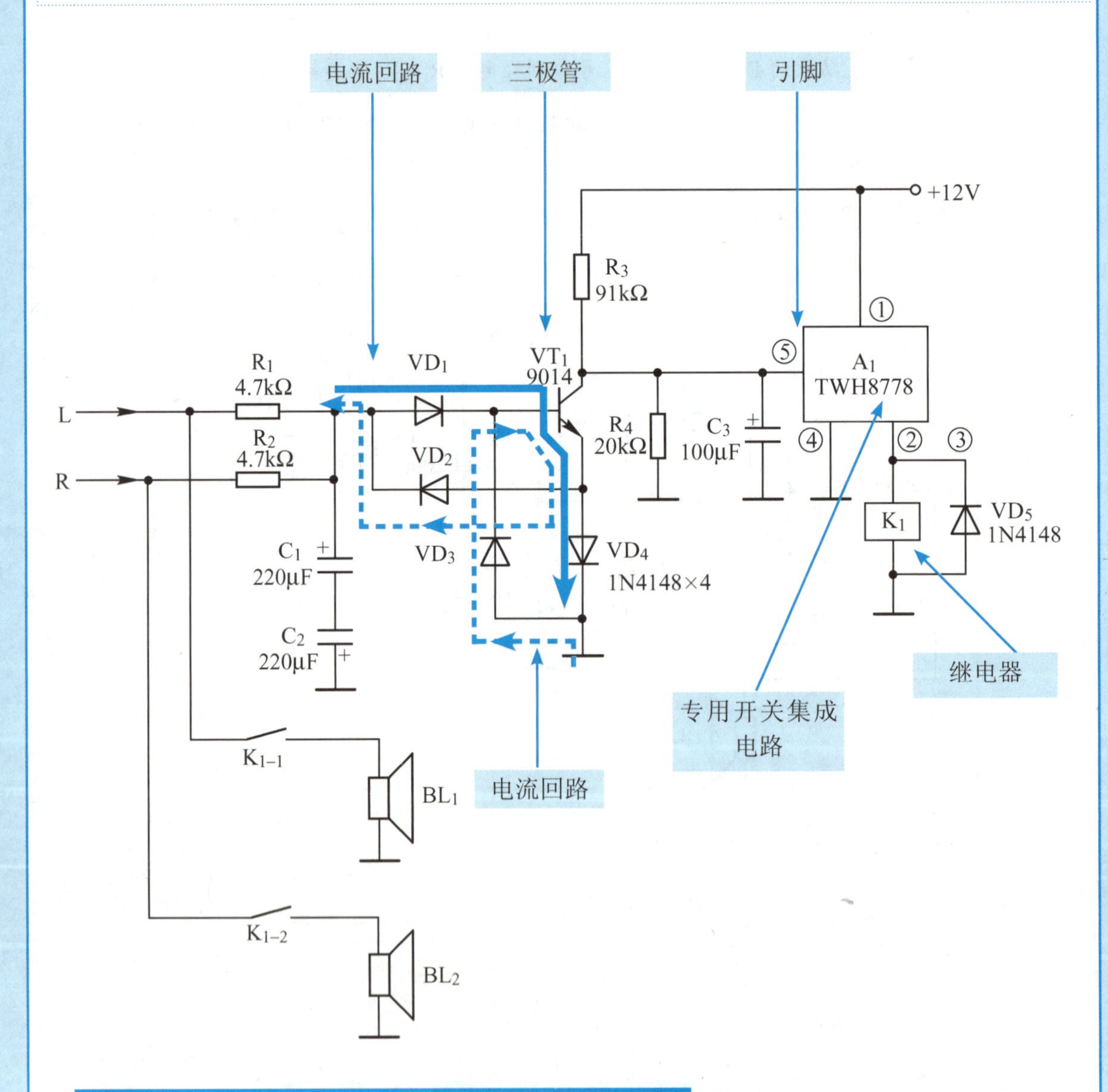

当功放电路输出端出现故障而导致有负极性直流电压时

1. 当功放电路输出端出现故障而导致有负极性直流电压时
2. 这一负极性直流电压使二极管 VD_2 导通
3. 这样负电压加到了 VT_1 发射极
4. 使 VT_1 饱和导通，使 VT_1 集电极直流电压为低电平
5. 这样 A_1 的⑤引脚上失去高电平触发，继电器断电，切断扬声器
6. 电路进入保护状态

附录

附录 A　电阻类综合信息查询表

电阻的等效标注查询表

电　阻　值	等效标注	电　阻　值	等效标注	电　阻　值	等效标注	电　阻　值	等效标注
0. 1Ω	Ω1 或 R1	1kΩ	1kΩ	1MΩ	1M	1000MΩ	1GΩ
0. 33Ω	Ω33 或 R33	3. 3kΩ	3. 3kΩ	3. 3MΩ	3M3	3300MΩ	3. 3GΩ
1Ω	1Ω 或 1R	10kΩ	10kΩ	10MΩ	10M	10000MΩ	10GΩ
3. 3Ω	3Ω3 或 3R3	3. 3kΩ	33kΩ	33MΩ	33M	33000MΩ	33GΩ
10Ω	10Ω 或 10R	100kΩ	100kΩ	100MΩ	100M	100000MΩ	100GΩ
33Ω	33Ω 或 33R	330kΩ	330kΩ	330MΩ	330M	330000MΩ	330GΩ
100Ω	100Ω 或 100R					1000000MΩ	1TΩ
330Ω	330Ω 或 330R					3300000MΩ	3. 3TΩ

常用电阻类综合信息查询表

序　号	类别与名称		电路符号	标　注	特　性	精　度
1	线绕电阻	普通线绕电阻		RX	固定阻值线性	±3% ~±1%
		发热、发光电阻	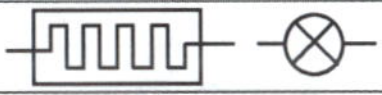	RL		
		水泥电阻		R		
		可变陶瓷电阻		RXY		
		无感线绕电阻		RWL		<±0. 2%
2	碳质电阻	热分解析出型电阻	 1/8W	R_C		±5%
		合成碳质电阻	 1/4W			
3	薄膜电阻	碳膜、金属膜电阻	 1/2W	RT		±5%
		氧化膜电阻	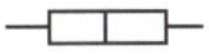 1W	RJ		±2%~0. 2%
		化学沉积膜电阻	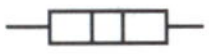 2W			±5%~2%
4	MOS 电阻	扩散、沟道、薄膜电阻	 5W			
5	厚膜电阻	厚膜陶瓷电阻	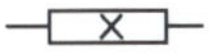 10W	RH		
		厚膜玻璃釉电阻	 20W			
		厚膜片状电阻	1/8~2W 1/8~2W 1/8~1/2W			
6	保险电阻	线绕、膜保险电阻		RF		
7	LL 电阻	（无引线片状电阻）		R		

续表

序号	类别与名称		电路符号	标注	特性	精度
8	标准电阻	(二等计量标准)		R_o	线性	±0.01%
9	电位器	线绕/合成膜/有机实心电位器		WXX/WH/WS	线性	±2%
		步进电位器		Wb	线性	±2%
		函数电位器		Wh	非线性	
		数字电位器	01	Ws	线性	
10	特种电阻[半导体电阻]	热敏电阻	T, $t°$	R_T	线性、非线性	>±1%
		光敏电阻	X, $t°$	RG		
		压敏电阻	V	R_V		
		湿敏电阻	HPR, RH	R_S		
		气敏电阻		R_{Qm}		

电阻、电位器材料代号表

主称	材料		主称	材料	
	代号	名称		代号	名称
电阻(R)	T	碳膜	电位器(W)	H	合成碳膜
	H	合成膜		S	有机实心
	S	有机实心		N	无机实心
	N	无机实心		J	金属膜
	J	金属膜		Y	氧化膜
	Y	氧化膜		I	玻璃釉膜
	C	沉积膜		X	线绕
	I	玻璃釉膜			
	X	线绕			

附录B　电容类综合信息查询表

序号	类别、名称与代表符号			电路符号	容量范围	耐压范围	精度
1	电解电容	铝电解电容	CD		0. 47～10000μF	3～500V	直标1 ±2% ±5% ±10% ±20%
		钽电解电容	CA		0. 1～220μF	2. 50. 1～50V	
		铌电解电容	CN				
		合金材料电解电容	CG				
		其他材料电解电容	CE				
2	有机膜介质电容	聚丙烯膜电容	CBB		1000pF～20μF	50～500V	或对应 直标2 0级 Ⅰ级 Ⅱ级 Ⅲ级 Ⅳ级 Ⅴ级 ***
		聚园氯乙烯膜电容	CBF				
		聚苯乙烯膜电容	CB				
		聚酯膜（涤纶）电容	CL				
		聚碳醇酯膜电容	CLS				
		漆膜电容	CQ				
3	无机介质电容	低频陶瓷电容	CT		0. 5pF～0. 47μF	50～500V	常用电容字母标注
		高频陶瓷电容	CC				P ±0.01%
		玻璃釉电容	CI				W ±0.05%
		纸介电容	CZ				B ±0.1%
		云母电容	CY				C ±0.25%
		云母纸电容	CV				D ±0.5%
		金属化纸电容	CJ				F ±1%
4	无机膜介质电容	纸膜复合电容	CH				G ±2%
		玻璃膜电容	CO				J ±5%
5	独石电容	特制陶瓷电容	CC		0. 01～2μF	50～160V	K ±10%
6	可变电容	单连可变电容			<500pF	50～500V（据介质而定）	M ±20%
		双连可变电容					N ±30%
		空气介质可变电容	CX				
7	半可变电容（微调电容）	乙烯膜介质可变电容 单微调电容	CBX		5/20pF		
		双微调电容			5/20pF×2		
		四微调电容			5/20pF×4		
		穿心拉线微调电容			5/20pF		
		瓷管拉线微调电容			5/20pF		
		瓷介质微调电容			5/20pF		
		有机薄膜微调电容			5/20pF		
8	LL电容	圆柱、片状LL电容		C××	5pF～2μF	63～160V（据介质而定）	<±5% 不标注
		陶瓷无引线电容					
		半导体无引线电容					
9	MOS电容	集成扩散、薄膜电容					
10	无形电容	极间电容			2pF～10pF		
		分布电容					
		杂散电容					
11	特种电容	设备专用电容、交流电动机用电容、电力电容电容					

国产电容与美、日产电容型号对照表如下。

电容器名称	型号对照		
	中　国	美　国	日　本
铝电解电容	CD	CE	NDS
钽电解电容	CA	CS	NDS
铌电解电容	CN	CVR	NDS
陶瓷电容	CC	CC　CK	—
玻璃釉电容	CO	CY　CYR	—
云母电容	CY	CB　CM	CM
纸介电容	CZ	CA　CN	CN
金属化纸电容	CJ	CH　CHR	CH
聚苯乙烯膜电容	CB	—	CE

附录C　电感类综合信息查询表

序号	类别	名称	代表符号	电路符号	电感量范围	允许电流	精度
1	空心电感	螺丝管电感	L		小型固定电感的电感量范围为2.2mH～0.1H	小型固定电感的允许电流用字母A，B，C，D，E表示：A—50mA B—150mA C—300mA D—700mA E—1A。	±10%～±10%
		蜂房电感					
		电抗电感	L_K				
2	铁芯电感	开路铁芯电感	L		可调空气隙磁芯和铁芯的低、高频阻流圈电感的电感量范围通常为5H～60H		
		磁隙铁芯电感					
		继电器电感	L	J			
3	磁芯电感	开路磁芯电感	L				±0.2%～±0.5%
		闭路磁芯电感					
		磁隙磁芯电感					
4	铜芯电感	可调铜芯电感					
		可调铜芯互感			小型可变磁芯电感即中频变压器（中周）的电感量范围通常为1～15μH	小型可变磁芯电感，即中频变压器（中周）的允许电流通常在2mA以下。	
5	水磁芯电感	扬声器电感	L_Y				±20%
		传声器电感					
		膜片电感	L_M				
6	标准电感	二等标准电感	L				±0.05%
		二等标准互感					
7	可变自感 无机介质	可变铁芯自感			标准电感的允许电流范围通常为0.1～3A	标准电感的允许电流范围通常为0.1～3A	±20%～±30%
		可变磁芯自感					
8	动圈电感	单动圈电感					
		差动动圈电感					
9	旋转电感	旋转磁场电感	L_Z		视波管、显像管偏转线圈电感的电感量范围为：场80～150mH 行120～260μH	以扬声器为典型的永磁电感，用功率标称其范围，通常为0.1～20W	
		线圈旋转电感					
		旋转变压器	T_Z				
10	空心互感	平行空心互感	L_B				±10%～±15%
		同轴空心互感					
11	闭路互感	闭合磁路铁芯互感					±1%～
		闭合磁路磁芯互感					
		闭合磁路可变互感					
12	写、读电感	写、读磁头电感	L_T				
		抹除电感	L_X	R			
		旋转磁头电感	L_S				
13	换能电感	电-磁换能电感					±10%～±20%
		电-磁-力换能电感	L_D				
14	小型电感	小型环形电感			其他非标准固定电感与可变电感互感的允许电流根据设计，依电感铜线线径、电流密度与电感负荷而定	其他非标准固定电感与可变电感互感的允许电流根据设计，依电感铜线线径、电流密度与电感负荷而定	±1%～±10%
		其他小型实心电感					
15	LL电感	贴片电感					
		印刷电感					
16	无形电感	固有电感	L_W				
		分布电感					
17	特种电感	设备专用电感、电力系统专用电感、巨型旋转直线电感、微波专用电感等					

附录D 分贝与功率比值、电压或电流比值对照表

分贝 /dB	功率的比值		电压或电流的比值		分贝 dB	功率的比值		电压或电流的比值	
	增益	衰减	增益	衰减		增益	衰减	增益	衰减
0	1.000	1.0000	1.000	1.0000	10	10.00	0.1000	3.162	0.3162
0.1	1.023	0.9772	1.012	0.9886	11	12.59	0.0794	3.548	0.2818
0.2	1.047	0.9550	1.023	0.9772	12	15.85	0.0631	3.981	0.2512
0.3	1.072	0.9333	1.035	0.9661	13	19.95	0.0501	4.467	0.2293
0.4	1.096	0.9120	1.047	0.9550	14	25.12	0.0398	5.012	0.1995
0.5	1.122	0.8913	1.059	0.9441	15	31.62	0.0316	5.623	0.1778
0.6	1.148	0.8710	1.072	0.9333	16	39.81	0.0251	6.310	0.1585
0.7	1.175	0.8511	1.084	0.9226	17	50.12	0.0200	7.079	0.1413
0.8	1.202	0.8318	1.096	0.9120	18	63.10	0.0159	7.943	0.1259
0.9	1.230	0.8128	1.109	0.9016	19	79.43	0.0126	8.913	0.1122
1.0	1.259	0.7943	1.122	0.8913	20	10^2	10^{-2}	10	0.1
2.0	1.585	0.6310	1.259	0.7943	30	10^3	10^{-3}	31.62	0.032
3.0	1.995	0.5012	1.413	0.7079	40	10^4	10^{-4}	100	0.01
4.0	2.512	0.3981	1.585	0.6310	50	10^5	10^{-5}	316.2	0.0032
5.0	3.162	0.3162	1.778	0.5623	60	10^6	10^{-6}	1000	0.001
6.0	3.981	0.2512	1.995	0.5012	70	10^7	10^{-7}	3162	0.00032
7.0	5.012	0.1995	2.239	0.4487	80	10^8	10^{-8}	10000	0.0001
8.0	6.310	0.1585	2.512	0.3981	90	10^9	10^{-9}	31620	0.000032
9.0	7.943	0.1259	2.818	0.3548	100	10^{10}	10^{-10}	100000	0.00001

注：功率比为 P_1/P_2，功率比的分贝数为 $10\lg(P_1/P_2)$；电压比为 U_1/U_2，其分贝数为 $20\lg(U_1/U_2)$；电流比为 I_1/I_2，其分贝数则为 $20\lg(I_1/I_2)$。

附录E　电子元件与有关电量单位及符号表

名称与代号	单　位	单位符号	名称与代号	单　位	单位符号
电导 $g(1/R)$	姆欧	Ω	—	弧度	rad
电阻率 ρ	欧·米	$\Omega \cdot m$	角频率 ω	弧度/秒	rad/s
电容 C	法（法拉）	F	频率 f	吉赫	GHz
	微法	μF	—	兆赫	MHz
	奈法	nF	—	千赫	kHz
	皮法	pF	—	赫兹	Hz
介电常数 ε	法每米	F/m	周期 T	秒	s
电容 L （自感 L） （互感 M）	亨（亨利）	H	时间 t	时	h
	毫亨	mH	—	分	min
	微亨	μH	—	秒	s
磁通 ϕ	韦伯	Wb	—	毫秒	ms
磁感应强度 B （磁通密度）	特斯拉	T	—	微秒	μs
			—	纳秒	ns
磁场强度 H	安每米	A/m	电能 W	焦耳	J
磁动势 F	安	A	电功率 P	伏安（瓦）	V·A（W）
磁阻 R_m	每亨	H^{-1}	有功功率 P	瓦（瓦特）	W